国家级特色专业（物联网工程）规划教材

物联网安全技术

施荣华　杨政宇　编著

电子工业出版社
Publishing House of Electronics Industry
北京·BEIJING

内 容 简 介

本书是依托中南大学国家级特色专业（物联网工程）的建设，结合国内物联网工程专业的教学情况编写的。本书系统、全面地介绍了物联网安全的相关技术，首先介绍了物联网安全技术的基础知识，包含物联网面临的挑战、物联网安全的基础，以及物联网安全技术的密码理论；然后详细地介绍了物联网中三个层次面临的安全问题及其解决方案，包括物联网感知层安全、信息传输安全、以及应用层安全；最后就物联网安全技术的发展趋势进行了讨论。

本书可作为普通高等学校物联网工程及其相关专业的教材，也可供从事物联网及其相关专业的人士阅读。

本书配有教学用的 PPT 课件，读者可登录华信教育资源网（www.hxedu.com.cn）免费注册后下载。

未经许可，不得以任何方式复制或抄袭本书之部分或全部内容。
版权所有，侵权必究。

图书在版编目（CIP）数据

物联网安全技术/施荣华，杨政宇编著. —北京：电子工业出版社，2013.7
国家级特色专业（物联网工程）规划教材
ISBN 978-7-121-20894-2

Ⅰ.①物… Ⅱ.①施… ②杨… Ⅲ.①互联网络－应用－安全技术②智能技术－应用－安全技术 Ⅳ.①TP393.4②TP18

中国版本图书馆 CIP 数据核字（2013）第 145995 号

责任编辑：田宏峰　　特约编辑：牛雪峰
印　　刷：北京天宇星印刷厂
装　　订：北京天宇星印刷厂
出版发行：电子工业出版社
　　　　　北京市海淀区万寿路 173 信箱　邮编　100036
开　　本：787×980　1/16　印张：13.75　字数：352 千字
版　　次：2013 年 7 月第 1 版
印　　次：2024 年 8 月第 8 次印刷
定　　价：39.00 元

凡所购买电子工业出版社图书有缺损问题，请向购买书店调换。若书店售缺，请与本社发行部联系，联系及邮购电话：（010）88254888。

质量投诉请发邮件至 zlts@phei.com.cn，盗版侵权举报请发邮件至 dbqq@phei.com.cn。
服务热线：（010）88258888。

出版说明

物联网是通过射频识别（RFID）、红外感应器、全球定位系统、激光扫描器等信息传感设备，按约定的协议，把任何物品与互联网相连接，进行信息交换和通信，以实现智能化识别、定位、跟踪、监控和管理的一种网络概念。物联网是继计算机、互联网和移动通信之后的又一次信息产业的革命性发展。物联网产业具有产业链长、涉及多个产业群的特点，其应用范围几乎覆盖了各行各业。

2009年8月，物联网被正式列为国家五大新兴战略性产业之一，写入"政府工作报告"，物联网在中国受到了全社会极大的关注。

2010年年初，教育部下发了高校设置物联网专业申报通知，截至目前，我国已经有100多所高校开设了物联网工程专业，其中有包括中南大学在内的9所高校的物联网工程专业于2011年被批准为国家级特色专业建设点。

从2010年起，部分学校的物联网工程专业已经开始招生，目前已经进入专业课程的学习阶段，因此物联网工程专业的专业课教材建设迫在眉睫。

由于物联网所涉及的领域非常广泛，很多专业课涉及其他专业，但是原有的专业课的教材无法满足物联网工程专业的教学需求，又由于不同院校的物联网专业的特色有较大的差异，因此很有必要出版一套适用于不同院校的物联网专业的教材。

为此，电子工业出版社依托国内高校物联网工程专业的建设情况，策划出版了"国家级特色专业（物联网工程）规划教材"，以满足国内高校物联网工程的专业课教学的需求。

本套教材紧密结合物联网专业的教学大纲，以满足教学需求为目的，以充分体现物联网工程的专业特点为原则来进行编写。今后，我们将继续和国内高校物联网专业的一线教师合作，以完善我国物联网工程专业的专业课程教材的建设。

电子工业出版社

教材编委会

编委会主任：施荣华　黄东军

编委会成员：（按姓氏字母拼音顺序排序）
　　　　　　董　健　高建良　桂劲松　贺建飚
　　　　　　黄东军　刘连浩　刘少强　刘伟荣
　　　　　　鲁鸣鸣　施荣华　张士庚

前言

编写背景

物联网（the Internet of Things，IOT）是通过射频识别（RFID）装置、红外感应器、全球定位系统、激光扫描器、传感器节点等信息传感设备，按约定的协议，把任何物品与互联网相连接，进行信息交换和通信，以实现智能化识别、定位、跟踪、监控和管理等功能的一种网络。物联网的概念有两层含义：第一，它是互联网、移动通信网和传感网等网络的融合，是在互联网基础之上的延伸和扩展的一种网络；第二，其用户端延伸和扩展到了任何物品与物品之间，进行信息交换和通信。因此，物联网的核心是完成物体信息的可感、可知、可传和可控。

从信息与网络安全的角度来看，物联网作为一个多网的异构融合网络，不仅存在与传感器网络、移动通信网络和互联网同样的安全问题，同时还有其特殊性，如隐私保护问题、异构网络的认证与访问控制问题、信息的存储与管理等。数据与隐私保护是物联网应用过程中的挑战之一。在物联网中，RFID系统和传感器实现末端信息的感知，构成物联网的感知层，其安全问题主要为信息保护，针对不同的系统有各自不同的安全解决方案。同时通过承载网络包括互联网、移动网、WLAN网络和一些专业网（如数字音/视频广播网、公共服务专用网）等，以及各种网络接入设备，能够把感知到的信息快速、可靠、安全地进行传输，构成物联网网络层，其安全问题也同样承接相应的网络安全自身已有的问题和网络融合后的信息安全问题。物联网的应用层主要面向物联网系统的具体业务，其安全问题直接面向物联网用户群体，与物联网的其他层次有着明显的区别，其信息安全还涉及知识产权保护、计算机取证、计算机数据销毁等安全需求和相关的信息安全技术。

本书是"国家级特色专业（物联网工程）规划教材"之一。目前，市面上的物联网教材多是"物联网导论"、"物联网基础"之类的书籍，侧重介绍物联网的基本安全概念、基本安全技术原理以及相关应用安全等综述性知识，而介绍物联网的分层安全技术的专门教材比较少。自物联网的概念在国内被重点提出后，网络融合的相关研究与应用已经取得丰硕的成果，但是作为制约其发展的安全性问题大多还在研究中，因此编写一本较全面地概括物联网信息安全技术的相关教材，有助于引导读者开始关注其基础安全技术的研究，也是作者编写本书的初衷。

内容安排

本书系统全面地介绍了物联网的安全相关技术——感知层安全技术、网络传输层安全技术、应用层安全技术等，内容包括 RFID 系统安全技术、传感器网络安全技术、蓝牙、ZigBee、无线局域网（WLAN）、RFID 安全中间件、网络防火墙、数据安全、云计算安全技术等。全书共 7 章，各章内容安排如下：

第 1 章绪论。首先概要介绍物联网的概念与发展，并简单描述物联网的体系结构；然后介绍信息安全技术，以及物联网信息安全面临的挑战；最后分析了从互联网信息安全到物联网信息安全的转变。

第 2 章介绍物联网安全基础。首先综合描述了物联网安全技术所采用的基本密码学常识；然后对模运算、群论、有限域理论及欧几里得算法及其扩展做简要的介绍；接着对经典对称密码算法——AES 加密算法进行介绍，讲述了其加密原理与解密过程；最后对非对称加密算法——椭圆曲线加密法进行概述，并描述其加密体制的实现过程。

第 3 章介绍物联网安全的密码基础。首先对物联网安全需求进行分析，介绍物联网中感知节点的安全威胁、通信网络的安全问题及应用层安全问题；接着介绍物联网安全的特征和几项关键技术；最后给出物联网安全技术的应用模型。

第 4 章介绍物联网感知层安全。首先是感知层安全概述，介绍物联网信息感知的安全特征和面临的攻击；然后介绍 RFID 系统的安全相关技术包括访问控制和密码学相关技术方案；最后介绍传感器网络安全知识，从传感器网络的基本结构出发，介绍其安全防护主要手段、经典安全技术及安全协议等知识。

第 5 章介绍信息传输安全。首先简要介绍信息传输的安全需求；然后详细描述物联网核心网安全问题——下一代网络（NGN）安全技术和网络虚拟化安全技术；接着介绍两种短距离信息传输技术的安全问题——基于蓝牙的物联网信息传输安全和基于 ZigBee 的物联网信息传输安全；最后介绍两种长距离信息传输技术的安全问题——基于 UWB 的物联网信息传输安全和基于 WMN 的物联网信息传输安全。

第 6 章介绍应用层安全。首先从应用层安全需求讲起，依次描述其面临的安全问题；然后通过中间件安全技术和服务安全技术两方面介绍处理方法；接着介绍数据安全相关技术，包括数据安全特征与策略；然后讲述物联网中的关键技术云安全技术，从云安全概述开始介绍，再分析云应用安全与云计算总的访问控制与安全认证问题；最后介绍云计算技术的研究现状。

第 7 章介绍了物联网安全技术的发展趋势。介绍了物联网安全技术未来的发展主要在跨学科与智能化方面，物联网与传统网络的融合趋势明显，并展望了其安全技术标准的制定问题；最后介绍了物联网安全新观念，从复杂庞大的系统角度来看待其转变安全的应对方式。

本书汇聚了物联网安全技术领域各方面最新的知识结构，不仅介绍各项技术的基本原理、安全技术特点及其在物联网中的安全解决方案等，而且对该领域的最新前沿课题给予关注，为读者进一步的深入研究奠定基础。

本书配有教学课件，读者可登录华信教育资源网（www.hxedu.com.cn）免费注册后下载。

致谢

本书由施荣华、杨政宇编著，在编写过程中，作者参阅了国内外有关各种物联网安全技术的研究成果，具体内容已列在本书末尾的参考文献中。在此对所参阅文献和论文的作者表示衷心的感谢！

感谢中南大学信息科学与工程学院各位领导和老师对本书撰写的大力支持！王国才副教授为本书的内容组织及审阅付出了大量的心血，博士研究生樊翔宇，硕士研究生陈雷、雷田子、黄玲等人为本书的资料收集、录入、排版校对、绘图等做了大量的工作，在此一并表示感谢。

本书得以顺利出版，还要感谢电子工业出版社和本书责任编辑田宏峰先生的大力支持与辛勤工作。田宏峰编辑的热情高效、细致负责的工作方式给作者留下了深刻的印象。

由于作者水平有限，本书错误和疏漏之处在所难免，恳请读者提出宝贵意见和建议，以便再版时改进。联系邮箱：shirh@csu.edu.cn。

施荣华
2013 年 6 月于长沙

目 录

CONTENTS

第1章 绪论 ·· 1
  1.1 物联网的概念 ·· 2
    1.1.1 物联网的由来 ·· 2
    1.1.2 物联网的定义 ·· 3
    1.1.3 和物联网相近的概念 ·· 4
    1.1.4 物联网体系结构 ·· 6
  1.2 物联网安全问题 ·· 8
    1.2.1 从互联网安全到物联网安全 ·· 8
    1.2.2 安全的定义与属性 ··· 8
  1.3 物联网安全面临的挑战 ··· 10
  思考与练习题 ··· 12

第2章 物联网安全基础 ·· 13
  2.1 物联网安全需求 ·· 14
    2.1.1 物联网中感知节点的安全 ··· 14
    2.1.2 物联网中通信网络的安全 ··· 15
    2.1.3 物联网中的应用安全 ·· 16
    2.1.4 控制管理相关的安全问题 ··· 16
  2.2 物联网安全的特征 ·· 17
  2.3 物联网安全关键技术 ·· 18
  2.4 物联网安全技术应用模型 ··· 24
  思考与练习题 ··· 25

第3章 物联网安全的密码理论 ·· 27
  3.1 物联网安全的密码理论概述 ·· 28
  3.2 模运算 ·· 28
  3.3 群论 ··· 29
  3.4 有限域理论 ··· 29

  3.5 欧几里得算法及其扩展 ·· 32
  3.6 AES 对称密码算法 ··· 33
    3.6.1 加密原理 ·· 34
    3.6.2 基本加密变换 ·· 35
    3.6.3 AES 的解密 ·· 38
    3.6.4 密钥扩展 ·· 40
  3.7 椭圆曲线公钥密码算法 ·· 41
    3.7.1 椭圆曲线密码概述 ·· 41
    3.7.2 椭圆曲线的加法规则 ······································ 42
    3.7.3 椭圆曲线密码体制 ·· 43
  思考与练习题 ··· 44

第 4 章 物联网感知层安全 ··· 45
  4.1 感知层安全概述 ··· 46
    4.1.1 物联网信息感知的安全特征 ································ 47
    4.1.2 物联网信息感知面临的攻击 ································ 48
  4.2 RFID 安全 ·· 49
    4.2.1 RFID 安全威胁分析 ······································· 49
    4.2.2 RFID 安全关键问题 ······································· 58
    4.2.3 RFID 安全技术 ··· 59
  4.3 传感器网络安全 ··· 76
    4.3.1 传感器网络概述 ·· 76
    4.3.2 传感器网络面临的安全威胁 ································ 79
    4.3.3 传感器网络安全防护的主要手段 ···························· 80
    4.3.4 传感器网络典型安全技术 ·································· 82
  思考与练习题 ··· 103

第 5 章 物联网信息传输安全 ··· 105
  5.1 信息传输需求 ··· 106
    5.1.1 网络层概述 ·· 106
    5.1.2 信息传输面临的安全问题 ·································· 107
    5.1.3 网络层安全技术需求 ······································ 108
    5.1.4 网络层安全框架 ·· 110
  5.2 物联网核心网安全 ·· 111
    5.2.1 现有核心网典型安全防护系统部署 ·························· 111
    5.2.2 下一代网络（NGN）安全 ································· 116

5.2.3 下一代互联网（NGI）的安全 121
　　　5.2.4 网络虚拟化安全 126
　5.3 基于蓝牙的物联网信息传输安全 129
　　　5.3.1 蓝牙技术特征和安全隐患 129
　　　5.3.2 蓝牙的网络安全模式 130
　　　5.3.3 蓝牙的密钥管理机制 133
　5.4 基于 ZigBee 的物联网信息传输安全 134
　　　5.4.1 ZigBee 在物联网中的应用 134
　　　5.4.2 ZigBee 信息安全服务 137
　　　5.4.3 ZigBee 信息安全构件 138
　5.5 基于 UWB 的物联网信息传输安全 140
　　　5.5.1 UWB 的技术特点和安全威胁 140
　　　5.5.2 UWB 的媒体接入控制安全机制 142
　　　5.5.3 UWB 网络拒绝服务攻击防御 144
　5.6 基于 WMN 的物联网信息传输安全 146
　　　5.6.1 WMN 面临的信息安全威胁 146
　　　5.6.2 基于 WMN 的物联网安全路由策略 148
　思考与练习题 151

第 6 章 物联网应用层安全 153
　6.1 应用层安全需求 154
　　　6.1.1 应用层面临的安全问题 154
　　　6.1.2 面向应用层的恶意攻击方式 156
　　　6.1.3 应用层安全技术需求 159
　6.2 处理安全 160
　　　6.2.1 RFID 安全中间件 160
　　　6.2.2 服务安全 166
　6.3 数据安全 169
　　　6.3.1 数据库的安全特性 169
　　　6.3.2 数据库安全策略 170
　6.4 云安全技术 173
　　　6.4.1 云安全概述 173
　　　6.4.2 云应用安全 178
　　　6.4.3 云计算中的访问控制与认证 181
　　　6.4.4 云安全关键技术 189

    6.4.5 云安全的研究现状 ········· 193
  思考与练习题 ········· 196
第 7 章 物联网安全技术的发展趋势 ········· 199
  7.1 物联网安全技术的未来发展 ········· 200
    7.1.1 物联网安全技术的跨学科研究 ········· 200
    7.1.2 物联网安全技术的智能化发展 ········· 202
    7.1.3 物联网安全技术的融合化趋势 ········· 203
    7.1.4 新兴技术在物联网安全中的应用 ········· 203
    7.1.5 物联网安全技术标准 ········· 204
  7.2 物联网安全新观念 ········· 205
    7.2.1 从复杂巨系统的角度来认识物联网安全 ········· 205
    7.2.2 着眼于物联网整体的强健性和可生存能力 ········· 206
    7.2.3 转变安全应对方式 ········· 206
  思考与练习题 ········· 206
参考文献 ········· 207

第 1 章

绪　论

1.1 物联网的概念

1.1.1 物联网的由来

物联网（Internet of Things，IoT）是通过射频识别（RFID）装置、红外感应器、全球定位系统、激光扫描器、传感器节点等信息传感设备，按约定的协议，把任何物品与互联网相连接，进行信息交换和通信，以实现智能化识别、定位、跟踪、监控和管理等功能的一种网络。物联网的概念有两层含义：

（1）它是互联网、移动通信网和传感网等网络的融合，是在互联网基础之上的延伸和扩展的一种网络；

（2）其用户端延伸和扩展到了任何物品与物品之间，可进行信息交换和通信。

因此，物联网的核心是完成物体信息的可感、可知、可传和可控。

1999年美国麻省理工学院（MIT）成立了自动识别技术中心，构想了基于RFID的物联网的概念，提出了产品电子码（EPC）概念。通过EPC系统不仅能够对货品进行实时跟踪，而且能够通过优化整个供应链给用户提供支持，从而推动自动识别技术的快速发展并能够大幅度提高消费者的生活质量。国际物品编码协会EAN和美国统一代码委员会成立EPC Global机构，负责EPC网络的全球化标准。

2005年在突尼斯举行的信息社会世界峰会（WSIS）上，国际电联（ITU）发布了"ITU Internet Reports 2005：The Internet of Things"。报告指出射频识别技术、传感器技术、纳米技术、智能嵌入技术将得到更加广泛的应用。根据ITU的描述，在物联网时代，通过在各种各样的日常用品上嵌入一种短距离的移动收发器，人们将在信息与通信世界里获得一个新的沟通维度，从任何时间任何地点的人与人之间的沟通连接扩展到人与物和物与物之间的沟通连接。另外，欧洲智能系统集成技术平台（EPoSS）在"Internet of Things in 2020"报告中也分析预测了未来物联网的发展将要经历四个阶段。

在产业界，IBM于2008年年底提出了"智慧地球"概念，随后，IBM大中华区在"2009 IBM论坛"上公布了名为"智慧地球"的最新策略，得到美国各界的高度关注。国际上多个国家和地区也启动了相应的研究计划，如日本的U-Japan计划、韩国的U-Korea计划等。在我国，早在20世纪90年末就开始了传感网的研究，特别是近十多年来在无线传感器网络方面，国内的高等院校、科研机构和相关企业都进行了较深入的研究，取得了一些成果。

2009年8月温家宝总理在视察中国科学院无锡物联网产业研究所时，对物联网应用也提出了一些看法和要求。自温总理提出"感知中国"以来，物联网被正式列为国家五大新兴战略性产业之一并写入"政府工作报告"，物联网在中国受到了全社会的极大关注。

2010年，国家发展和改革委员会、工业和信息化部等部委会同有关部门，在新一代信息技术方面开展研究，以形成支持新一代信息技术的一些新政策措施，从而推动我国国民经济的发展。

时至今日，物联网概念的范畴与时俱进，已经超越了 1999 年 MIT 和 2005 年 ITU 报告所给出的范围，物联网的应用也拓展到智能家居、现代物流、军事应用、数字城市、公共安全、智能交通、智能农业等更多的领域。

1.1.2 物联网的定义

顾名思义，物联网就是"物物相连的网络"。物联网的最终目标是要将自然空间中的所有物体通过网络连接起来。物联网的核心和基础是网络，是在现有各种网络基础上延伸和扩展的网络，同时，在现实生活中的所有物体在物联网上都有对应的实体。可以说，最终的物联网就是虚拟的、数字化的现实物理空间（可参考电影《黑客帝国》想象）。国际电信联盟（International Telecommunication Union，ITU）在 2005 年的一份报告中曾描绘了"物联网"时代的场景：当司机出现操作失误时汽车会自动报警；公文包会提醒主人忘了带什么东西；衣服会"告诉"洗衣机对颜色和水温的要求等。

物联网本身是一个容易理解的概念，但由于其涉及现实世界的方方面面，尤其是温家宝总理发表了"感知中国"的讲话之后，各行各业都不约而同地发表了自己对物联网的理解。由于出发点和视角的差异，这些理解难免不一致，目前物联网的定义还没有完全统一，其普遍采用的定义是：利用二维码、无线射频识别（Radio Frequency Identification Devices，RFID）、红外感应器、全球定位系统（Global Position System，GPS）、激光扫描器等各种感知技术和设备，使任何物体与网络相连，全面获取现实世界中的各种信息，完成物与物、人与物的信息交互，以实现对物体的智能化识别、定位、跟踪、管理和控制。

从物联网本质来看，物联网是现代信息技术发展到一定阶段后出现的一种聚合性应用与技术提升，将各种感知技术、现代网络技术、人工智能和自动化技术聚合与集成应用，使人与物能智慧对话，创造一个智慧的世界。

物联网被称为继计算机和互联网之后，世界信息产业的第三次革命性创新。物联网一方面可以提高经济效益，大大降幅成本；另一方面可以为经济的发展提供技术推动力。物联网将把新一代信息技术充分运用到各行各业中，具体地说，就是要给现实世界的各种物体，包括建筑、家居、公路、铁路、桥梁、隧道、水利、农业、油气管道、供水及各种生产设备等装上传感器，并且将这些传感器通过有线/无线通信手段与核心网络连接起来，实现人类社会与物理世界的融合。同时网络上还将连接各种执行器，也就是说物联网不仅能感知世界，同时也能够控制世界。物联网的基础是实现网络融合，现有的互联网、电信网（包括移动通信系统）、广播电视网络首先要形成一个统一的"大网络"，即目前如火如荼的三网融合。物联网在融合大网络的基础上，能够对网络上的人员、机器设备和基础设施进行实时的管理和控制。在物联网时代，人类的日常生活将发生翻天覆地的变化。

物联网具备三个特点：一是全面感知，即利用 RFID、传感器、二维码等随时随地获取物体的信息；二是可靠传输，通过各种电信网络与互联网的融合，将物体的信息实时准确地传输出去；三是智能应用，利用云计算、模糊识别等各种智能计算技术，对天量（互联网中，人们常说海量数据，物联网的信息量比互联网大得多，因而本书将其称为天量数据）数据和信息进行分析和处理，对物体实施智能化的控制。

首先，它是各种感知技术的广泛应用。物联网上安置了海量的、多种类型的传感器，每个传感器都是一个信息源，不同类型的传感器所捕获的信息内容和信息格式不同。传感器获得的数据具有实时性，可按一定的频率周期性地采集环境信息，不断更新数据。

其次，它是一种建立在融合网络之上的泛在网络。物联网技术的重要基础和核心仍然是网络，即融合了互联网、电信网、广播电视网的新型网络，通过各种有线和无线接入手段与网络融合，将物体的信息实时、准确地传输出去。物联网上的传感器定时采集的信息需要通过网络传输，由于其数量极其庞大，形成了天量信息，在传输的过程中，为了保障数据的正确性和传输的及时性，必须适应各种异构网络和协议。

最后，物联网不仅仅提供了传感器的连接，其本身也具有智能处理和执行能力的器件，能够对物体实施智能控制。物联网将传感器和智能处理相结合，利用云计算、模式识别等各种智能技术，扩充其应用领域。从传感器获得的天量信息中分析、加工和处理出有意义的数据，以适应不同用户的不同需求，发现新的应用领域和应用模式。

物联网并不是凭空提出的概念，物联网本身是互联网的延伸和发展。目前，互联网已发展到空前高度，人们通过互联网了解世界十分便利。但随着认识的提高，人们对生活品质的要求越来越高，人们不再满足现有互联网这种人与人交互的模式，追求能够通过网络实现人与物的交互，甚至物与物的自动交互，不再需要人的参与。基于这些背景，以及技术的发展，物联网概念的提出水到渠成。物联网是在现有互联网的基础上，利用各种传感技术，构建一个覆盖世界上所有人与物的网络信息系统。人与人之间的信息交互和共享是互联网最基本的功能，而在物联网中，更强调的是人与物、物与物之间信息的自动交互和共享。

▶ 1.1.3 和物联网相近的概念

1. 无线传感器网络

无线传感器网络（Wireless Sensor Networks，WSN）是指"随机分布的集成有传感器、数据处理单元和通信单元的微小节点，通过自组织方式构成的无线网络"。无线传感器网络由大量无线传感器节点组成，每个节点由数据采集模块、数据处理模块、通信模块和能量模块构成，其中数据采集模块主要是各种传感器和相应的 A/D 转换器，数据处理模块包括微处理器和存储器，通信模块主要是无线收发器，无线传感器网络节点一般采用电池供电。无线网络传感器网络技术是物联网最重要的技术之一，也是物联网与现有互联网区别所在的主要因素之一，可广泛应用于军事、国家安全、环境科学、交通管理、灾害预测、医疗卫生、制造业、城市信息化建设等多个领域。

2. 泛在网

泛在网（Ubiquitous Network）又被称为无所不在的网络。泛在网概念的提出比物联网要早一些，国际上对其的研究已有相当长的时间，也得到了美、欧在内的世界各个国家和地区的广泛关注。泛在网将 4A 作为其主要特征，即在任何时间（Anytime）、任何地点（Anywhere）、任何人（Anyone）、任何物（Anything）都能方便地进行通信。泛在网内涵更多以人为核心，关注可以随时随地获取各种信息，几乎包含了目前所有网络概念和研究范畴。

3. M2M

M2M 即 Machine to Machine，指机器到机器的通信，也包括人对机器和机器对人的通信。M2M 是从通信对象的角度出发表述的一种信息交流方式，它通过综合运用自动控制、信息通信、智能处理等技术，实现设备的自动化数据采集、数据传输、数据处理和设备自动控制，是不同类型通信技术的综合运用，能让机器、设备、应用处理过程与后台信息系统共享信息，并与操作者共享信息。M2M 是物联网的雏形，是现代物联网应用的主要表现。

4. 信息物理系统

信息物理系统（Cyber Physical Systems，CPS）是美国自然基金会于 2005 年提出的研究计划。CPS 是"人、机、物"深度融合的系统，它在物与物互连的基础上，强调对物实时、动态的信息控制盒信息服务。CPS 试图克服已有传感网各个系统自成一体、计算设备单一、缺乏开发性等缺点，更注重多个系统间的互连互通，并采用标准的互连互通的协议和解决方案，同时强调充分运用互联网，真正实现开发的、动态的、可控的、闭环的计算和服务支持。CPS 概念和物联网的概念类似，只是目前的物联网更侧重于感知世界。

物联网与传感网、M2M、泛在网、互联网、移动网的相互关系如图 1-1 所示。

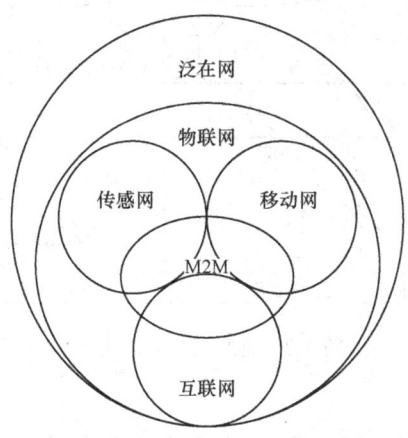

图 1-1 物联网与泛在网、M2M、传感网、互联网、移动网的相互关系

传感网可以看成是由"传感模块"加上"组网模块"而构成的一个网络，它更像一个简单的信息采集的网络，仅仅感知到信号，并不强调对物体的标识，最重要的是传感网不涉及执行器件。物联网的概念比传感网大，它主要是人感知物、标识物的手段，除了传感网外，还可以通过二维码、一维码、RFID等随时随地获取信息；物联网除了感知世界外，还要控制物体执行某些操作。

从泛在网的内涵来看，它首先关注的是人与周边的和谐交互，各种感知设备与无线网络不过是手段；从概念上看，泛在网与最终的物联网是一致的。

M2M 是机器对机器的通信，是物联网的前期阶段，是物联网的组成部分。

CPS 则可以看成物联网的学术提法，侧重于研究，而物联网则侧重于工程技术。

1.1.4 物联网体系结构

物联网是一个基于感知技术，融合了各类应用的服务型网络系统。可以利用现有各类网络，通过自组网能力，无缝连接、融合形成物联网，实现物与物、人与物之间的识别与感知，发挥智能作用。在业界，物联网通常被分为三个层次，底层是感知世界的感知层，中间是数据传输的网络层，最上面则是应用层，如图1-2所示。

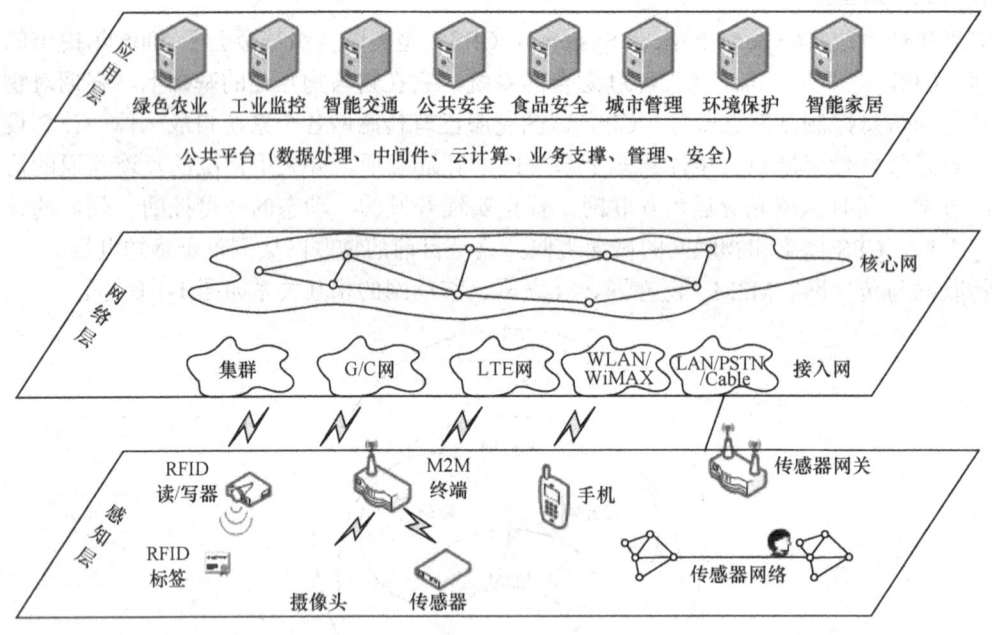

图 1-2 物联网体系结构

1. 感知层

物联网的感知层主要完成信息的采集、转换和收集，以及执行某些命令。感知层包含传感器件和控制器件两部分，用于数据采集及最终控制；短距离传输网络将传感器件收集的数据发送到网关或将应用平台控制命令发送到控制器件。传感器件包括条码和读/写器、RFID 和读/写器、摄像头、GPS、各种传感器、终端、传感器网络等。

感知层要形成泛在化的末端感知网络。各种传感器、RFID 标签与其他感知器件要泛在化布设，无处不在。

末端感知网络泛在化说明：

第一，全面的信息感知是实现物联网的基础；

第二，解决低功耗、小型化与低成本是推动物联网普及的关键。

末端感知网络是相对网络层而言的，它位于物联网的末端，自身不承担转发其他网络的作用。此外，除了上述传统意义上的感知器件之外，现在世界各国大力研究的智能机器人未来也将成为物联网的一部分。

2．网络层

物联网的网络层包括核心网和各种接入网，网络层将感知层获取的信息传输给处理中心和用户。物联网的核心网络是在现有互联网基础上，融合电信网、广播电视网等形成的面向服务、即插即用的栅格化网络；而接入网则包括移动的 2G/3G 网、集群、无线城域网等，通过接入网络，感知层能够将信息传输给用户，同时也可以将用户的指令传输给感知层。

目前，物联网的核心网基本与互联网的核心网一致，但随着时间的推移及人们认知的提高，由于物联网广泛增长的信息量及信息安全要求的提高，物联网的核心网将在现有核心网上扩展而成或者是有技术体制差别的新型网络。目前业界针对 IP 网络安全性差的先天缺陷提出了多种改进方案，如名址分离、集中控制、源地址认证等，这些思想肯定会在今后的物联网核心网发展过程中得以体现。

物联网的接入网也在发展，未来的 4G 网络、各种宽带接入系统都将是接入网的组成部分，随着感知节点的增多，天量信息数据的接入将对接入网带来全新的挑战。

3．应用层

物联网的应用层主要是通过分析、处理与决策，完成从信息到知识、再到控制指挥的智能演化，实现处理和解决问题的能力，完成特定的智能化应用和服务任务。应用层包括数据处理、中间件、云计算、业务支撑系统、管理系统、安全服务等应用支撑系统（公共平台），以及利用这些公共平台建立的应用系统。

物联网的应用层将提供普适化的应用服务，具备智能化的特征，主要体现在协调处理、决策支持及算法库和样本库的支持上。实现物联网的智能化应用服务涉及天量数据的存储、计算与数据挖掘等技术。

在物联网中，云计算将起到十分重要的作用，云计算适用于物联网应用，由于其规模化带来的经济效应将对实现物联网应用服务的普适化起到重要的推动作用。

除了感知层、网络层和应用层之外，物联网的管理也是一项重要的内容。物联网中涉及大量节点、网络和应用，需要高效、稳定、可靠地管理系统维护系统的运行。

值得注意的是，物联网的概念非常广泛，其体系结构包括了各个方面，但是这不意味着今后的全世界只有一个物联网。正如目前国际互联网将全世界连通之外，还存在很多的私有网络，这些网络按照互联网的技术建立，但是并不与国际互联网连接。同样，今后除了全球的大物联网之后，也存在很多独立的小物联网。

1.2 物联网安全问题

1.2.1 从互联网安全到物联网安全

物联网是互联网的延伸，因此物联网的安全也是互联网安全的延伸，物联网和互联网的关系是密不可、相辅相成的。但是物联网和互联网在网络的组织形态、网络功能及性能上的要求都是不同的，物联网对实时性、安全可信性、资源保证等方面有很高的要求。物联网的安全既构建在互联网的安全上，又因为其业务环境而具有自身的特点。总的来说，物联网安全和互联网安全的关系体现在以下几点：

- 物联网安全不是全新的概念；
- 物联网安全比互联网安全多了感知层；
- 传统互联网的安全机制可以应用到物联网；
- 物联网安全比互联网安全更复杂。

1.2.2 安全的定义与属性

信息安全（Information Security）涉及信息论、计算机科学和密码学等多方面的知识，它研究计算机系统和通信网络内信息的保护方法，是指在信息的产生、传输、使用、存储过程中，对信息载体（处理载体、存储载体、传输载体）和信息的处理、传输、存储、访问提供安全保护，以防止数据信息内容或能力被非法使用、篡改。信息安全的基本属性包括机密性、完整性、可用性、可认证性和不可否认性，主要的信息安全威胁包括被动攻击、主动攻击、内部人员攻击和分发攻击，主要的信息安全技术包括密码技术、身份管理技术、权限管理技术、本地计算环境安全技术、防火墙技术等，信息安全的发展已经经历了通信保密、计算机安全、信息安全和信息保障等阶段。

信息安全的基本属性有机密性、完整性、可用性、可认证性和不可认证性，也就是说，信息安全的目标是要使得信息能保密，保护信息的完整、可用，确保信息的来源和不可否认。

1．机密性

机密性是指信息不泄漏给非授权的个人和实体或供其使用的特性。只有得到授权或许可，才能得到与其权限对应的信息。通常，机密性是信息安全的基本要求，主要包括以下内容：

（1）对传输的信息进行加密保护，防止敌人译读信息，并可靠检测出对传输系统的主动攻击和被动攻击，对不同密级的信息实施相应的保密强度，完善密钥管理。

（2）对存储的信息进行加密保护，防止非法用户利用非法手段通过获得明文信息来达到窃取机密的目的。加密保护方式一般应视所存储的信息密级、特征和使用资源的开发程度等具体情况来确定，加密系统应与访问控制和授权机制密切配合，以达到合理共享资源的目的。

（3）防止由子电磁信号泄漏带来的失密。在计算机系统工作时，常会发生辐射和传导电磁信号泄漏现象，若此泄漏的信号被敌方接收下来，经过提取处理，就可能恢复出原始信息而造成泄密。

2. 完整性

完整性是指要防止信息被非法复制，避免非授权的修改和破坏，以保证信息的正确性、有效性、一致性，或不受意外事件的破坏。

（1）数据完整性。应对存储数据的媒体定期检查其物理操作情况，要尽量减少误操作、硬件故障、软件错误、掉电、强电磁场的干扰等意外事件的发生，要具备检测错误输入等潜在性错误的完整性校验和审计手段。对于只需调用的数据，可集中组成数据模块，使之无法读出和修改。对数据应有容错、后备和恢复能力。

数据完整性一般含两种形式：数据单元的完整性和数据单元序列的完整性。前者包括两个过程，一个发生在发送实体，另一个发生在接收实体；后者主要要求数据编号的连续性和时间标记的正确性，以防止假冒、丢失、重发、插入或修改数据。

（2）软件完整性。为防止软件被非法复制，要求软件必须有唯一的标志，并且能检验这种标志是否存在以及是否被修改过。除此之外，还应具有拒绝动态跟踪分析的能力，以免复制者绕过该标志的检验。为防止软件被非法修改，软件应有抗分析的能力和检测完整性的校验手段。应对软件实施加密处理，这样，即使复制者得到了源代码，也不能进行静态分析。

（3）操作系统的完整性。除计算机硬件外，操作系统是确保计算机安全保密的最基本部件。操作系统是计算机资源的管理者，其完整性控制也至关重要，如果操作系统完整性遭到破坏，将会导致入侵者非法获取系统资源。

（4）内存和磁盘的完整性。为防内存及磁盘中的信息不被非法复制、修改、删除、插入或受意外事件的破坏，必须定期检查内存和磁盘的完整性，以确保内存和磁盘中信息的真实性、有效性。

3. 可用性

可用性是指信息可被合法用户访问并能按要求的顺序使用，即在需要时可以使用所需的信息。确保授权用户或实体对信息及资源的正常使用不会被异常拒绝，允许其可靠而及时地访问信息及资源。对于有合法访问权并经许可的用户，不应阻止它们访问那些目标，即不应发生拒绝服务或间断服务。反之，则要防止非法用户进入系统访问、窃取资源、破坏系统；也要拒绝合法用户对资源的非法操作和使用。可用性问题的解决方案主要有以下两种：

（1）避免受到攻击。一些基于网络的攻击被设计用来破坏、降级或摧毁网络资源。解决办法是强化这些资源使其不受攻击，免受攻击的方法包括：关闭操作系统和网络配置中安全漏洞；控制授权实体对资源的访问；限制操作或浏览流经或流向这些资源的数据，从而防止带入病毒等有害数据；防止路由表等敏感网络数据的泄漏。

（2）避免未授权使用。当资源被使用、占用时，其可用性会受到限制。如果未授权用户占用了有限的资源（如处理能力、网络宽带、调制/解调器连接等），则这一资源对授权用户而言就是不可用的。可以提供访问控制来限制未授权用户使用资源。然而，过度频繁地发送请求可能导致网络运行减慢或停止。

4．可认证性

可认证性是指从一个实体的行为能够唯一追溯到该实体的特性，可以支持故障隔离、攻击阻断和事后恢复等。一旦出现违反安全政策的事件，系统必须提供审计手段，能够追踪到当事人，这就要求系统能识别、鉴别每个用户及其进程，能总结它们对系统资源的访问，并能记录和追踪它们的有关活动。

通常使用访问控制对网络资源（软件和硬件）和数据（存储的和通信的）进行认证。访问控制的目标是阻止未授权用户使用资源，以及公开或修改数据，通常运用于基于身份（Identity）和/或授权（Authorization）的实体。身份可能代表一个真实用户、具有自身身份的一次处理（如进行远程访问连接的一段程序）或者由单一身份代表的一组用户（如给予规测的访问控制）。

身份认证、数据认证等可以是双向的，也可以是单向的。要实现信息的可认证性，可能需要认证协议、身份证书技术的支持。

5．不可否认性

不可否认性是指一个实体不能够否认其行为的特性，可以支持责任追究、威慑作用和法律行动等。否认指参与通信的实体拒绝承认它参加了那次通信，不可否认性安全服务提供了向第三方证明该实体确实参与了那次通信的能力。

不可否认性服务通常由应用层提供，为用户最可能参与的应用程序数据（如电子邮件消息或文件）提供不可否认性。在低层提供不可否认性仅能提供证据证明特定的链接产生，而无法将流经该链接的数据同一个特定的实体绑定。

确保信息交换的真实性和有效性，信息交换的接收方应能证实所收到信息的来源、内容和顺序都是真实的。为保证信息交换的有效性，接收方收到了真实信息时应予以确认，对所收到的信息不能删除或改变，也不能抵赖或否认。对发送方而言，不能谎称从未发过信息，也不能谎称信息是由接收方伪造的。

1.3 物联网安全面临的挑战

物联网是互联网的延伸，分为感知层、网络层和应用层三大部分。从结构层次来看，物联网比互联网新增加的环节为感知层。感知包括传感器和标签两个大的方面，传感器和标签的最大区别在于传感器是一种主动的感知工作方式，而标签是一种被动的感知工作方式。在感知层之上，物联网具有互联网的全部信息安全特征，而物联网传输的数据内容涉及国民经济、社会安全及人们的日常生活的方方面面，所以物联网的安全已成为关乎国家政治稳定、社会安全、经济有序运行、人民安居乐业的全局性问题，要想物联网产业健康发展，就必须解决好安全问题。

与传统的网络相比，物联网发展带来的信息安全、网络安全、数据安全乃至国家安全问题更为突出，要强调安全意识，把安全放在首位，超前研究物联网产业发展可能带来的安全问题。物联网安全除了要解决传统信息安全的问题之外，还要克服成本、复杂性等新的挑战，具体介绍如下。

1. 安全需求与安全成本的矛盾

物联网安全的最大挑战来自于安全需求与成本上的矛盾。从上述描述可以看出，物联网安全将是物联网的基本属性，为了确保物联网应用的高效、正确、有序，安全显得特别重要，但是安全是需要代价的。与互联网安全相比，"平民化"的物联网安全将面临巨大的成本压力，一个小小的 RFID 标签，为了确保其安全性，可能会增加相对较大的成本，成本增加将影响到其应用。成本将是物联网安全不可回避的挑战。

2. 安全复杂性加大

物联网安全的复杂性将是另一个巨大的挑战。物联网中将获取、传输、处理和存储大量的信息，信息源和信息目的之间的相互关系将变得十分复杂；解决同样的问题，已有的技术虽然能用，但可能不再高效，这种复杂性肯定会催生新的解决方法出现。例如，大量的信息将导致现有包过滤防火墙的性能达不到要求，今后可能出现分布式防火墙，或者其他全新的防火墙技术。

3. 信息技术发展本身带来的问题

物联网是信息技术发展的趋势，信息技术在给人们带来方便和信息共享的同时，也带来了安全问题，如密码分析者大量利用信息技术本身提供的计算和决策方法实施破解；网络攻击者利用网络技术本身设计大量的攻击工具、病毒和垃圾邮件；信息技术带来的信息共享、复制和传播能力，使人们难以对数字版权进行管理。因此无所不在的网络安全需求是对信息安全的巨大挑战。

4. 物联网系统攻击的复杂性和动态性仍较难把握

信息安全发展到今天，对物联网系统攻击防护的理论研究仍然处于相对困难的状态，这些理论仍然难以完全刻画网络与系统攻击行为的复杂性和动态性，致使防护方法还主要依靠经验，"道高一尺，魔高一丈"的情况时有发生。目前，对于很多安全攻击，都不具备主动防护的能力，往往是在攻击发生之后，才能获取到相关信息，然后才能避免这类攻击，这不能从根本上防止各种攻击。

5. 物联网安全理论、技术与需求的差异性

随着物联网中计算环境、技术条件、应用场合和性能要求的复杂性，需要研究考虑的

情况会更多，这将在一定程度上加大物联网安全研究的难度。在应用中，当前对物联网中的高速安全处理还存在诸多困难，处理速度还难以适应宽带的增长，此外，政府和军事部门的高安全要求与技术能够解决的安全问题之间尚存在差距。

6．密码学方面的挑战

密码技术是信息安全的核心，随着物联网应用的扩展，实现物联网安全对密码学提出了新的挑战，具体主要表现在以下两个方面。

（1）计算设备的计算能力越来越强与感知设备计算能力越来越弱带来的挑战。当前的信息安全技术，特别是密码技术与计算技术密切相关，其安全性本质上是计算安全性，由于当前通用计算设备的计算能力不断增强，对很多方面的安全性带来了巨大挑战；但是在另一方面，同样位于物联网中感知层的感知节点，由于体积和功能等物理原因，导致计算能力、存储能力远远弱于网络层和应用层的设备，这导致了感知设备不可能采用复杂的密码计算，从而增大了信息被窃的风险。因此如何有效地利用密码技术，防止感知层设备出现安全短板效应，是需要认真研究的课题。为了应对物联网安全的需求，很有可能产生一批运算复杂度不高，但防护强度相对较高的轻量级密码算法。

（2）物联网环境复杂多样带来的挑战。随着网络高速化、无线化、移动化和设备小开支化的发展，信息安全的计算环境可能附加越来越多的制约，往往约束了常用方法的实施，而实用化的新方法往往又受到质疑。例如，传感器网络由于其潜在的军事用途，常常需要比较高的安全性，但由于节点的计算能力，功耗和尺寸均受到制约，因此难以实施通用的安全方法。当前，所谓轻量级密码的研究正试图寻找安全计算环境之间合理的平衡手段，有待于进一步发展。同样，物联网感知层可能面临着不同的应用需求，其环境变化剧烈，这就要求密码算法能够适应多种环境，传统的密码算法可能就不再适用，随之而来则需要全新、具备灵活性、可编程、可重构的密码算法。

思考与练习题

1. 物联网概念产生的背景有哪些基本因素？
2. 什么是物联网？
3. 试描述物联网的工作步骤。
4. 物联网安全包括哪几个基本要素？
5. 试论述物联网面临的挑战。

第 2 章

物联网安全基础

2.1 物联网安全需求

由于物联网中的终端设备大多处于无人值守的环境中,且终端节点数量巨大,终端节点具有组群化、低移动性等特点,因此物联网应用对运营商的通信网络提出了更高的要求。由于物联网具有区别于传统通信网络的不同特点,物联网不仅面临现有的移动网络中所具有的网络威胁,还将面临与其网络特点相关的特殊安全威胁。

2.1.1 物联网中感知节点的安全

目前在物联网中,感知节点由于受到功能和能量限制,其所具有的安全机制较少,安全保护功能较弱,并且由于物联网目前尚未完全实现标准化,所以导致其中的消息和数据传输的协议也没有统一的标准,从而无法提供一个统一的安全保护体系。因此,物联网除了可能遭受同现有网络相同的安全威胁外,还可能受到一些特有的威胁。

1. 对节点身份的攻击威胁

由于目前核心网尚无法对感知网络进行直接控制,因此可能导致攻击者在感知网络范围内部署恶意节点加入合法的感知网络,从而导致网络中消息的泄漏,以及攻击者利用恶意节点作为跳板对网络发起新的攻击。

2. 数据传输威胁

感知网络中的数据发送通常是通过广播、多播等方式进行的,并且受限于感知节点的能力,很可能无法对数据进行有效的加密保护,因此在无线环境下,数据的传输很容易受到攻击者的监听和破坏。传输信息主要面临的威胁有以下几种。

(1) 中断。路由协议分组,特别是路由发现和路由更新消息,会被恶意节点中断和阻塞。攻击者可以有选择地过滤控制消息和路由更新消息,并中断路由协议的正常工作。

(2) 拦截。路由协议传输的信息,如"保持有效"等命令和"是否在线"等查询,会被攻击者中途拦截,并重定向到其他节点,从而扰乱网络的正常通信。

(3) 篡改。攻击者通过篡改路由协议分组,破坏分组中信息的完整性,并建立错误的路由,从而使合法节点被排斥在网络外。

(4) 伪造。无线传感网络内部的恶意节点可能伪造虚假的路由信息,并把这些信息插入到正常的协议分组中,对网络造成破坏。

3. 数据一致性威胁

由于感知网络中的数据通常是通过广播、多播等方式发送的,同一份数据可能通过不同的路径传输而产生多个副本;此外,由于感知节点的数据处理需要和自身功能的限制,很可能无法对数据进行完整性保护,当其中某个副本数据产生错误时,数据接收节点将无法判断该数据是否可靠有效。当数据汇聚节点在处理来自同一份数据的不同副本时,也无法判断该数据的真伪。

4．手动恶意攻击威胁

由于感知节点功能简单，安全能力差，发送方式为广播和多播，且缺乏中心控制节点，因此攻击者可以在控制某个感知节点的基础上利用这种方式扩散和传播蠕虫病毒等恶意代码，在较短的时间内将恶意代码扩散到整个感知网络中。另外，由于缺乏中心控制节点的控制管理能力，也无法有效地查找到攻击的发起地点。

▶ 2.1.2 物联网中通信网络的安全

现有的通信网络是以面向人与人的通信方式设计的，通信终端的数量并没有物联网中的多，而通信网络的承载能力有限，通信网络面临的安全威胁将会增多。

1．大量终端节点接入现有通位信网络带来的问题

（1）网络拥塞和 Dos 攻击：由于物联网设备数量巨大，如果通过现有的认证方法对设备进行认证，那么信令流量对网络侧来说是不可忽略的，尤其是大量设备在很短时间内接入网络，很可能会带来网络拥塞，而网络拥塞会给攻击者带来可乘之机，从而对服务器产生拒绝服务攻击。

（2）接入认证问题：物联网环境中终端设备的接入通常表现为大批量、集体式的接入，目前一对一的接入认证无法满足短期内对大批量物理机器的接入认证，并且在认证后也无法体现机器的集体性质。对于物联网网关等相关设备，还涉及如何能够代表感知网络核心网络进行交互，从而满足核心网络对感知网络的控制和管理能力。

（3）密钥管理问题：传统的通信网络认证是对终端进行逐个认证、加密并生成相应的、完整性的保护密钥。这样带来的问题是当网络中存在比传统手机终端多得多的物联网设备时，如果也按照逐一认证产生密钥的方式，会给网络带来大量的资源消耗；另外，未来的物联网存在多种业务，对于同一用户的同一业务设备来说，逐一对设备端进行认证并产生不同的密钥也是对网络资源的一种浪费。

2．感知网络和通信网络安全机制之间的融合带来的问题

（1）中间人攻击：攻击者可以发动中间人攻击，使得物联网设备与通信网络失去联系，或者诱使物联网设备向通信网络发送假冒的请求或响应，从而使得通信网络做出错误的判断而影响网络安全。

（2）伪造网络消息：攻击者可以利用感知网络的安全性等特点，伪造通信网络的信令指示，从而使得物联网设备断开连接或者做出错误的操作或响应。

3．传输安全问题

在目前的网络中，数据的机密性和完整性是通过较为复杂的加密算法来实现的，而在物联网通信环境中，大部分场景中单个设备的数据发送量相对较小，使用复杂的算法保护会带来不必要的延时。

4. 隐私泄漏问题

由于一些物联网设备很可能处在物理不安全的位置，这就给了攻击者可乘之机，从物理不安全的设备中获得用户身份等的隐私信息，并以此设备为攻击源对通信网络发起一些攻击。

2.1.3 物联网中的应用安全

物联网应用广泛，涉及各行各业，其应用安全问题除了现有通信网络中出现的业务滥用、重放攻击、应用信息的窃听和篡改等安全问题外，还存在更为特殊的应用安全问题及危害。

1. 隐私威胁

在物联网中大量使用的无线通信、电子标签和无人值守设备，将使物联网应用层隐私信息威胁问题变得非常突出。隐私信息可能被攻击者获取，给用户带来安全隐患，物联网的隐私威胁主要包括隐私泄漏和恶意跟踪。

（1）隐私泄漏：隐私泄漏是指用户的隐私信息暴露给攻击者，如用户的病历、个人身份、兴趣爱好、商业机密等信息。

（2）恶意跟踪：隐私信息的获取者可以对用户进行恶意跟踪。例如，在带有 RFID 标签的物联网应用中，隐私侵犯者可以通过标签的位置信息获取标签用户的行踪；抢劫犯甚至能够利用标识信息来确定并跟踪贵重物品的数量及位置信息等。

2. 身份冒充

物联网中的设备一般是无人值守的，这些设备可能被劫持，然后伪装成客户端或者应用服务器发送数据信息、执行其他恶意操作。例如，针对智能家居的自动门禁远程控制系统，通过伪装成基于网络的后端服务器，可以解除告警、打开门禁进入房间。

3. 信令拥塞

目前的认证方式是应用终端与应用服务器之间的一对一认证。而在物联网中，终端设备数量巨大，当短期内这些数量巨大的终端使用业务时，会在应用服务器上产生大规模的认证请求消息。这些消息可能会导致应用服务器过载，使得网络中信令通道拥塞，引起拒绝服务攻击。

2.1.4 控制管理相关的安全问题

1. 远程配置、更新终端节点上的软件应用问题

由于物联网中的终端节点数量巨大，部署位置广泛，人工更新终端节点上的软件应用则变得更加困难，远程配置、更新终端节点上的应用显得更加重要，因此需要提供对远程配置、更新的安全保护能力；此外，病毒、蠕虫等恶意攻击软件可以通过远程通信方式进入终端节点，从而破坏终端节点，甚至破坏通信网络。

2. 配置管理终端节点的特征时安全问题

攻击者可以伪装成合法用户，向网络控制管理设备发出虚假的更新请求，使得网络为终端配置错误的参数和应用，从而导致终端不可用，破坏物联网的正常使用。

3. 安全管理问题

在传统网络中，由于需要管理的设备较少，对于各种业务的日志审计等安全信息由各自业的务平台负责，而在物联网环境中，由于物联网终端无人值守，并且规模庞大，因此如何对这些终端的日志等安全信息进行管理也成为了新的问题。

2.2 物联网安全的特征

从物联网的信息处理过程来看，感知信息经过采集、汇聚、融合、传输、决策与控制等过程，整个信息处理的过程体现了物联网安全的特征与要求，也揭示了所面临的安全问题。

一是感知网络的信息采集、传输与信息安全问题。感知节点呈现多源异构性，感知节点的功能通常较为简单（如自动温度计），自身携带能量少（使用电池），使得它们无法拥有复杂的安全保护能力，而感知网络多种多样，从温度测量到水文监控，从道路导航到自动控制，且它们的数据传输和消息也没有特定的标准，所以无法提供统一的安全保护体系。

二是核心网络的传输与信息安全问题。核心网络具有相对完整的安全保护能力，但由于物联网中节点数量庞大，且以集群方式存在，因此在数据传播时，由于大量机器的数据发送使网络拥塞，会产生拒绝服务攻击。此外，现有通信网络的安全架构都是从人通信的角度设计的，对以物为主体的物联网，要建立适合于感知信息传输与应用的安全架构。

三是物联网业务的安全问题。支撑物联网业务的平台有着不同的安全策略，如云计算、分布式系统、海量信息处理等，这些支撑平台要为上层服务管理和大规模行业应用建立起一个高效、可靠和可信的系统，而大规模、多平台、多业务类型使物联网业务层次的安全面临着新的挑战。

另外，可以从安全的机密性、完整性和可用性来分析物联网的安全需求。信息隐私是物联网信息机密性的直接体现，如感知终端的位置信息是物联网的重要信息资源之一，也是需要保护的敏感信息。另外，在数据处理过程中同样存在隐私保护问题，如基于数据挖掘的行为分析等，因此需要建立访问控制机制，控制物联网中信息采集、传输和查询等操作，不会由于个人隐私或机构秘密的泄漏而造成对个人或机构的伤害。信息的加密是实现机密性的重要手段，由于物联网的多源异构性，使密钥管理变得更为困难，特别是对感知网络的密钥管理，它更是制约物联网信息机密性的瓶颈。

物联网的信息完整性和可用性贯穿在物联网数据流的全过程，网络入侵、拒绝攻击服务、Sybil 攻击、路由攻击等都将使信息的完整性和可用性受到破坏。同时物联网的感知互动过程也要求网络具有高度的稳定性和可靠性，物联网要与许多应用领域的物理设备相关联，需要保证网络的稳定可靠，如在仓储物流应用领域，物联网必须是稳定的，必须保证网络的连通性，不能出现互联网中如电子邮件时常丢失的问题，否则就无法准确检测进出库的物品。

物联网的安全特征体现了感知信息的多样性、网络环境的多样性和应用需求的多样性，网络的规模和数据的处理量大，决策控制复杂，给安全研究提出了新的挑战。物联网的研究与应用处于初级阶段，很多理论与关键技术还有待突破，特别是与互联网、移动通信网相比，还没有展示出令人信服的实际应用。下面我们将从互联网的发展过程来探讨物联网的安全问题。

2.3 物联网安全关键技术

作为一种多网络融合的网络，物联网安全涉及各个网络的不同层次，在这些独立的网络中已实际应用了多种安全技术，特别是移动通信网和互联网的安全研究已经历了较长的时间，但对物联网中的感知网络来说，由于资源的局限性，使安全研究的难度增大，本节主要针对物联网安全的关键技术进行讨论。

1．密钥管理机制

密钥系统是安全的基础，是实现感知信息隐私保护的手段之一。在互联网中不存在计算资源的限制，非对称和对称密钥系统都可以使用。移动通信网是一种相对集中式管理的网络，而无线传感器网络和感知节点由于计算资源的限制，对密钥系统提出了更多的要求，因此，物联网密钥管理系统面临两个主要问题：一是如何构建一个贯穿多个网络的统一密钥管理系统，并与物联网的体系结构相适应；二是如何解决传感网的密钥管理问题，如密钥的分配、更新、组播等问题。

实现统一的密钥管理系统可以采用两种方式：

（1）以互联网为中心的集中式管理方式。由互联网的密钥分配中心负责整个物联网的密钥管理，一旦传感器网络接入互联网，通过密钥中心与传感器网络汇聚点进行交互，实现对网络中节点的密钥管理。

（2）以各自网络为中心的分布式管理方式。在此模式下，互联网和移动通信网比较容易解决，但在传感网环境中对汇聚点的要求比较高，尽管可以采用簇头选择的方法推选簇头，形成层次式网络结构，每个节点与相应的簇头通信，簇头间以及簇头与汇聚节点之间进行密钥的协商，但对于多跳通信的边缘节点以及由于簇头选择算法和簇头本身的能量消耗，将使传感网的密钥管理成为解决问题的关键。

无线传感器网络的密钥管理系统的设计在很大程度上受到其自身特征的限制，因此在设计需求上与有线网络和传统的资源不受限制的无线网络有所不同，要特别充分考虑到无线传感器网络传感节点的限制和网络组网与路由的特征。它的安全需求主要体现在以下几个方面。

（1）密钥生成或更新算法的安全性：利用该算法生成的密钥应具备一定的安全强度，

不会被网络攻击者轻易破解或者花很小的代价破解,即加密后可保障数据包的机密性。

(2)前向私密性:对于中途退出传感器网络或者被俘获的恶意节点,在周期性的密钥更新或者撤销后无法再利用先前所获知的密钥信息生成合法的密钥继续参与网络通信,即无法参与报文解密或者生成有效的可认证的报文。

(3)后向私密性和可扩展性:新加入传感器网络的合法节点可利用新分发或者周期性更新的密钥参与网络的正常通信,即进行报文的加/解密和认证行为等,而且能够保障网络是可扩展的,即允许大量的新节点加入。

(4)抗同谋攻击:在传感器网络中,若干节点被俘获后,其所掌握的密钥信息可能会造成网络局部范围的泄密,但不应对整个网络的运行造成破坏性或损毁性的后果,即密钥系统要具有抗同谋攻击。

(5)源端认证性和新鲜性:源端认证要求发送方身份的可认证性和消息的可认证性,即任何一个网络数据包都能通过认证来追踪、寻找到其发送源,且是不可否认的;新鲜性则保证合法的节点在一定的延迟许可内能收到所需要的信息,新鲜性除了和密钥管理方案紧密相关外,与传感器网络的时间同步技术和路由算法也有很大的关系。

2. 数据处理与隐私性

物联网的数据要经过信息感知、获取、汇聚、融合、传输、存储、挖掘、决策和控制等处理流程,而末端的感知网络几乎要涉及上述信息处理的全过程,只是由于传感节点与汇聚节点的资源限制,在信息的挖掘和决策方面不占据主要的位置。物联网应用不仅面临着信息采集的安全性,也要考虑到信息传输的私密性,要求信息不能被篡改或者被非授权用户使用,同时,还要考虑到网络的可靠、可信和安全。物联网能否大规模地推广应用,在很大程度上取决于它是否能够保障用户数据和隐私的安全。

就传感网而言,在信息的感知、采集阶段就要进行相关的安全处理,如对 RFID 采集的信息进行轻量级的加密处理后,再传输到汇聚节点。这里要关注的是对光学标签的信息采集处理与安全,作为感知端的物体身份标识,光学标签显示了独特的优势,而虚拟光学的加/解密技术为基于光学标签的身份标识提供了手段,基于软件的虚拟光学密码系统由于可以在光波的多个维度进行信息的加密处理,具有比一般传统的对称加密系统更高的安全性,数学模型的建立和软件技术的发展极大地推动了该领域的研究和应用推广。

数据处理过程涉及基于位置的服务与在信息处理过程中的隐私保护问题。ACM 于 2008 年成立了 SIGSPATIAL(Special Interest Group on Spatial Information),致力于空间信息理论与应用的研究。基于位置的服务是物联网提供的基本功能,是定位、电子地图、基于位置的数据挖掘和发现、自适应表达等技术的融合。目前主要的定位技术有 GPS 定位、基于手机的定位、无线传感网的定位等。无线传感网的定位主要是射频识别、蓝牙及 ZigBee 等。基于位置的服务面临严峻的隐私保护问题,这既是安全问题,也是法律问题。欧洲通过了"隐私与电子通信法",对隐私保护问题给出了明确的法律规定。

基于位置服务中的隐私内容涉及两个方面：一是位置隐私，二是查询隐私。位置隐私中的位置是指用户过去或现在的位置，而查询隐私是指敏感信息的查询与挖掘，如某用户经常查询某区域的餐馆或医院，可以分析该用户的居住位置、收入状况、生活行为、健康状况等敏感信息，造成个人隐私信息的泄漏，查询隐私是指数据处理过程中的隐私保护问题。所以，我们面临一个困难的选择，一方面希望提供尽可能精确的位置服务，另一方面又希望个人的隐私得到保护，这就需要在技术上给予保证。目前的隐私保护方法主要有位置伪装、时空匿名、空间加密等。

3. 安全路由协议

物联网的路由要跨越多类网络，有基于 IP 地址的互联网路由协议、基于标识的移动通信网和传感网的路由算法，因此我们要至少解决两个问题：一是多网融合的路由问题；二是传感网的路由问题。前者可以考虑将身份标识映射成类似的 IP 地址，实现基于地址的统一路由体系；后者由于传感网的计算资源的局限性和易受到攻击的特点，要设计抗攻击的安全路由算法。

目前，国内外学者提出了多种无线传感器网络的路由协议，这些路由协议最初的设计目标通常是以最小的通信、计算、存储开销完成节点间数据传输，但这些路由协议大都没有考虑到安全问题。实际上由于无线传感器节点电量有限、计算能力有限、存储容量有限以及部署在野外等特点，使得它极易受到各类攻击。

无线传感器网络路由协议常受到的攻击主要有以下几类：虚假路由信息攻击、选择性转发攻击、污水池攻击、女巫攻击、虫洞攻击、Hello 泛洪攻击、确认攻击等。针对无线传感器网络中数据传输的特点，目前已提出许多较为有效的路由技术。按路由算法的实现方法划分，有泛洪式路由，如 Gossiping 等；以数据为中心的路由，如 Directed Diffusion、SPIN 等；层次式路由，如 LEACH（Low Energy Adaptive Clustering Hierarchy）、TEEN（Threshold Sensitive Energy Efficient Sensor Network Protocol）等；基于位置信息的路由，如 GPSR（Greedy Perimeter Stateless Routing）、GEAR（Geographic And Energy Aware Routing）等。

TRANS（Trust Routing For Location-Aware Sensor Networks）是一个建立在地理路由（如 GPSR）之上的安全机制，包含两个模块，即信任路由（Trust Routing Module，TRM）和不安全位置避免模块（Insecure Location Avoidance Module，ILAM），其中信任路由模块安装在汇聚节点和感知节点，不安全位置避免模块仅仅安装在汇聚节点。另一种容侵的安全路由协议为 INSENS（Intrusion-Tolerant Routing Protocol For Wireless Sensor Networks），它包含路由发现和数据转发两个阶段。在路由发现阶段，基站通过多跳转发向所有节点发送一个查询报文，相邻节点收到报文后，记录发送者的 ID，然后发给那些还没收到报文的相邻节点，以此建立邻居关系。收到查询报文的节点同时向基站发送自己的位置拓扑等反馈信息。最后，基站生成到每个节点均有两条独立路由路径的路由转发表。第二阶段的数据转发就可以根据节点的转发表进行转发。

4. 认证与访问控制

认证指使用者采用某种方式来"证明"自己确实是自己宣称的某人,网络中的认证主要包括身份认证和消息认证。身份认证可以使通信双方确信对方的身份并交换会话密钥。保密性和及时性是认证的密钥交换中两个重要的问题。为了防止假冒和会话密钥的泄漏,用户标识和会话密钥这样的重要信息必须以密文的形式传输,这就需要事先拥有能用于这一目的的主密钥或公钥。因为可能存在消息重放,所以及时性非常重要,在最坏的情况下,攻击者可以利用重放攻击威胁会话密钥或者成功地假冒另一方。

消息认证中主要是接收方希望能够保证其接收的消息确实来自真正的发送方。有时收发双方并不同时在线,例如在电子邮件系统中,电子邮件消息发送到接收方的电子邮件中,并一直存放在邮箱中直至接收方读取为止。广播认证是一种特殊的消息认证形式,在广播认证中一方广播的消息被多方认证。

传统的认证是区分不同层次的,网络层的认证负责网络层的身份鉴别,业务层的认证负责业务层的身份鉴别,两者独立存在。但是在物联网中,业务应用与网络通信紧紧地绑在一起,认证有其特殊性。例如,当物联网的业务由运营商提供时,那么就可以充分利用网络层认证的结果而不需要进行业务层的认证;或者当业务是敏感业务时,如金融类业务,一般业务提供者会不信任网络层的安全级别,而使用更高级别的安全保护,那么这时就需要进行业务层的认证;而当业务是普通业务时,如气温采集业务等,业务提供者认为网络认证已经足够,那么就不再需要进行业务层的认证。

在物联网的认证过程中,传感网的认证机制是重要的研究部分,无线传感器网络中的认证技术主要包括基于轻量级公钥的认证技术、预共享密钥的认证技术、随机密钥预分布的认证技术、利用辅助信息的认证、基于单向散列函数的认证等。

(1) 基于轻量级公钥的认证技术。鉴于经典的公钥算法需要高计算量,在资源有限的无线传感器网络中不具有可操作性,当前有一些研究正致力于对公钥算法进行优化设计,使其能适应无线传感器网络,但在能耗和资源方面还存在很大的改进空间,如基于 RSA 公钥算法的 TinyPK 认证方案,以及基于身份标识的认证算法等。

(2) 基于预共享密钥的认证技术。SNEP 方案提出了两种配置方法:一种是节点之间共享密钥;另一种是每个节点和基站之间共享密钥,这类方案使用每对节点之间共享一个主密钥,可以在任何一对节点之间建立安全通信;缺点是扩展性和抗捕获能力较差,任意一节点被俘获后就会暴露密钥信息,进而导致全网络瘫痪。

(3) 基于单向散列函数的认证方法。该类方法主要用在广播认证中,由单向散列函数生成一个密钥链,利用单向散列函数的不可逆性,保证密钥不可预测。通过某种方式依次公布密钥链中的密钥,可以对消息进行认证。目前,基于单向散列函数的广播认证方法主要是对 μTESLA 协议的改进。μTESLA 协议以 TESLA 协议为基础,对密钥更新过程和初始认证过程进行了改进,使其能够在无线传感器网络中有效实施。

访问控制是对用户合法使用资源的认证和控制,目前信息系统的访问控制主要是基于角色的访问控制机制（Role-Based Access Control，RBAC）及其扩展模型。RBAC 机制主要由 Sandhu 于 1996 年提出的基本模型 RBAC96 构成，一个用户先由系统分配一个角色，如管理员、普通用户等，登录系统后，根据用户的角色所设置的访问策略实现对资源的访问。显然，同样的角色可以访问同样的资源。RBAC 机制是基于互联网的 OA 系统、银行系统、网上商店等系统的访问控制方法，是基于用户的。对物联网而言，末端是感知网络，可能是一个感知节点或一个物体，采用用户角色的形式进行资源的控制显得不够灵活，一是本身基于角色的访问控制在分布式的网络环境中已呈现出不相适应的地方，如对具有时间约束资源的访问控制，在访问控制的多层次适应性等方面需要进一步探讨；二是节点不是用户，是各类传感器或其他设备，且种类繁多，基于角色的访问控制机制中角色类型无法一一对应这些节点，因此，使 RBAC 机制难于实现；三是物联网表现的是信息的感知，互动过程，包含了信息的处理、决策和控制等过程，特别是反向控制是物物互连的特征之一，资源的访问呈现动态性和多层次性，而 RBAC 机制中一旦用户被指定为某种角色，其可访问资源就相对固定了。所以，寻求新的访问控制机制是物联网，也是互联网值得研究的问题。

基于属性的访问控制（Attribute-Based Access Control，ABAC）将角色映射成用户的属性，构成 ABAC 与 RBAC 的对等关系，而属性的增加相对简单，同时基于属性的加密算法可以使 ABAC 得以实现。ABAC 方法的问题是对较少的属性而言，加密/解密的效率较高，但随着属性数量的增加，加密的密文长度增加，算法的实用性将受到限制。目前有两个发展方向，即基于密钥策略和基于密文策略，其目标是改善基于属性的加密算法的性能。

5. 入侵检测与容侵容错技术

容侵是指在网络中存在恶意入侵的情况下，网络仍然能够正常运行。无线传感器网络的安全隐患在于网络部署区域的开放特性以及无线电网络的广播特性，攻击者往往利用这两个特性，通过阻碍网络中节点的正常工作，进而破坏整个传感器网络的运行，降低网络的可用性。无人值守的恶劣环境导致无线传感器网络缺少传统网络中的物理上的安全，传感器节点很容易被攻击者俘获、毁坏或妥协。现阶段无线传感器网络的容侵技术主要集中在网络的拓扑容侵、安全路由容侵以及数据传输过程中的容侵等方面。

无线传感器网络可用性的另一个要求是网络的容错性，一般意义上的容错性是指在故障存在的情况下系统不失效、仍然能够正常工作的特性。无线传感器网络的容错性是指当部分节点或链路失效后，网络能够进行传输数据的恢复或者网络结构自愈，从而尽可能减小节点或链路失效对无线传感器网络功能的影响。由于传感器节点在能量、存储空间、计算能力和通信带宽等诸多方面都受限，而且通常工作在恶劣的环境中，网络中的传感器节点经常会出现失效的状况，因此，容错性成为无线传感器网络中一个重要的设计因素。容错技术也是无线传感器网络研究的一个重要领域，目前相关领域的研究主要包括：

- 网络拓扑中的容错，通过设计合理的网络拓扑结构，保证在出现断裂的情况下，网络仍能正常进行通信；

- 网络覆盖中的容错，在无线传感器网络的部署阶段，主要研究在部分节点、链路失效的情况下，如何事先部署或事后移动、补充传感器节点，从而保证对监测区域的覆盖和保持网络节点之间的连通；
- 数据检测中的容错机制，主要研究在恶劣的网络环境中，当一些特定的事件发生时，处于事件发生区域的节点如何能够正确的获取到数据。

典型的无线传感器网络容侵框架一般包括以下三个部分。

（1）判定恶意节点：其主要任务是要找出网络中的攻击节点或被妥协的节点。基站随机发送一个通过公钥加密的报文给节点，为了回应这个报文，节点必须能够利用其私钥对报文进行解密并回送给基站，如果基站长时间接收不到节点的回应报文，则认为该节点可能遭受到入侵。另一种判定机制是利用邻居节点的签名，如果节点发送数据包给基站，需要获得一定数量的邻居节点对该数据包的签名，当数据包和签名到达基站后，基站通过验证签名的合法性来判定数据包的合法性，进而判定节点为恶意节点的可能性。

（2）发现恶意节点后启动容侵机制：当基站发现网络中的可能存在的恶意节点后，则发送一个信息包告知恶意节点周围的邻居节点可能的入侵情况。由于还不能确定节点是恶意节点，邻居节点只是将该节点的状态修改为容侵，即节点仍然能够在邻居节点的控制下进行数据的转发。

（3）通过节点之间的协作，对恶意节点做出处理决定（排除或是恢复）：一定数量的邻居节点产生编造的报警报文，并对报警报文进行正确的签名，然后将报警报文转发给恶意节点，邻居节点监测恶意节点对报警报文的处理情况。正常节点在接收到报警报文后，会产生正确的签名，而恶意节点则可能产生无效的签名。邻居节点根据接收到的恶意节点的无效签名的数量来确定节点是恶意节点的可能性。通过各个邻居节点对节点是恶意节点可能性测试信息的判断，选择攻击或放弃。

根据无线传感器网络中不同的入侵情况，可以设计不同的容侵机制，如无线传感器网络中的拓扑容侵、路由容侵和数据传输容侵等机制。

6．决策与控制安全

物联网的数据是一个双向流动的信息流，一是从感知端采集物理世界的各种信息，经过数据的处理，存储在网络的数据库中；二是根据用户的需求，进行数据的挖掘、决策和控制，实现与物理世界中任何互联物体的互动。在数据采集处理中我们讨论了相关的隐私性等安全问题，而决策控制又将涉及另一个安全问题，如可靠性等。前面讨论的认证和访问控制机制可以对用户进行认证，使得只有合法的用户才能使用相关的数据，并对系统进行控制操作。但问题是如何保证决策和控制的正确性和可靠性。

在传统的无线传感器网络网络中，由于侧重对感知端的信息获取，对决策控制的安全考虑不多，互联网的应用也是侧重与信息的获取与挖掘，较少应用对第三方的控制。而物联网中对物体的控制将是重要的组成部分，需要进一步深入的研究。

2.4 物联网安全技术应用模型

物联网安全体系结构包括感知层安全、网络层安全、应用层安全和安全管理四个部分。在实际应用中,物联网安全技术是一个有机的整体,各部分的安全技术是互相联系、共同作用于系统的。物联网安全技术应用框架如图 2-1 所示。

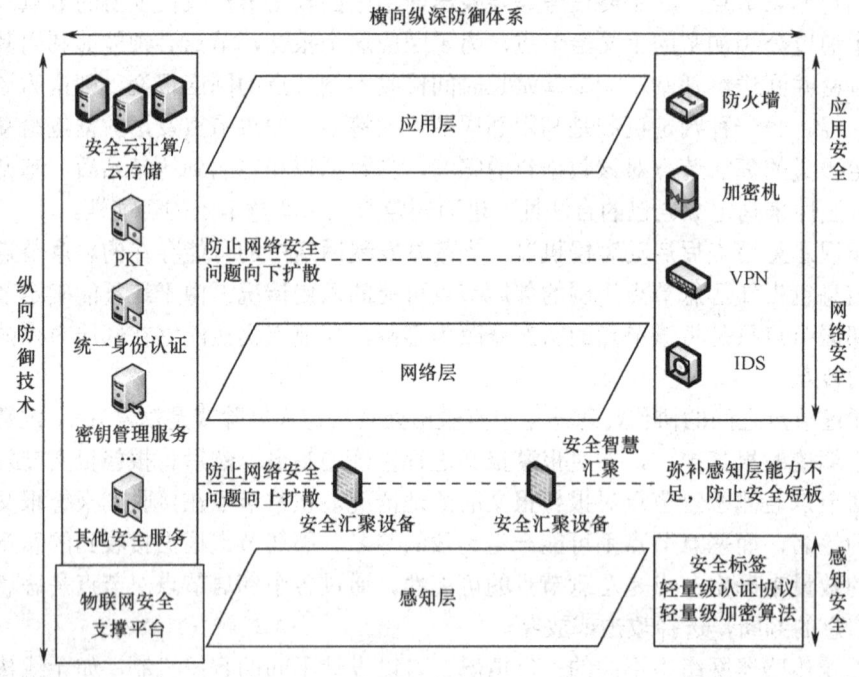

图 2-1　物联网安全技术应用框架

物联网安全支撑平台的作用是将物联网安全中各个层次都要用到的安全基础设施集成起来,使得全面的安全基础设施成为一个整体,而不是各个层次之间相互隔离。这些安全基础设施包括安全存储、PKI、统一身份认证、密钥管理等。例如,身份认证在物联网中应该是统一的,用户应该能够单点登录,一次认证、多次使用,而不需要用户每次都输入同样的用户名和口令。

感知层安全是物联网中最具特色的部分。感知节点数量庞大,直接面向世间万"物"。感知层安全技术的最大特点是"轻量级",不管是密码算法还是各种协议,都要求不能复杂。"轻量级"安全技术的结果是感知层安全的等级比网络层和应用层要"弱",因而在应用时,需要在网络层和感知层之间部署安全汇聚设备。安全汇聚设备将信息进行安全增强之后,再与网络层交换,以弥补感知层安全能力的不足,防止安全短板。

物联网纵向防御体系需要实现感知层、网络层、应用层之间的层层设防,防止各个层次的安全问题向上扩散,防止由于一个安全问题摧毁整个物联网应用。物联网纵向防御体系和已有的横向防御体系一起,纵横结合,形成全方位的安全防护。

对于具体的物联网应用而言,其安全防护措施当按照本书前文的物联网安全体系结构及本节的物联网安全技术应用框架所述进行配置,首先是要建立物联网安全支撑平台,包括物联网安全管理、身份和权限管理、密码服务及管理系统、证书系统等;其次要根据实际情况,在感知层采用安全标签、安全芯片或者安全通信技术,其中涉及各种轻量级算法和协议;最后要在网络层和感知层之间部署安全汇聚设备;在网络层,需要部署多种安全防护措施,包括网络防火墙、入侵检测、传输加密、网络隔离、边界防护等设备;在应用层,需要部署网络防火墙、主机监控、防病毒,以及各种数据安全、处理安全等措施,如果采用云计算平台,还需要部署云安全措施。

总之,物联网安全技术在具体的应用中,必须从整体考虑其安全需求,系统性地部署多种安全防护措施,以便从整体上应对多种安全威胁,防止安全短板,从而能够全方位地进行安全防护。

目前,除传统互联网安全技术之外,由于成本、复杂性等原因,能体现出物联网安全技术特点的实际应用还比较少。随着全国各地大量物联网、车联网等项目的建设与实施,物联网安全技术必将得到大量的应用。

思考与练习题

1. 给出一个你所想象的车联网的应用场景,并思考其中将涉及哪些安全问题?
2. 当你带有一台手持移动终端,经过菜场买菜时,通过手持移动终端查询所有摊位菜的价格和新鲜程度。这其中将涉及哪些安全问题?请思考采用应哪些安全策略解决这些安全问题?
3. 当你去外地旅行时,需要购买一张景区门票和纪念品。你通过手机支付下了订单并购买成功,在景区入口通过刷手机 R-sim 卡进入,在购买纪念品的时候,通过手机上的 RFID 读写器识别该纪念品的真伪及该纪念品相关背景知识。思考如何实现该应用?(提示:需要用到 EPCglobal 网络、定位系统方面的知识)

第 3 章

物联网安全的密码理论

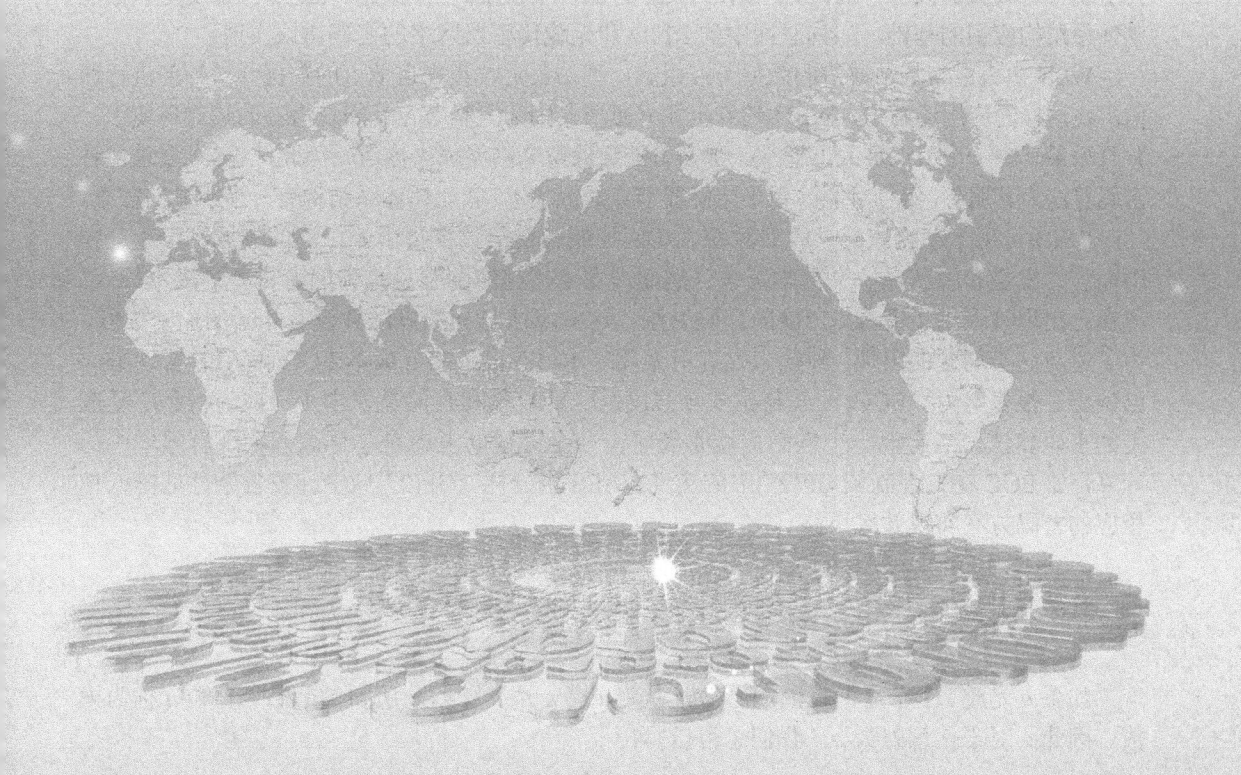

3.1 物联网安全的密码理论概述

密码算法和协议可以分为以下四个主要领域。
- 对称加密：用于加密任意大小的数据块或数据流的内容，包括消息、文件、加密密钥和口令；
- 非对称加密：用于加密小的数据块，如加密密钥或者数字签名中使用的 Hash 函数值；
- 数据完整性算法：用于保护数据块（如一条消息）的内容免于被修改；
- 认证协议：有许多基于密码算法的认证方案，用来认证实体的真实性。

本书中讨论的密码算法和协议大部分是基于有限域数论的，包括素数域 $GF(p)$ 和二进制域 $GF(2^m)$。基于二进制域的数论相对于素数域有硬件实现上的优势，并且是当前流行的高级加密标准（Advanced Encryption Standard，AES）和椭圆曲线加密（Elliptic Curve Cryptography，ECC）密码方案的基础。例如，基于 $GF(2^m)$ 的 ECC 是目前广泛应用的公钥密码算法，它的每位密钥长度取得的安全强度最高，计算和存储所需空间更少。基于 $GF(2^m)$ 域的数论在密码方案实现上有较大的改善，因此在 $GF(2^m)$ 域上的密码算法操作的高效实现是那些紧凑型、低能量体系结构应用的基础，如物联网中的 RFID 和无线传感器网络的密码协议实现。

WSN 由大量与基站通信的微型节点组成，基站负责收集来自节点的数据并与外部进行通信。在这样的应用场景中，WSN 的安全尤其重要，因为大量节点暴露在潜在的敌对环境中，并且如果其中一个节点被敌方捕获，那么可能导致整个网络损失惨重，因此，WSN 要求多种密码算法为其服务，而且对能够用于传感器节点的低成本、低能耗体系结构有一个明显的需求。

RFID 可用于动物跟踪、收费系统、访问控制、安全数字货币等广泛的领域，对这些应用而言，安全和隐私是一个基本需求。然而，安全措施的加强总是伴随着额外的成本投入。现在已出现许多用于无源 RFID 的密码算法，这些算法与标准算法并没有相同的加密强度，为了避免这类问题的出现，科研人员在开发用于 RFID 设备的低成本 ECC 和 AES 实现方面已做出了很多努力。ECC 因其每位安全强度高、计算量和存储量需求少而成为得到广泛应用的密码算法。当实现一个椭圆曲线系统时，一个关键的考虑是怎样高效实现有限域中的计算，如 ECC 在二进制域 $GF(2^m)$ 中的实现，AES 也一样。$GF(2^m)$ 域中计算复杂性的降低使相应的密码方案实现效率更高。

3.2 模运算

如果 a 是整数，n 是正整数，则我们定义 a 模 n 是 a 除以 n 所得的余数。整数 n 称为模数。因此，对于任意整数 a，我们总可以写出

$$a = qn + r, \quad 0 \leq r < n; q = \lfloor a/n \rfloor$$

$$a = \lfloor a/n \rfloor \times n + (a \bmod n)$$

如果 $(a \bmod n) = (b \bmod n)$，则我们称为整数 a 和 b 是模 n 同余的，可以表示为 $a \equiv b \pmod n$；如果 $a \equiv 0 \pmod n$，则 $n|a$。

模运算具有如下性质：

(1) 如果 $n|(a-b)$，那么 $a \equiv b \pmod n$；
(2) $a \equiv b \pmod n$ 隐含 $b \equiv a \pmod n$；
(3) $a \equiv b \pmod n$，$b \equiv c \pmod n$ 隐含 $a \equiv c \pmod n$。

模算术具有如下性质：

(1) $[(a \bmod b) + (b \bmod n)] \bmod n = (a+b) \bmod n$；
(2) $[(a \bmod n) - (b \bmod n)] \bmod n = (a-b) \bmod n$；
(3) $[(a \bmod n) \times (b \bmod n)] \bmod n = (a \times b) \bmod n$。

3.3 群论

群（Groups）由一个非空集合 G 组成，在集合 G 中定义了一个二元运算符"·"，满足以下四个属性。

(1) 封闭性（Closure）：对任意的 $a, b \in G$，有 $a \cdot b \in G$。
(2) 结合律（Associativity）：对任何的 $a, b, c \in G$，有 $a \cdot b \cdot c = (a \cdot b) \cdot c = a \cdot (b \cdot c)$。
(3) 单位元（Existence of Identity）：存在一个元素 $i \in G$（称为单位元），对任意元素，有 $a \cdot i = i \cdot a = a$。
(4) 逆元（Existence of Inverse）：对任意 $a \in G$，存在一个元素 $a^{-1} \in G$（称为逆元），使得 $a \cdot a^{-1} = a^{-1} \cdot a = i$。

把满足上述性质的代数系统称为群，记为 $\{G, \cdot\}$。

如果一个群同时满足下面的交换律，则称其为交换群（或 Abel 群）。

交换律（Commutativity）：对任意的 $a, b \in G$，有 $a \cdot b = b \cdot a$。

若一个群的元素是有限的，则称该群为有限群，否则为无限群。有限群的阶是指有限群中元素的个数。

群具有以下性质：

(1) 群中的单位元是唯一的。
(2) 群中每一个元素的逆元是唯一的。
(3) 对任意的 $a, b, c \in G$，若 $a \cdot b = c \cdot a$，则 $b = c$；同样，若 $b \cdot a = c \cdot a$ 则 $b = c$。

3.4 有限域理论

域（Field）是由一个非空集合 F 组成的，在集合 F 中定义了两个二元运算符"+"和"·"，并满足：

(1) F 关于加法 "+" 是一个交换群，其单位元为 "0"，a 的逆元为 $-a$；
(2) F 关于乘法 "·" 是一个交换群，其单位元为 "1"，a 的逆元为 a^{-1}；
(3) 分配律，对任意的 a, b, $c \in F$，有 $a \cdot (b+c) = (b+c) \cdot a = a \cdot b + a \cdot c$；
(4) 无零因子，对任意的 a, $b \in F$，若 $a \cdot b = 0$，则 $a = 0$ 或 $b = 0$。

则这样的集合称为域，记为 $\{F, +, \cdot\}$。

若域 F 只包含有限个元素，则称其为有限域。有限域中元素的个数称为有限域的阶。尽管存在有限个元素的无限域，但只有有限域在密码学中得到了广泛应用。关于有限域，有以下定理：

每个有限域的阶为素数的幂，即有限域的阶可表示为 p^n（p 是素数、n 是正整数），该有限域通常称为 Galois 域（Galois Fields），记为 GF(p^n)。

当 $n=1$ 时，存在有限域 GF(p)，也称为素数域。在密码学中，最常用的域是阶为 p 的素数域 GF(p) 或阶为 2^m 的 GF(2^m)。

整数集合 $\{0,1,\cdots,p-1\}$ 按通常的加法、乘法代数运算在模 p 意义下构成一个有限域 GF(p)，其中减法和除法可转化为加法和乘法运算。

加法：若 a, $b \in$ GF(p)，则 $a + b \equiv r \bmod p$，$r \in$ GF(p)。

乘法：若 a, $b \in$ GF(p)，则 $a \cdot b \equiv s \bmod p$，$s \in$ GF(p)。

实际上所有的加密算法，包括对称的和非对称的，都用到了整数的算术运算。如果算法用到了除法，我们需要用到定义在域上的算术。这是因为除法需要每一个非零元素有一个乘法逆元。出于习惯和实现的效率考虑，给定整数的位数，我们希望使用具有该位长度的所有整数，而不浪费一些位模式。即我们希望使用 0 到 2^m-1 内的所有整数，这刚好是一个 m 位的字。但这些整数的集合 Z_{2^m} 在模算术下并不是一个域。例如，整数 2 在 Z_{2^m} 内没有乘法逆元，也就是说不存在 b，使得 $2b \bmod 2^m = 1$。

定义

$$f(x) = x^m + f_{m-1}x^{m-1} + \cdots + f_2 x^2 + f_1 x + f_0, \quad f_i \in GF(2); \ 0 \leq i \leq m-1$$

是 GF(2) 上项的最高次数为 m 的不可约多项式（又称为既约多项式），即 $f(x)$ 不能分解为 GF(2) 上两个或两个以上项的最高次数小于 m 的多项式的积。

若存在 GF(2) 上的 m 次不可约多项式 $f(x)$，则 GF(2) 上次数小于等于 $m-1$ 的所有多项式在模 $f(x)$ 意义下构成一个 GF(2^m) 域，即有限域 GF(2^m) 由 GF(2) 上所有项的最高次数小于 m 的多项式组成，即

$$GF(2^m) = \{a_{m-1}x^{m-1} + a_{m-2}x^{m-2} + \cdots + a_1 x + a_0\}$$

式中，$a_i \in \{0,1\}(i=0,1,2,\cdots,m-1)$。域元素 $a_{m-1}x^{m-1} + a_{m-2}x^{m-2} + \cdots + a_1 x + a_0$，通常用长度为 m 的二进制串 $(a_{m-1}a_{m-2}\cdots a_1 a_0)$ 表示，使得 $GF(2^m) = \{(a_{m-1}a_{m-2}\cdots a_1 a_0)\}$，对于加法有

$$(a_{m-1}a_{m-2}\cdots a_1 a_0) + (b_{m-1}b_{m-2}\cdots b_1 b_0) = (c_{m-1}c_{m-2}\cdots c_1 c_0)$$

式中，$c_i = (a_i + b_i) \bmod 2 (i=0,1,2,\cdots,m-1)$。

由域元素的加法定义可见，域元素相加，实际上是域元素所代表的多项式进行系数模 2

"加",因此,相加后系数为偶数的项将消去,而且系数模 2 "加"时 "+" 与 "−" 同效。对于乘法有

$$(a_{m-1}a_{m-2}\cdots a_1a_0)\cdot(b_{m-1}b_{m-2}\cdots b_1b_0)=(c_{m-1}c_{m-2}\cdots c_1c_0)$$

式中,多项式

$$c_{m-1}x^{m-1}+c_{m-2}x^{m-2}+\cdots+c_1x+c_0$$

是多项式

$$(a_{m-1}x^{m-1}+a_{m-2}x^{m-2}+\cdots+a_1x+a_0)\cdot(b_{m-1}x^{m-1}+b_{m-2}x^{m-2}+\cdots+b_1x+b_0)$$

在 GF(2)上被 $f(x)$ 除所得的剩余式。

上述表示 GF(2^m)的方法称为多项式基表示(Polynomial Basis Representation),即上述加法和乘法运算均是基于多项式的运算。

GF(2^m)中包含 2^m 个元素。令 GF*(2^m)表示 GF(2^m)中所有非零元素的集合,可证明在 GF(2^m)中至少存在一个元素 g,使得 GF(2^m)中任意非零元素可以表示成 g 的某次幂的形式,这样的元素 g 称为 GF(2^m)的生成元,即

$$GF^*(2^m)=\{g^i=0\leqslant i\leqslant 2^m-2\}$$

共有 2^m-1 个元素。

$$a=g^i\in GF^*(2^m)$$

的乘法逆元是

$$a^{-1}=g^{-1}=g^{(-i)\bmod(2^m-1)}$$
$$g^{2^m-1}=g^0=1$$

基于生成元的计算显得更加简便,其前提是预先生成了域中所有非零元素基于生成元的各次幂的表示,必要时还应对幂指数进行 mod (2^m-1)运算。

当 $m=3$ 时,GF(2^m)域就转化为 GF(2^3)域,即每个域元素对应的是一个字节。为了构造 GF(2^3),我们需要选择次数为 3 的不可约多项式。仅仅有两个这样的多项式 x^3+x^2+1 和 x^3+x+1。加法等价于各项的对位异或,因此$(x+1)+x=1$。

GF(2^m)内的一个多项式可以由它的二元系数 $(a_{m-1}a_{m-2}\cdots a_1a_0)$ 唯一表示,因此 GF(2^m)内的每个多项式可以由 m 位的数来表示,加法由两个 m 位的数进行对位异或来实现。GF(2^m)内的乘法没有简单的异或操作来实现,然而却有一种相当直观且容易实现的技巧。本质上,GF(2^m)内的数乘以 2 可以先左移,然后根据条件异或上一个常数。乘上一个大数可以重复运用该规则。

例如,AES 使用有限域 GF(2^8)内的算术,其中不可约多项式为

$$m(x)=x^8+x^4+x^3+x+1$$

考虑两个元素 $A=(a_7a_6\cdots a_1a_0)$ 和 $B=(b_7b_6\cdots b_1b_0)$,有

$$A+B=(c_7c_6\cdots c_1c_0)$$

式中,$c_i=a_i\oplus b_i$。当 $a_7=0$ 时乘积$\{02\}\cdot A$ 等于 $a_6\cdots a_1a_0 0$;当 $a_7=1$ 时,乘积$\{02\}\cdot A$ 等于 $(a_6\cdots a_1a_0 0)\oplus(00011011)$。

总结一下 AES 在 8 位的字节上运算，两个字节的加定义为对位异或操作，两个字节的乘定义为有限域 $GF(2^8)$ 内的乘法，其中不可约多项式为 $m(x)=x^8+x^4+x^3+x+1$，该多项式可以被其他多个不可约多项式替代。

3.5 欧几里得算法及其扩展

欧几里得算法（Euclidean Algorithm）是数论中的一项基本技术，它通过一个简单的过程来确定两个正整数的最大公约数。

对任何非负整数 a 和非负整数 b，有

$$\gcd(a,b)=\gcd(a,b \bmod a), \quad b \geq a$$

重复使用该式可求出最大公约数，重复计算结束的条件是最后一个整数等于 0，此时前一个数为两者的最大公约数。

欧几里得算法可描述为：假定整数 $b>a>0$，这里限制算法仅考虑正整数是可以接受的，因为 $\gcd(a,b)=\gcd(|a|,|b|)$。

Euclid（a,b）

（1）$X \leftarrow b$，$Y \leftarrow a$；

（2）若 $Y=0$，则返回 $X=\gcd(a,b)$；

（3）$R=X \bmod Y$；

（4）$X \leftarrow Y$；

（5）$Y \leftarrow R$；

（6）转到第（2）步。

欧几里得算法也可以描述为：为了求两个正整数 a、b 的最大公约数，首先将两个正整数中的较大数赋值给 $r_i=0$ 时结束，则其前一个余数就是两者的最大公约数。具体的循环求解过程如图 3-1 所示，图中的 i 代表轮数、q_i 代表商、r_i 代表余数。

i	q_i	r_i
-2		$r_{-2}=\max(a,b)$
-1	$q_{-1}=[n/a]$	$r_{-1}=\min(a,b)$
0	q_0	r_0
1	q_1	r_1
...	...	...
$t-1$	q_{t-1}	$r_{t-1}=\gcd(a,b)$
t	q_t	$r_t=0$

$$r_{i+1}=r_{i-1} \bmod r_i$$

$$q_i=\left[\frac{r_{i-1}}{r_i}\right]$$

$$r_{i+1}=r_{i-1}-q_i \cdot r_i$$

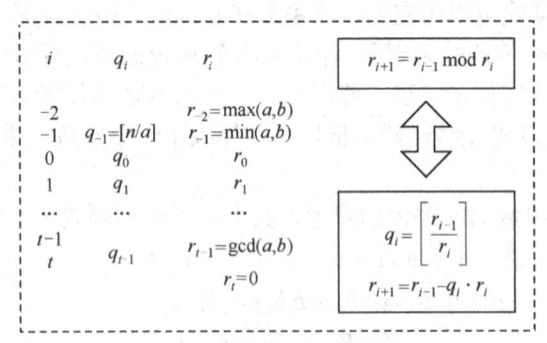

图 3-1 欧几里得算法循环过程

为了不仅能够确定两个正整数的最大公约数，如果这两个正整数互素时，还能确定它们

的逆元，求逆运算是密码学中最基本的需求，因为任何明文加密后都需要通过解密来恢复。

如果整数 $n \geq 1$，且 $\gcd(a,n)=1$，那么 a 有一个模 n 的乘法逆元 a^{-1}，即对小于 n 的正整数 a，存在一个小于 n 的整数 a^{-1}，使得 $a \cdot a^{-1} \equiv 1 \bmod n$。

扩展的欧几里得算法可描述如下：

(1) $(X_1, X_2, X_3) \leftarrow (1, 0, n)$，$(Y_1, Y_2, Y_3) \leftarrow (0, 1, a)$；

(2) 若 $Y_3=0$ 则返回 $X_3=\gcd(a,n)$，表示无逆元；

(3) 若 $Y_3=1$ 则返回 $Y_3=\gcd(a,n)$，此时 $Y_2=a^{-1} \bmod n$；

(4) $Q=\lfloor X_3/Y_3 \rfloor$；

(5) $(T_1, T_2, T_3) \leftarrow (X_1-Q \cdot Y_1, X_2-Q \cdot Y_2, X_3-Q \cdot Y_3)$；

(6) $(X_1, X_2, X_3) \leftarrow (Y_1, Y_2, Y_3)$；

(7) $(Y_1, Y_2, Y_3) \leftarrow (T_1, T_2, T_3)$；

(8) 转到第 (2) 步。

如图 3-2 所示，扩展的欧几里得算法也可描述为：要计算 $a^{-1} \bmod n$，引入中间变量 x_i，基于商 q_i 和余数 r_i 之间的关系，首先将 n 和 a 分别赋值给 r_i 的前两个变量，将 0 和 1 分别赋值给 x_i 的前两个变量，完成初始化；然后循环利用 $q_i = \left\lfloor \dfrac{r_{i-1}}{r_i} \right\rfloor$、$r_{i+1} = r_{i-1} - q_i \cdot r_i$ 和 $x_{i+1} = x_{i-1} - q_i \cdot x_i$，直到余数 $r_i=0$ 结束循环；若前一个余数等于 1，则对应的 x_i 就是待求的逆 $a^{-1} \bmod n$，若前一个余数不等于 1，则它们不是互素的，待求的逆不存在。

i	q_i	r_i	x_i
-2		$r_{-2}=n$	$x_{-2}=0$
-1	$q_{-1}=[n/a]$	$r_{-1}=a$	$x_{-1}=1$
0	q_0	r_0	x_0
1	q_1	r_1	x_1
...	...	...	...
$t-1$	q_{t-1}	$r_{t-1}=1$	$x_{t-1}=a^{-1} \bmod n$
t		$r_t=0$	$x_t=-n$

$$q_i = \left\lceil \dfrac{r_{i-1}}{r_i} \right\rceil$$
$$r_{i+1} = r_{i-1} - q_i \cdot r_i$$
$$x_{i+1} = x_{i-1} - q_i \cdot x_i$$

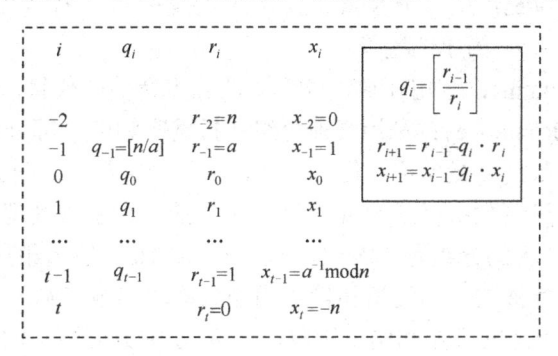

图 3-2 欧几里得算法循环过程

3.6 AES 对称密码算法

在 1999 年，NIST 发布了一个新版的 DES 标准，其指示 DES 应该只能在遗留系统内使用，而新系统则应当使用 3DES。3DES 的主要缺点是算法用软件实现相对较慢。原来的 DES 是为 20 世纪 70 年代中期的硬件实现设计的，并没有产生有效的软件代码。3DES 的轮数是 DES 的 3 倍，显得更慢。第二个缺点是 DES 和 3DES 都使用了 64 位的分组，出于效率和安全的考虑,更希望使用大的分组长度。

因为这些缺点,3DES 并不是长期使用的合理选择。作为替换,NIST 于 1997 年发出了新的高级加密标准 AES 的征求邀请,新算法在安全强度上应该大于等于 3DES,且效率应有很大的提升。

NIST 在 2001 年 11 月完成了它的评估,发表了最后的标准。NIST 选择了 Rijndael 算法作为 AES 算法,开发和提交 Rijndael 算法用于 AES 的两位研究人员都是来自比利时的密码学家:Joan Daemen 博士和 VincentRijmen 博士。

Rijndael 算法是一种非 Feistel 的对称分组密码体制,采用代替/置换网络,每轮由三层组成。线性混合层确保多轮之上的高度分散,非线性层由 16 个 S 盒并置起到混淆的作用,密码加密层将子密钥异或到中间状态。Rijndael 算法是一个迭代分组密码,其分组长度和密钥长度都是可变的,只是为了满足 AES 的要求才限定处理的分组大小是 128 位,而密钥长度为 128、192 或 256 位,相应的迭代轮数为 10 轮、12 轮或 14 轮。Rijndael 算法汇聚了安全性能、效率、可实现性和灵活性等优点,其最大的优点是可以给出算法的最佳差分特征的概率,并分析算法抵抗差分密码分析及密码分析的能力。Rijndael 算法对内存的需求非常低,因此适合用于资源受限的环境中,Rijndael 算法的操作简单,并可抵御强大和实时的攻击。

▶ 3.6.1 加密原理

Rijndael 算法每一轮都使用代替和混淆处理整个数据分组,由 4 个不同的阶段组成。

(1) 字节代替 SubBytes:用一个 S 盒完成分组中的按字节的代替。

(2) 行移位 ShiftRows:简单的置换。

(3) 列混淆 MixColumns:利用在域 $GF(2^8)$ 上的算术特性的代替。

(4) 轮密钥加 AddRoundKey:利用当前分组和扩展密钥的一部分进行按位异或。

AES 中共用到 5 个数据度量单位:位、字节、字、分组和态。位就是二进制的 0 或 1;字节就是一组 8 位的二进制数;字是由 4 个字节组成的一个基本处理单元,可以是按行或列排成的一个矩阵;AES 中的分组是 128 位,可以表示成 16 个字节组成的一个行矩阵;AES 的每一轮由字节代替、行移位、列混淆和轮密钥加等阶段组成,从一个阶段到下一个阶段数据分组被变换,在整个加密开始和结束阶段,AES 使用数据分组的概念,在其间每一个阶段之前或之后,数据分组被称为态,态也是由 16 个字节组成的,但被表示成 4×4 字节的一个矩阵,因此态的每一行或每一列都是一个字。

Rijndael 算法的原理过程如图 3-3 所示。

(1) 给定一个明文 X,将 State 初始化为 X,并进行 AddRoundKey 操作,将轮密钥与 State 异或。

(2) 对于前 N_{r-1} 轮中的每一轮,用 S 盒进行一次 SubBytes 代换操作;对 State 做一次 ShiftRows 行移位操作;再对 State 做一次 MixColumns 列混淆操作;然后进行 AddRoundKey 操作。

（3）最后一轮（第 N_r 轮）依次进行 SubBytes、ShiftRows、AddRoundKey 操作。

（4）将最后 State 中的内容定义为密文 Y。

即在第一轮之前要进行一个 AddRoundKey 操作，中间各轮依次进行 SubBytes、ShiftRows、MixColumns、AddRoundKey 操作，最后一轮中没有 MixColumns 操作，字节运算和字符运算是 AES 中的两种基本运算。

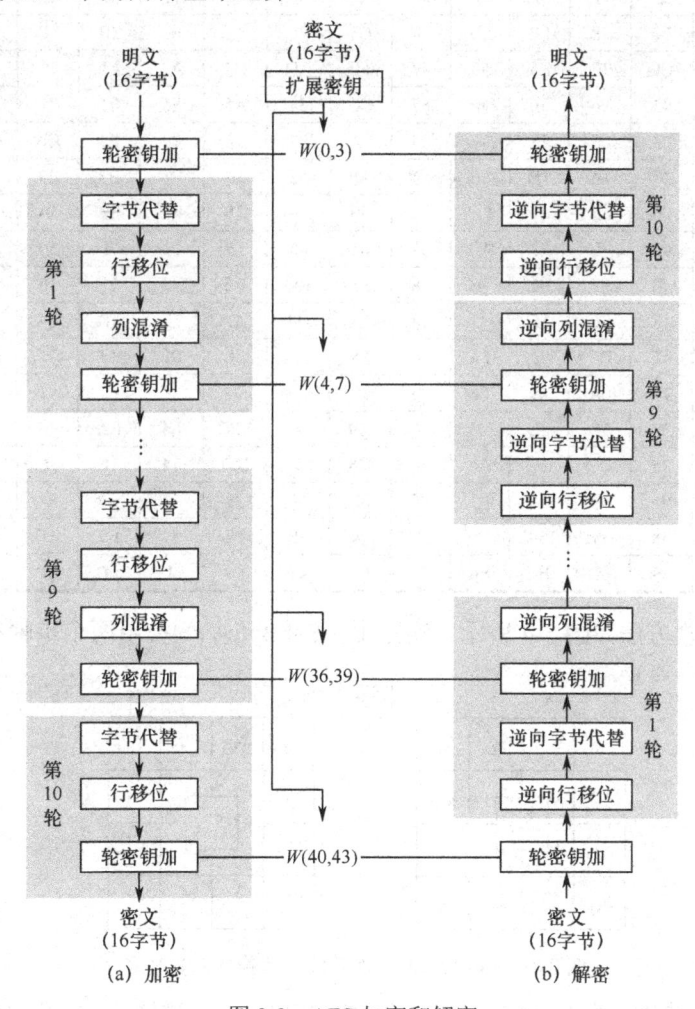

图 3-3 AES 加密和解密

3.6.2 基本加密变换

1. S 盒变换（SubBytes）

SubBytes()变换是一个基于 S 盒（见表 3-1）的非线性置换，它用于将输入或中间态的每一个字节通过一个简单的查表操作，将其映射为另一个字节。其映射的方法是：把输入字节的高 4 位作为 S 盒的行值，低 4 位作为 S 盒的列值，然后取出 S 盒中对应行和列的元素作为输出。

表 3-1 S 盒

		|							y							
		0	1	2	3	4	5	6	7	8	9	A	B	C	D	E	F
x	0	63	7C	77	7B	F2	6B	6F	C5	30	01	67	2B	FE	D7	AB	76
	1	CA	82	C9	7D	FA	59	47	F0	AD	D4	A2	AF	9C	A4	72	C0
	2	B7	FD	93	26	36	3F	F7	CC	34	A5	E5	F1	71	D8	31	15
	3	04	C7	23	C3	18	96	05	9A	07	12	80	E2	EB	27	B2	75
	4	09	83	2C	1A	1B	6E	5A	A0	52	3B	D6	B3	29	E3	2F	84
	5	53	D1	00	ED	20	FC	B1	5B	6A	CB	BE	39	4A	4C	58	CF
	6	D0	EF	AA	FB	43	4D	33	85	45	F9	02	7F	50	3C	9F	A8
	7	51	A3	40	8F	92	9D	38	F5	BC	B6	DA	21	10	FF	F3	D2
	8	CD	0C	13	EC	5F	97	44	17	C4	A7	7E	3D	64	5D	19	73
	9	60	81	4F	DC	22	2A	90	88	46	EE	B8	14	DE	5E	0B	DB
	A	E0	32	3A	0A	49	06	24	5C	C2	D3	AC	62	91	95	E4	79
	B	E7	C8	37	6D	8D	D5	4E	A9	6C	56	F4	EA	65	7A	AE	08
	C	BA	78	25	2E	1C	A6	B4	C6	E8	DD	74	1F	4B	BD	8B	8A
	D	70	3E	B5	66	48	03	F6	0E	61	35	57	B9	86	C1	1D	9E
	E	E1	F8	98	11	69	D9	8E	94	9B	1E	87	E9	CE	55	28	DF
	F	8C	A1	89	0D	BF	E6	42	68	41	99	2D	0F	B0	54	BB	16

SubBytes()变换方法如图 3-4 所示，实际上，SubBytes()变换由两个步骤组成。

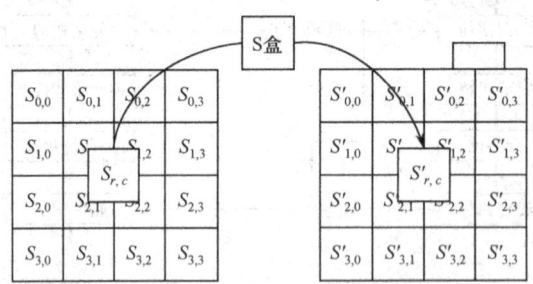

图 3-4 SudBytes()实现非线性置换（S 盒）

（1）把 S 盒中的每个字节映射为它在有限域 $GF(2^8)$ 中的乘法逆，"0" 被映射为其自身，即对于 $a \in GF(2^8)$，求 $\beta \in GF(2^8)$，使得 $\alpha \cdot \beta = \beta \cdot \alpha \equiv 1 \bmod (x^8 + x^4 + x^3 + x + 1)$。

（2）将 S 盒中每个字节记为 $(b_7, b_6, b_5, b_4, b_3, b_2, b_1, b_0)$，对 S 盒中每个字节的每位做如下变换（称为仿射变换）：

$$b_i' = b_i \oplus b_{(i+4) \bmod 8} \oplus b_{(i+5) \bmod 8} \oplus b_{(i+6) \bmod 8} \oplus b_{(i+7) \bmod 8} \oplus c_i$$

式中，c_i 是指字节 $\{63\} = (c_7 c_6 \cdots c_0) = (01100011)$ 的第 i 位。矩阵可表示为

$$\begin{bmatrix} b_0' \\ b_1' \\ b_2' \\ b_3' \\ b_4' \\ b_5' \\ b_6' \\ b_7' \end{bmatrix} = \begin{bmatrix} 1 & 0 & 0 & 0 & 1 & 1 & 1 & 1 \\ 1 & 1 & 0 & 0 & 0 & 1 & 1 & 1 \\ 1 & 1 & 1 & 0 & 0 & 0 & 1 & 1 \\ 1 & 1 & 1 & 1 & 0 & 0 & 0 & 1 \\ 1 & 1 & 1 & 1 & 1 & 0 & 0 & 0 \\ 0 & 1 & 1 & 1 & 1 & 1 & 0 & 0 \\ 0 & 0 & 1 & 1 & 1 & 1 & 1 & 0 \\ 0 & 0 & 0 & 1 & 1 & 1 & 1 & 1 \end{bmatrix} \begin{bmatrix} b_0 \\ b_1 \\ b_2 \\ b_3 \\ b_4 \\ b_5 \\ b_6 \\ b_7 \end{bmatrix} \oplus \begin{bmatrix} 1 \\ 1 \\ 0 \\ 0 \\ 0 \\ 1 \\ 1 \\ 0 \end{bmatrix}$$

即字节 $S_{r,c}$ 基于 S 盒的非线性置换要经历两个阶段：首先进行 $GF(2^8)$ 域上的乘法逆运算，然后进行仿射变换，从而得到 $S_{r,c}'$。

2．列混合变换（MixColumns）

MixColumns() 实现逐列混合，其方法是

$$S'(x) = C(x) \cdot S(x) \bmod (x^4 + 1)$$

式中，$C(x) = \{03\} \cdot x^3 + \{01\} \cdot x^2 + \{01\} \cdot x + \{02\}$，{} 内的数字为字节；$S'(x) = S_{0,c}' + S_{1,c}' \cdot x + S_{2,c}' \cdot x^2 + S_{3,c}' \cdot x^3$；$S(x) = S_{0,c} + S_{1,c} \cdot x + S_{2,c} \cdot x^2 + S_{3,c} \cdot x^3$。

$S_{0,c}'$ 代表 $c(x)$ 与 $S(x)$ 相乘后 x 的指数 $\bmod(x^4+1)$ 等于 0 的项的系数之后，利用 $x^i \bmod (x^4+1) = x^{i \bmod 4}$ 可得

$$S_{0,c}' = \{02\} \cdot S_{0,c} + \{03\} \cdot S_{1,c} + \{01\} \cdot S_{2,c} + \{01\} \cdot S_{3,c} \Rightarrow$$

$$[02, 03, 01, 01] \cdot [S_{0,c}, S_{1,c}, S_{2,c}, S_{3,c}]^T$$

其余类似，因此 MixColumns() 方法可用下面的矩阵表示如图 3-5 所示。

$$\begin{bmatrix} S_{0,c}' \\ S_{1,c}' \\ S_{2,c}' \\ S_{3,c}' \end{bmatrix} = \begin{bmatrix} 02 & 03 & 01 & 01 \\ 01 & 02 & 03 & 01 \\ 01 & 01 & 02 & 03 \\ 03 & 01 & 01 & 02 \end{bmatrix} \begin{bmatrix} S_{0,c} \\ S_{1,c} \\ S_{2,c} \\ S_{3,c} \end{bmatrix}$$

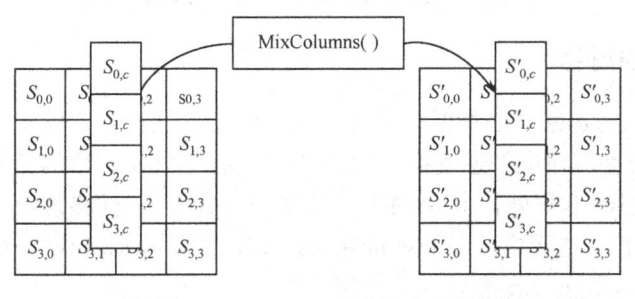

图 3-5　MiColumns() 完成基于列的变换

3. 行移位运算（ShiftRows）

ShiftRows()完成基于行的循环移位操作，变换方法如图 3-6 所示，即行移位变换作用在中间态的行上，第 0 行不变，第 1 行循环左移 1 个字节，第 2 行循环左移 2 个字节，第 3 行循环左移 3 个字节。

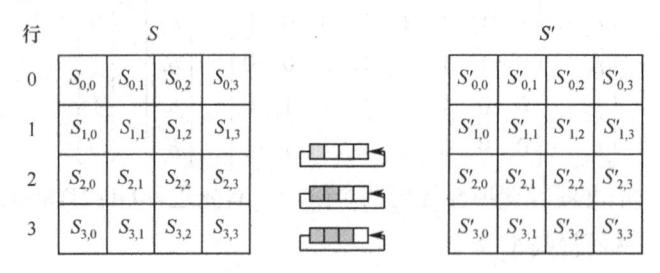

图 3-6　ShiftRows()完成循环移位操作

4. 轮密钥加变换（AddRoundKey）

AddRoundKey()用于将输入或中间态 S 的每一列与一个密钥字 k_i 进行按位异或，即 AddRoundKey(S, k_i)=S+k_i，k_i（$i = 0, 1, \cdots, N_r$）由原始密钥 k 通过密钥扩展算法产生。每一个轮密钥由 N_b 个字组成，$\omega[r \times N_b + c]$ 表示第 r 轮的第 c 个轮密钥字。轮密钥加变换可表示为

$$[S'_{0,c}, S'_{1,c}, S'_{2,c}, S'_{3,c}] = [S_{0,c}, S_{1,c}, S_{2,c}, S_{3,c}] \oplus [\omega_{[r \times N_b + c]}], \quad 0 \leq r < N_r; 0 \leq c < N_b$$

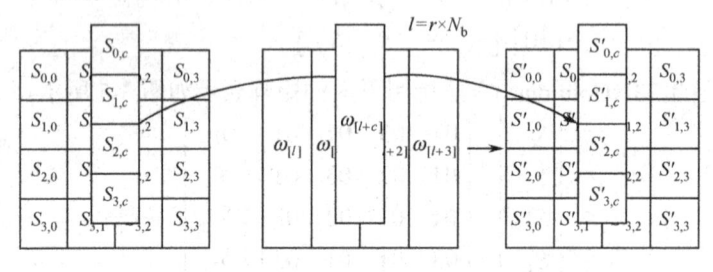

AddRoundKey()轮密钥加变换如图 3-7 所示。

图 3-7　AddRoundKey()轮密钥加变换

▶ 3.6.3　AES 的解密

AES 的解密算法与加密算法类似（逆加密算法），主要区别在于解密算法轮密钥要逆序使用，四个基本运算都有对应的逆变换，如表 3-2 所示。AES 解密的基本运算中除轮密钥加变换 AddRoundKey 不变外，其余的字节代替 SubBytes、行移位 ShiftRows、列混合 MixColumns 都要进行求逆变换，即 InvSubBytes、InvShiftRows、InvMixColumns。

1. 逆字节代替（InvSubBytes）

与字节代替类似，逆字节代替基于逆 S 盒（见表 3-2）实现。

表 3-2 逆 S 盒（十六进制）

		0	1	2	3	4	5	6	7	8	9	A	B	C	D	E	F
	0	52	09	6A	D5	30	36	A5	38	BF	40	A3	9E	81	F3	D7	FB
	1	7C	E3	39	82	9B	2F	FF	87	34	8E	43	44	C4	DE	E9	CB
	2	54	7B	94	32	A6	C2	23	3D	EE	4C	95	0B	42	FA	C3	4E
	3	08	2E	A1	66	28	D9	24	B2	76	5B	A2	49	6D	8B	D1	25
	4	72	F8	F6	64	86	68	98	16	D4	A4	5C	CC	5D	65	B6	92
	5	6C	70	48	50	FD	ED	B9	DA	5E	15	46	57	A7	8D	9D	84
	6	90	D8	AB	00	8C	BC	D3	0A	F7	E4	58	05	B8	B3	45	06
x	7	D0	2C	1E	8F	CA	3F	0F	02	C1	AF	BD	03	01	13	8A	6B
	8	3A	91	11	41	4F	67	DC	EA	97	F2	CF	CE	F0	B4	E6	73
	9	96	AC	74	22	E7	AD	35	85	E2	F9	37	E8	1C	75	DF	6E
	A	47	F1	1A	71	1D	29	C5	89	6F	B7	62	0E	AA	18	BE	1B
	B	FC	56	3E	4B	C6	D2	79	20	9A	DB	C0	FE	78	CD	5A	F4
	C	1F	DD	A8	33	88	07	C7	31	B1	12	10	59	27	80	EC	5F
	D	60	51	7F	A9	19	B5	4A	0D	2D	E5	7A	9F	93	C9	9C	EF
	E	A0	E0	3B	4D	AE	2A	F5	B0	C8	EB	BB	3C	83	53	99	61
	F	17	2B	04	7E	BA	77	D6	26	E1	69	14	63	55	21	0C	7D

在 InvSubBytes()中要用到仿射变换的逆变换，然后计算乘法逆。仿射变换的逆变换为

$$b_i = b^i_{(i+2)\bmod 8} \oplus b^i_{(i+5)\bmod 8} \oplus b^i_{(i+7)\bmod 8} \oplus d_i$$

式中，d_i 是指字节 $\{05\} = (d_7 d_6 \cdots d_0) = (0000101)$ 的第 i 位。该式用矩阵表示为

$$\begin{bmatrix} b_0 \\ b_1 \\ b_2 \\ b_3 \\ b_4 \\ b_5 \\ b_6 \\ b_7 \end{bmatrix} = \begin{bmatrix} 0 & 0 & 1 & 0 & 0 & 1 & 0 & 1 \\ 1 & 0 & 0 & 1 & 0 & 0 & 1 & 0 \\ 0 & 1 & 0 & 0 & 1 & 0 & 0 & 1 \\ 1 & 0 & 1 & 0 & 0 & 1 & 0 & 0 \\ 0 & 1 & 0 & 1 & 0 & 0 & 1 & 0 \\ 0 & 0 & 1 & 0 & 1 & 0 & 0 & 1 \\ 1 & 0 & 0 & 1 & 0 & 1 & 0 & 0 \\ 0 & 1 & 0 & 0 & 1 & 0 & 1 & 0 \end{bmatrix} \begin{bmatrix} b'_0 \\ b'_1 \\ b'_2 \\ b'_3 \\ b'_4 \\ b'_5 \\ b'_6 \\ b'_7 \end{bmatrix} \oplus \begin{bmatrix} 1 \\ 0 \\ 1 \\ 0 \\ 0 \\ 0 \\ 0 \\ 0 \end{bmatrix}$$

2. 逆行移位（InvShiftRows）

与行移位相反，逆行移位将态 State 的后 3 行按相反的方向进行移位操作，即第 0 行保持不变，第 1 行循环向右移 1 个字节，第 2 行循环向右移 2 个字节，第 3 行循环向右移 3 个字节。

3. 逆列混合（InvMixColumns）

逆列混合的处理办法与MixColumns()类似，每一列都通过与一个固定的多项式$D(x)$相乘进行变换，定义为

$$S'(x) = D(x) \cdot S(x) \bmod (x^4 + 1)$$

式中，$D(x)$是$C(x)$模(x^4+1)的逆，即

$$C(x) \cdot D(x) = (\{03\} \cdot x^3 + \{01\} \cdot x^2 + \{01\} \cdot x + \{02\}) \cdot D(x) \equiv 1 \bmod (x^4 + 1)$$

进而得到$D(x) = \{0b\} \cdot x^3 + \{0d\} \cdot x^2 + \{09\} \cdot x + \{0e\}$。因此，写成矩阵乘法的形式，InvMix-Columns()按以下方式对列进行变换。

$$\begin{bmatrix} S'_{0,c} \\ S'_{1,c} \\ S'_{2,c} \\ S'_{3,c} \end{bmatrix} = \begin{bmatrix} 0e & 0b & 0d & 09 \\ 09 & 0e & 0b & 0d \\ 0d & 09 & 0e & 0b \\ 0b & 0d & 09 & 0e \end{bmatrix} \begin{bmatrix} S_{0,c} \\ S_{1,c} \\ S_{2,c} \\ S_{3,c} \end{bmatrix}$$

式中，$c=0$，1，2，3，表示元素所在的列数。

3.6.4 密钥扩展

通过生成器产生N_r+1个轮密钥，每个轮密钥由N_b个字组成（$4 \times 32 = 128$位），共有$N_b(N_r+1)$个字$W[i], i = 0,1,\cdots,N_b(N_r+1)-1$，$N_r$和$N_b$分别为迭代轮数和中间态的列数（$N_b=4$）。尽管AES可使用128位、192位或256位三种密钥大小，但由密钥扩展算法生成的AES的轮密钥统一都是128位，与AES的明文和密文分组大小一致。

在加密过程中，需要N_r+1个轮密钥（子密钥），需要构造$4(N_r+1)$个32位字。Rijndael算法的密钥扩展方案的伪码描述如下。

```
KeyExpansion (byte key[4*Nk ], word w[Nb * (Nr+1)], Nk)
//Nk 代表以位字为单位的密钥的长度，即 Nk=密钥长度/32
begin
    i=0
    while (i<Nk)
        w[i]=word[key[4*i],key[4*i+1],key[4*i+2],key[4*i+3]]
        i=i+1
    end while
    i=Nk
    while (i<Nb* (Nr+1))
        word temp=w[i-1]
        if (i mod Nk=0)
            temp=SubWord (RotWord (temp)) xor Rcon[i/Nk]
        else if (Nk=8 and i mod Nk=4)
            temp=SubWord (temp)
        end if
```

```
            w[i]=w[i-Nk] xor temp
            i=i+1
    end while
end
```

其中，Key[]和 w[]分别用于存储扩展前、后的密钥。SubWord()、RotWord()分别是与 S 盒的置换和以字节为单位的循环移位。$R_{con}[i]$=(RC[i], 00, 00, 00)，RC[1]= 01，RC[i]=2·RC[i−1]（i>1）。字节运算是多项式运算，因此可用多项式表示为

$$RC[i] = x \cdot RC[i-1] = x^{i-1} \mod(x^8 + x^4 + x^3 + x + 1), \quad i \geq 1$$

对于 AES-128，AES 密钥扩展算法的输入是 4 个字（每个字 32 位，共 128 位）。输入密钥直接被复制到扩展密钥数组的前 4 个字中，得到 w[0]、w[1]、w[2]、w[3]；然后每次用 4 个字填充扩展密钥数组余下的部分。在扩展密钥数组中 w[i]的值依赖于 w[i−1]和 w[i−4]（$i \geq 4$）。

对于 w[]中下标不为 4 的倍数的元素，只是简单地异或，其逻辑关系为 w[i] = w[i−1] ⊕ w[i−4]，i 不为 4 的倍数。

对 w[]中下标为 4 的倍数的元素，采用如下的计算方法。

（1）RotWord()：将输入字的 4 个字节循环左移一个字节，即将字（b0, b1, b2, b3）变为（b1, b2, b3, b0）。

（2）SubWord()：基于 S 盒对输入字即步骤 1 的结果中的每个字节进行 S 代替。

（3）将步骤（2）的结果再与轮常量 $R_{con}[i/4]$ 相异或。

（4）将步骤（3）的结果再与 w[i−4]异或，即

$$w[i] = \text{SubWord}(\text{RotWord}(w[i-1])) \oplus R_{con}[i/4] \oplus w[i-4]$$

式中，i 为 4 的倍数

AES-192 和 AES-256 的密钥扩展算法与 AES-128 类似。

3.7 椭圆曲线公钥密码算法

3.7.1 椭圆曲线密码概述

椭圆曲线密码体制（ECC）是迄今为止被实践证明安全有效的三类公钥密码体制之一，以高效性著称，由 Koblitz 和 Miller 在 1985 年分别提出。ECC 的安全性基于椭圆曲线离散对数问题的难解性，即椭圆曲线离散对数问题被公认为要比整数因子分解问题和模 p 离散对数问题难解得多。一般来说，ECC 没有亚指数攻击，所以它的密钥长度大大减少，256 位的 ECC 密钥就可以达到对称密码体制 128 位密钥的安全水平，这就保证了 ECC 密码体制成为目前已知公钥密码体制中每位提供加密强度最高的体制之一，可以有效减少处理开销，且具有存储效率、计算效率高和通信带宽小等方面的优势，特别适用于那些对计算能力支持力度不高的系统，如 RFID、WSN 等。

对于固定的 a、b 值，有限域 GF(2^m) 上的椭圆曲线是满足如下方程
$$y^2 + xy = x^3 + ax^2 + b$$
的所有点（x, y）的集合，外加一个无穷远点 O。其中，a、b、x 和 y 均在有限域 GF(2^m) 上取值。这类椭圆曲线通常也可用 $E_{2^m}(a,b)$ 来表示。该椭圆曲线只有有限个点，域 GF(2^m) 上的元素是 m 位的二进制串。

▶ 3.7.2 椭圆曲线的加法规则

可以证明，只要非负整数 a 和 b 满足 $4a^3 + 27b^2 (\bmod p) \neq 0$ 那么 $E_{2^m}(a,b)$ 就表示模 2^m-1 的椭圆群，这个群中的元素（x,y）和一个称为无穷远点 O 共同组成椭圆群，这是一个 Able 群，具有重要的"加法规则"属性，即对于椭圆曲线上的任意两点：$P_1 = (x_1, y_1)$ 和 $P_2 = (x_2, y_2)$，存在第三个点 $P_3 = (x_3, y_3) = P_1 + P_2$，该点也在该椭圆曲线上。

加法规则 1：$O+O=O$。

加法规则 2：对于曲线上的所有点 P，满足 $P+O=P$。

加法规则 3：对于每一个点 P，有一个特殊点 Q 满足，$P+Q=O$，称这个特殊点为$-P$，即点 P 与 Q 互逆。若 $P=(x, y)$，则 $-P=(x, x+y)$，即某点的逆与该点有相同的 x 坐标，逆的 y 坐标则在该点的 x、y 坐标之后。

加法规则 4：对于所有的点 P 和 Q，满足加法交换律，即 $P+Q=Q+P$。

加法规则 5：对于所有的点 P、Q 和 R，满足加法结合律，即 $P+(Q+R)=(P+Q)+R$。

加法规则 6：两个不同且不互逆的点 $P(x_1, y_1)$ 与 $Q(x_2, y_2)(x_1 \neq x_2)$ 的加法规则为
$$P(x_1, y_1) + Q(x_2, y_2) = S(x_3, y_3)$$
式中
$$x_3 = \lambda^2 + \lambda + x_1 + x_2 + a$$
$$y_3 = \lambda(x_1 + x_3) + x_3 + y_1$$
$$\lambda = \frac{y_2 + y_1}{x_2 + x_1}$$

加法规则 7（倍点规则）：
$$P(x_1, y_1) + P(x_1, y_1) = 2P(x_1, y_1) = Q(x_3, y_3)$$
式中
$$x_3 = \lambda^2 + \lambda + a$$
$$y_3 = x_1^2 + (\lambda + 1)x_3$$
$$\lambda = \frac{x_1^2 + y_1}{x_1}$$

对于有限域 GF(2^m)，设生成元为 g，则所有的加法运算应是 g 的幂指数 $x \bmod (2^m - 1)$ 的

结果,即当 g 的幂指数 x 大于 2^m-1 时,需要进行 $g^{x \bmod (2^m-1)}$ 运算。

3.7.3 椭圆曲线密码体制

椭圆曲线离散对数问题。已知椭圆曲线 E 和点 G,随机选择一个整数 d,容易计算 $Q = d \times G$,但给定 Q 和 G 计算 d 则相对困难。

椭圆曲线密码体制依据就是利用定义在椭圆曲线点群上的离散对数问题的难解性。

1. 系统的建立和密钥的生成

1) 系统的建立

选取一个基域 GF(p) 和定义在该基域上的椭圆曲线 $E_p(a,b)$ 及其上的一个拥有素数阶 n 的点 $G(x_G, y_G)$ 的阶 n 之比。其中,有限域 GF(p),椭圆曲线参数 a、b,点 $G(x_G, y_G)$ 和阶 n 都是公开的信息。

在建立系统时,在选定椭圆曲线的参数过程中,确定拥有素数阶 n 的点 $G(x_G, y_G)$ 通常是最困难、最耗时的工作。一种变通的方法是预先计算出一些满足条件的椭圆曲线供选用,或者使用一些标准中所推荐的椭圆曲线。

2) 密钥的生成

系统建成后,每个参与实体进行下列计算:

(1) 在区间 $[1, n-1]$ 中随机选取一个整数 d 作为私钥。

(2) 计算 $Q = d \times G$,即由私钥计算出公钥。

(3) 实体的公开密钥是点 Q,实体的私钥是整数 d。

离散对数的难解性保证了在已知公钥 Q 的情况下不能计算出私钥 d。

2. 椭圆曲线加密体制

1) 加密过程

当实体 Bob 发送消息 M 给实体 Alice 时,Bob 执行下列步骤。

(1) 查找 Alice 的公开密钥 Q。

(2) 将消息 M 表示成一个域元素 $m \in$ GF(p)。

(3) 在区间 $[1, n-1]$ 中随机选取一个整数 k。

(4) 计算点 $(x_1, y_1) = k \times G$。

(5) 计算点 $(x_2, y_2) = k \times G$,若 $x_2 = 0$,则返回第三步。

(6) 计算 $c = mx_2$。

(7) 传输加密数据 (x_1, y_1, c) 给 Alice。这里 (x_1, y_1) 实际上是 Bob 的公钥。

2) 解密过程

当 Alice 解密从 Bob 收到的密文 (x_1, y_1, c) 时,Alice 执行下列步骤。

（1）使用它的私钥 d，计算点 $(x_2, y_2) = d \times (x_1, y_1)$。因为
$$(x_2, y_2) = k \times Q = k \times d \times G = d \times k \times G = d \times (x_1, y_1)$$

（2）通过计算 $m = c \cdot x_2^{-1}$，恢复出消息 M。

总之，物联网中 RFID 数字标签和传感器节点因其在逻辑门电路数量、能量、通信带宽等方面的资源有限性而要求密码方案应高效实现。密码协议是基于有限域的计算，$GF(2^m)$ 域被广泛用于以 AES 和 ECC 为主的密码方案中。要实现物联网中 RFID 射频识别安全和无线传感器网络的感知安全，必须寻求面向紧凑型和低能耗体系结构的 $GF(2^m)$ 域中的高效密码算法，本章的有限域和密码理论为物联网的安全解决方案提供了理论支持。

思考与练习题

1. 计算 $3^{19935} \bmod 77$。
2. 判断方程 $\chi^2 \equiv 3 \bmod 383$ 是否有解？如果有解，求出其中的一个解。
3. 将 836483 分解成素数的乘积。
4. 在 AES 分组密码中，涉及有限域 $GF(2^8)$ 上的乘法运算。即取不可公约多项式 $m(x) = x^8 + x^4 + x^3 + x + 1$，$a(x)$ 和 $b(x)$ 为 $GF(2^8)$ 上的多项式，$a(x) \cdot b(x)$ 定义为：$a(x) \cdot b(x) = a(x)b(x) \bmod m(x)$，若 $a(x) = x^6 + x^4 + x^2 + x + 1$，$b(x) = x^4 + 1$，求 $a(x) \cdot b(x)$。
5. 已知椭圆曲线 $E: y^2 = x^3 - 4x - 3 (\bmod 7)$，上有一点 $p(-2, 2)$，求点 $2p$，$4p$ 和 $6p$ 的坐标。

第 4 章

物联网感知层安全

物联网的感知层是物联网与互联网的主要差别所在，感知层在物联网体系结构中处于底层，承担信息感知的重任。感知层直接面向现实环境，数量庞大，功能各异，并且与人们生活密切相关，其安全问题极其重要。而受限于感知层的硬件，安全防护技术必须采用高效、低成本等解决方案。本章主要介绍 RFID 安全，包括 RFID 安全威胁和安全关键技术，以及传感器网络安全。

4.1 感知层安全概述

感知层处于物联网体系的最底层，涉及条码识别技术、无线射频识别（RFID）技术、图像识别技术、无线遥感技术、卫星定位技术、协同信息处理技术、自组织网络及动态路由技术等，主要负责物体识别、信息采集，包括条码（一维、二维）标签和阅读器、RFID 电子标签和读写器、摄像头、传感器、传感器网关等设备。感知层在物联网技术体系中的关系如图 4-1 所示。

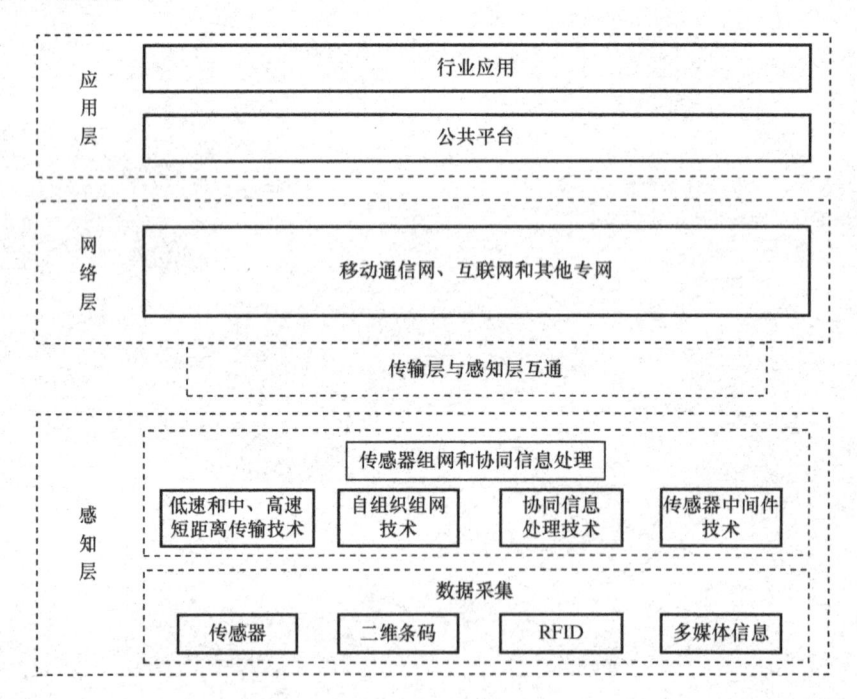

图 4-1 物联网感知层

相对于互联网而言，物联网感知层安全是新事物，是物联网安全的重点，需要重点关注。目前，物联网感知层主要是由 RFID 系统和传感器网络组成，其他独立的传感器，如 GPS 系统等，属于被动感知信息的设备，其安全问题不在本书讨论的范围内。

4.1.1 物联网信息感知的安全特征

物联网信息感知的信息安全问题的解决思路和方法不同于传统网络安全协议，这主要是由物联网感知层自身的特征所决定的。

1. 有限的存储空间和计算能力

物联网感知层的资源有限特性导致很多复杂、有效、成熟的安全协议和算法不能直接使用。公钥安全体系是目前商用安全系统最理想的认证和签名体系，但从存储空间上看，一对公私钥的长度就达到几百个字节，还不包括各种中间计算所需要的空间；从时间复杂度上看，公钥密码方法所需的计算量大，这对内存和计算能力都非常有限的感知节点来说是无法完成的。密钥过长、空间和时间复杂度过大的对称密码算法也不能用于物联网。

2. 缺乏后期节点布置的先验知识

在使用物联网节点进行实际组网时，节点往往被随机散布在一个目标区域中，任何两个节点之间是否存在直接连接在布置之前是未知的。

3. 布置区域的物理安全无法保证

物联网的感知节点通常散布在无人区域，因为其工作空间本身就存在不安全因素，节点很可能遭到物理上或逻辑上的破坏或者俘获，所以物联网感知层安全设计中必须考虑及时撤除网络中恶意篡改节点的问题，以及由于恶意篡改节点而导致的安全隐患问题，即因为该节点的恶意篡改导致更多节点被破坏，最终导致整个网络被恶意篡改或者失效。

4. 有限的带宽和通信能量

目前，物联网主要采用低速、低功耗的通信技术（一个没有持续能量供给的系统，要长时间工作在无人值守的环境中，必须要在各个设计环节上考虑节能问题），这就要求安全协议和安全算法所带来的通信开销不能太大。

5. 网络信息安全形式多样

Internet 上的信息安全，一般是端到端、网到网的访问安全和传输安全。物联网是作为一个整体来完成某项特殊任务的，每个节点不但具有监测和判断功能，而且又担负着路由转发功能。每个节点在与其他节点通信时都存在信任度和信息保密的问题。除了点到点的安全通信外，还存在信任广播问题。基站向全网发布命令时，每个节点都要能够有效判定消息确实来自于有广播权限的基站。

6. 应用相关性

物联网的应用领域非常广泛，不同的应用对安全的要求也不同。在许多商用系统中，对于信息的保密性和完整性比较关心。对于军事领域，除了信息的可靠性外，还必须对恶意篡改节点、异构节点（敌对方向物联网感知节点所在区域投放的监听、干扰设备）入侵的抵抗力进行充分考虑，这就要求根据具体应用采用多样化、灵活的方式解决安全问题。

4.1.2 物联网信息感知面临的攻击

物联网信息感知的主要安全隐患在于网络部署区域的开放性和无线电网络的广播特性。网络部署区域的开放性是指物联网部署的区域并不固定，所以存在受无关人员破坏的可能性。物联网的无线通信特性是指通信信号在物理空间上是暴露的，任何设备只要调制方式、频率、振幅、相位都和发送者的信号匹配，都能够获得完整的通信信号。这种广播特性使物联网感知节点的部署非常高效，只要保证一定的节点部署密度就容易实现网络的连通性，但同时也带来了安全隐患。目前，物联网信息感知得主要攻击形式包括选择性转发攻击、Sinkhole 攻击、Sybil 攻击、Wormhole 攻击、Hello 泛洪攻击等。

1. 选择性转发攻击

选择性转发攻击是在节点收到数据包后，有选择地转发或者根本不转发收到的数据包，从而导致数据包不能到达目的地。

2. Sinkhole 攻击

在 Sinkhole 攻击中，攻击者通过广播电源充足、可靠而且高效的信息，以吸引周围的节点选择它作为其路由路径中的点，然后和其他攻击手段（如选择性转发攻击等，更改数据包的内容）结合起来，以达到攻击网络的目的。由于物联网感知层通常采取固有的通信模式，即所有的数据包都要发送到同一个目的地，因此，特别容易遭受这种攻击。

3. Sybil 攻击

在 Sybil 攻击中，单个节点以多个身份出现在网络中的其他节点面前，使其更易于成为路由路径中的节点，然后和其他攻击方法结合使用，达到攻击网络的目的。

4. Wormhole 攻击

Wormhole 攻击通常需要两个恶意节点相互串通，合谋进行攻击。一般情况下，一个恶意节点位于 Sink 节点附近，另一个恶意节点距离 Sink 节点较远，较远的那个节点声称自己和 Sink 节点附近的节点可以建立低时延、高带宽的链路，从而吸引周围节点将其数据包发送到它这里。在这种情况下，远离 Sink 节点的那个恶意节点其实也是一个 Sinkhole。该攻击常和其他攻击，如选择性转发攻击等手段结合进行。

5. Hello 泛洪攻击

很多路由协议需要物联网感知节点定时发送 Hello 包，以声明自己是它们的邻居节点。但是一个较强的恶意节点在以足够大的功率广播 Hello 包时，收到该包的节点会认为这个恶意节点是它们的邻居。在以后的路由中，这些节点很可能会使用到此节点的这条路径，向恶意节点发送数据包。

针对进攻者的攻击行为，物联网的感知节点可以采取各种主动和被动的防御措施。主动防御指在网络遭受攻击以前，节点为防范攻击采取的措施，例如对发送的数据加密认证，对接收到的数据进行解密、认证、完整性鉴定等一系列的检查。被动防御指在网络遭受攻击以后，节点为减小攻击影响而采取的措施，例如在遭到拥塞干扰的时候关闭系统，然后通过定期检查判断攻击实施情况，在攻击停止或间歇时恢复通信。

4.2 RFID 安全

感知层自动识别技术主要包括条形码、磁卡、接触 IC 卡、RFID 等。其中，RFID 标签容量大，速度快，抗污染，耐磨损，支持移动识别、多目标志别和非可视识别。由于 RFID 系统具备以上这些优势，它正逐步应用于生产制造、交通运输、批发零售、人员跟踪、票证管理、食品安全等诸多行业，可以说 RFID 的应用已经遍布于人们日常生活的方方面面。RFID 有安全问题吗？由于 RFID 应用的广泛性，在 RFID 技术的应用过程中，其安全问题越来越成为一个社会热点。讨论的焦点主要集中在 RFID 技术是否存在安全问题。这些问题是否需要解决？又如何解决？本书将在这些问题上回顾各种观点和方案，并提出自己的观点和解决方案。

4.2.1 RFID 安全威胁分析

1. 两种不同的观点

对于 RFID 技术，是否存在安全问题及这种安全问题是否值得解决有两种不同的观点。

一种观点认为 RFID 安全问题不存在，即使存在也不值得解决。这种观点认为 RFID 识别距离近，也就在 10 m 的范围以内，这么近的距离，窃听或跟踪都很困难，即使发生也很容易解决。另外 RFID 标签中往往只有 ID 号，没有什么重要信息，几乎不存在保密的价值。他们反问道：难道广泛使用的条码又有什么安全机制吗？对于隐私泄漏和位置跟踪，他们说手机和蓝牙存在的问题更为严重，在这种情况下谈论 RFID 的安全问题是否有点小题大做？

另一种观点认为 RFID 安全问题不但存在，而且迫切需要解决，其中最大的安全问题就是隐私问题。这种观点认为如果在个人购买的商品或借阅的图书上存在 RFID 标签，那么就可能被不怀好意的人暗中读取并跟踪，从而获得受害人的隐私信息或位置信息，因此强烈要求解决 RFID 的安全问题。例如德国麦德龙集团的"未来商店"会员卡由于包含 RFID 芯片，招来大批抗议，最后被迫替换为没有 RFID 的会员卡；同样是与条形码对比，惠普实验室负责 RFID 技术的首席技术官 Salii Pradhan 做了一个形象的比喻："使用条形码好比行驶在城市街道上，就算撞上了人，危害也有限。但使用 RFID 好比行驶在高速公路上，你离不开这个系统，万一系统被攻击，后果不堪设想。"RFID 系统识别速度快、距离远，相对条形码系统其攻击更为容易，而损失更为巨大。就隐私而言，手机和蓝牙用户可以在需要的场合关掉电源，但 RFID 标签没有电源开关，随时都存在被无声读取的可能性。

从物联网应用的角度看，本书倾向于后一种观点。随着技术的发展，目前乃至将来，RFID 标签将存储越来越多的信息，承担越来越多的使命，其安全事故的危害也将越来越大，而不再会是无足轻重。

2. RFID 各种安全威胁

1) 零售业

对于零售业来说，粘贴在一个昂贵商品上的 RFID 标签可能被改写成一个便宜的商品，或者可以换上一个伪造的标签，或者更简单地把其他便宜商品的标签换上去。这样一来攻击者就可以用很便宜的价格买到昂贵的商品了。条码系统的收银员会检查标签内容与商品是否一致，因此条码系统上该问题不明显。但是 RFID 系统不需要对准扫描，人工参与度不高，即使是在人工收银的场合，收银员也很容易忽视这种情况。

为了对付隐私泄漏，在商品售出后都要把 RFID 标签"杀死"。这就引来另一种安全威胁：一个攻击者出于竞争或者发泄等原因，可能携带一个阅读器在商店里面随意"杀死"标签。这样就会带来商店管理的混乱——商品在突然之间就不能正常地扫描了，顾客只能在收银台大排长队；智能货架也向库房系统报告说大量货架已经出空，商品急需上架。很显然，这个安全问题对于条码来说也是不存在的。

另一方面，对于采用 RFID 进行库房管理的系统来说，竞争对手可以在库房的出/入口秘密安装一个 RFID 阅读器。这样，进/出库房的所有物资对于攻击者都一目了然。对企业而言，这种商业秘密非常重要，竞争对手可以很容易地了解到企业物资流转情况，并能进一步了解企业的经营状况。显然，没有任何一个企业愿意把自己曝光在竞争对手面前。

2) 隐私问题

如果把 RFID 标签嵌入到个人随身物品中，如身份证、护照、会员卡、银行卡、公交卡、图书、衣服、汽车钥匙等，如果不采取安全措施，则可能导致很大的隐私泄漏问题。

美国电子护照兼容 ISO 14443A&B 的标签，带有 64 KB 的内存，其中存有包括国籍和相片在内的个人信息。这种标签通常只有 10 cm 的阅读距离，最初认为安全问题不重要，未采取措施，但方案公布后激起了很大的反响。美国国务院于 2005 年 2 月公布该方案，到 3 月 4 日为止，共收到 2 335 份反馈，其中 98.5%是负面的，86%担忧其安全隐私问题。例如，恐怖分子可以在宾馆走廊里扫描标签，如果发现美国人比较多才引爆炸弹；带有 RFID 识别器的炸弹可以在发现目标进入时才引爆。显然，一旦恐怖分子拥有这种对受害者精确识别的能力，他们将在世界上制造更多的恐怖活动，给全球带来更多的安全隐患。

如果购买的商品、借阅的图书中含有 RFID 标签，配备手持阅读器的小偷可以在人群中随意扫描，收集人们携带的商品信息，比如发现有人拥有品牌的 RFID 车钥匙，就可以对其实施定向行窃，大大提高偷窃的效率，从而降低风险；侦探或者间谍可以跟踪目标出现的时间和位置；不良商家可以在店内装置 RFID 阅读器，扫描走进店内的个人携带的所有含有 RFID 标签，收集个人的消费偏好，然后有目标地发放垃圾广告，实现广告的"精确轰炸"，或者有目标地推荐特定商品，你可能在不知不觉中就上了不良商家的圈套。

2003 年著名的服装制造商班尼特实施服装 RFID 管理，隐私权保护组织则提出口号"宁可裸体也不穿带间谍芯片的衣服！"，最后班尼特只好妥协。2004 年麦德龙集团实施 RFID

会员卡，也在隐私权保护组织的抵制中妥协。

电子产品价格下降得非常快，随着阅读器价格的下降，阅读器会很快普及，甚至可以在手机中内置阅读器，这样人人都具有了侵犯别人 RFID 隐私的能力，而且随着社会发展，越来越多的物品中内置了 RFID 标签，很可能只有专家才能发现并完全消除所有的隐私泄漏问题，因此人人也都可能成为 RFID 隐私泄漏的受害者。

3）防伪问题

RFID 技术强化了一般防伪技术的安全性，但是仅仅依靠 RFID 的唯一序列号防伪有很大的局限性。伪造者可以读取真品的标签数据，然后再假冒标签上写入真品数据。对于一些昂贵商品，如名牌服装、高档烟酒等，出于获得暴利的冲动，即使采取了加密措施，伪造者也可以采用边信道攻击、故障攻击甚至物理破解的方法获得标签的密钥，以便复制真标签，甚至生成以假乱真的新标签。另外，伪造者或竞争者也可以向 RFID 标签中写入数据，使真货变成假货，达到扰乱市场、诋毁对手名誉的目的。对于 RFID 食品安全管理，成都市正在推行的猪肉溯源标签就是一个很好的例子，它也需要防止标签的伪造和复制。普通的 RFID 标签很容易购买到，并写入相同的数据，消费者用同样的代码查询到的溯源信息看似真实，实则与商品并不相符，如果消费者质疑商品的质量，不法奸商甚至可以主动查询，以证实其商品的"真实性"。

默写场合的 RFID 应用也需要考虑防伪问题，如门禁系统，尤其是高安全级别场所的门禁系统，只允许一定身份的人员进入，如果犯罪分子伪造可通行的标签，就可以混入该场所作案。对于某些远距离无障碍通行的门禁系统来说，更要预防伪造问题。试想一个人在 3 m 之外进入，阅读器正常地响了一声，会引起门卫的警觉吗？

4）公交卡、充值卡、市政卡、门票、购物卡、银行卡

这类应用与金钱有关，安全问题更加突出。虽然公交卡、门票这类应用设计的金额不大，但是如果不法之徒解除其安全措施后，可以在市场上低价销售伪卡或者充值，从而获得巨大的利益，因此其安全问题需要引起高度重视。

例如，Mifare 卡在全世界得到了广泛应用，其中采用了 CTYPT01 流密码加密算法，密钥为 48 位。其算法是非公开的，但是 2008 年德国研究员亨里克·普洛茨和美国弗吉尼亚大学计算机科学在读博士卡尔斯滕·诺尔，利用计算机技术成功破解了其算法。这样，攻击者只需破解其 48 位密钥即可将其安全措施解除，由于密钥太短，现在有关其破解的报导较多，已经出现了专门的 ghost 仿真破译机，可随心所欲地伪造 Mifare 卡。

停车收费系统采用无线方式，无障碍地收费，固然大大提高了公路通行效率。但是这类应用无须用户输入密码，完全依靠系统自身的安全措施。这类系统的射频信号比较强，传输距离比较远，如果安全措施稍有疏漏，犯罪分子破解后完全可以销售伪卡、为真卡充值或者盗用合法用户账户上的预存款。

一般而言，银行卡采用在线验证的方式，并且需要输入口令。成都市最近报道了犯罪

分子利用安装在自助银行门上的阅读器获得磁卡号，利用摄像头获得银行卡密码，然后复制银行卡成功盗取用户账户资金。银行因此改刷卡进入为按键进入。试想，如果用RFID卡作为银行卡，如果不采取措施，犯罪分子就能够不知不觉地阅读用户放在包内的卡，这个问题无疑非常严重。

美国埃克森石油公司发行速结卡，方便司机支付加油费和在便利店刷卡消费。该系统采用了40 bit的密钥和专有的加密算法，从1997年开始使用。2005年1月约翰·霍普金斯大学的团队发表了他们的破解成果。同年RSA实验室和一群学生伪造了一张速结卡并成功地用这张卡来加油。

5) 军事物流

美国国防部采用RFID技术改善其物流供应状况，实现了精确物流，在伊拉克战争中表现优异。根据DoD8100.2无线电管理规定，在个人电子设备的扫描探测段不需要进行加密，如光学存储介质使用激光、条码与扫描头之间的激光，以及主动或被动式标签与阅读器之间的射频信号进行加密。

从近年美国参与的波斯湾战争、波黑战争和伊拉克战争来看，美国军事上和政治上都无意隐藏其进攻的动机，相反在战前都是大张旗鼓地调兵遣将，大规模地运送物资。美国不但不在意对手知道自己的物流信息，相反还主动发布这些信息，使对手产生恐惧心理，希望达到不战而屈人之兵的效果。这是基于美国军事、经济和技术均大幅度领先于对手，而军队又极度依赖技术的前提下采用的合理策略。

但是对于落后的国家而言，却不能掉以轻心。在可以预见的将来，我国面临的主要战争威胁仍然来源于周边国家。与这些国家相比，我国技术、经济和军事力量并不占有绝对优势。不管是战略上还是战术上隐藏真实意图，保持军事行动的突然性仍然具有重大意义。

一般军用库房是封闭式的，防卫比较严密，但是在战前或战时会出现大量开放式的堆场，难以屏蔽无线电波。采用RFID军事物流时，敌方可在安全措施比较薄弱的交通要道、货物资集散中心附近部署特别设计的高灵敏度阅读器，这样就可以远距离地获得军队物资变化信息和物资流向，从而分析出军队的意图，提前准备，使军队的行动受挫，甚至失败。另外，如果不采取适当的安全措施，敌方可以伪造大量RFID标签，散布到合法标签中，导致军队物流效率降低。同时还可以任意修改标签数据，比如把手枪子弹的标签改为步枪子弹标签运往前线，这可能会使军队面临军事上的危险；如果把运往野战医院的血液从A型改为B型，也可能会导致医疗事故。

3. RFID系统攻击模型

RFID系统一般由三个实体部分与两种通信信道组成，即电子标签、阅读器、后台应用系统与无线通信信道、后端网络通信信道。对于攻击者来说，这几部分都可能成为攻击对象，攻击模型如图4-2所示。

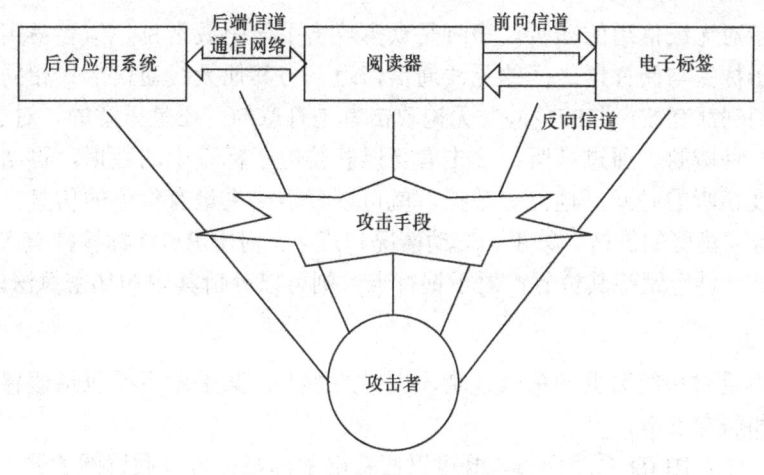

图 4-2 RFID 攻击模型

攻击者攻击 RFID 系统的意图有以下几点。

1) 获取信息

获取非公开的内部或机密信息后，攻击者可以自己利用这些信息，也可以出售这些信息谋取利益，或者公开这些信息使对方陷于被动，或者保存这些信息以备将来使用。

2) 非法访问

通过获得与自身身份不符的访问权限，攻击者可以进入系统偷取系统数据或破坏系统正常运行，或暂时引而不发，在系统中植入病毒、木马和后门，为将来的攻击创造有利条件。

3) 篡改数据

通过篡改系统中的数据，攻击者可以冒充合法用户，伪造合法数据或使系统陷入混乱。例如，攻击者篡改 RFID 标签中的数据，则可能会造成物流系统的混乱。

4) 扰乱系统

攻击者扰乱系统可以使对手陷入混乱，无法正常使用系统、完成正常业务。其目的可能是为了商业竞争需要，也可能是为了炫耀技术能力。对于 RFID 系统而言，如果攻击者利用无线电干扰，则可以使系统无法工作。

4．RFID 系统的攻击技术

与常规的信息系统相同，攻击 RFID 系统的手段一般分为被动攻击、主动攻击、物理攻击、内部人员攻击和软/硬件配装攻击 5 种。其中内部人员攻击是由于内部人员恶意或无意造成的。而软/硬件配装攻击则是由于软/硬件在生产和配置过程中被恶意安装硬件或软件造成的。这两种攻击一般应通过管理措施解决，本书不加以讨论。

1) 被动攻击

被动攻击不对系统数据做任何修改，而是希望获得系统中的敏感信息。针对 RFID 系统而言，主要是指对无线信道的窃听。窃听是众多攻击手段中最常见、最容易实施的。它的攻击对象是电子标签与阅读器之间的无线通信信道。与其他无线通信形式相同，信道中传输的数据时时刻刻都有被窃取的危险。无论攻击者是有意的，还是无意的，对于整个 RFID 系统而言都是一种威胁。通过窃听，攻击者可以获得电子标签中的数据，再结合被窃听对象的其他信息及窃听的时间、地点等数据，就可以分析出大量有价值的信息。例如，对于物资，就可能得到物资的价格、数量、变动情况和流向；对于 RFID 标签持有人，则可以了解其国籍、喜好，甚至跟踪其位置；对于银行卡，则可以分析其中的加密算法。

2) 主动攻击

主动攻击涉及对系统数据的篡改或增加虚假的数据。其手段主要包括假冒、重放、篡改、拒绝服务和病毒攻击。

(1) 假冒：对于 RFID 系统而言，既可以假冒电子标签也可以假冒阅读器。最不需要技术含量的假冒就是交换两种物资粘贴的合法标签。该方法虽然简单，但造成的后果却可能相当严重，可能导致贵重商品被低价卖出，也可能导致关键物资运错目的地。技术含量更高的假冒则是克隆，在新标签中写入窃听或者破解得到的合法数据，然后模拟成一个合法标签。一个假冒的阅读器可以安装到一个看似合法的位置（如自助银行的门上），用于窃听数据。

(2) 重放：重放主要针对 RFID 的空中接口。攻击者可以把以前的合法通信数据记录下来，然后重放出来以欺骗标签或阅读器。某些 RFID 门禁系统仅采用简单的 ID 识别机制，很容易被此手段欺骗。2003 年，Jonathan Westhuse 报导了他设计的一种设备，大小和信用卡相同，频率为 125 kHz，既能模拟阅读器，也能模拟卡片。他先模拟成阅读器合法的标签数据，然后再播放给合法的阅读器，他用这个设备攻击了摩托罗拉的 flexpass 系统。

(3) 篡改：对 RFID 系统而言，既可以篡改 RFID 的空中接口数据，也可以篡改其标签数据。对于可写的电子标签（如公交卡），通过修改其中的数据可以增加其中的余额。篡改只读卡不太容易，但篡改空中接口数据相对比较容易。在商场收银台通过便携式设备篡改 RFID 数据，可很容易地欺骗阅读器。

(4) 拒绝服务：针对 RFID 的空中接口实施拒绝服务是比较容易的。RFID 系统工作的频段比较窄，跳频速度比较小，反射信号非常弱，通过施放大功率干扰设备，很容易破坏 RFID 系统的正常工作。还有一种办法是采用间谍标签，攻击其防冲突协议，对于阅读器的每次询问间谍标签，均回应一个假冒数据，造成合法标签与间谍标签冲突。

(5) 病毒攻击：RFID 标签数据容量比较小，但是仍然可以在其中写入恶意数据，阅读器把这些数据传输到后台系统中即可造成一种特殊的 RFID 病毒攻击。2006 年 Melanie R. Rieback 等人发表了一篇名为"你的猫感染了计算机病毒吗？"的文章，表述了他们在 RFID 标签中写入 127 B 数据，当阅读器把该数据写入数据库时，产生了 SQL 注入攻击，使数据库感染了病毒，数据库受到病毒感染后，读写器会把恶意数据写入其他标签。

3）物理攻击

物理攻击需要解除系统的软/硬件,并对其进行破解和破坏。针对 RFID 系统而言由于标签数量巨大,难以控制,针对其进行物理攻击是最好的途径。另外,阅读器的数量也比较大,不能确保每一个使用者都能正确和顺利地使用系统,因此针对阅读器的物理攻击也可能存在。对电子标签而言,其物理攻击可分为破坏性攻击和非破坏性攻击。

(1) 破坏性攻击：破坏性攻击和芯片反向工程在最初的步骤上是一致的,使用发烟硝酸去除包裹裸片的环氧树脂；用丙酮、去离子水、异丙醇完成清洗；通过氢氟酸超声浴进一步去除芯片的各层金属。在去除芯片封装之后,通过金丝键合恢复芯片功能焊盘与外界的电气连接,最后可以使用手动微探针获取感兴趣的信号。对于深亚微米以下的产品,通常具有一层以上的金属连线,为了了解芯片的内部结构,可能要逐层去除该连线以获得重构芯片版图设计所需的信息。在了解内部信号走线的基础上,使用聚焦离子束修补技术可将感兴趣的信号连到芯片的表面供进一步观察。版图重构技术也可用于获得只读型 ROM 的内容。ROM 的位模式存储在扩散层,用氢氟酸去除芯片各覆盖层后,根据扩散层的边缘就很容易辨认出 ROM 的内容。对于采用 Flash 技术的存储器,可用磷酸铝喷在芯片上,再用紫外线光来照射即可通过观察电子锁部位的状态来读取电子锁的信息,呈现黑暗的存储单元表示"1",呈现透明的存储单元表示"0"。

(2) 非破坏性攻击：非破坏性攻击主要包括功率分析和故障分析。芯片在执行不同的指令时,对应的电功率消耗也相应变化。通过使用特殊的电子测量仪器和数学统计技术,监测分析这些功率变化,就有可能从中得到芯片中特定的关键信息,这就是著名的 SPA 和 DPA 攻击技术。通过在电子标签天线两端直接加在符合规格的交流信号,可使负载反馈信号百倍于无线反射信号。由于芯片的功耗变化与负载调制在本质上是相同的,因此,如果电源设计不恰当,芯片内部状态就能在串联电阻两端的交流信号中反映出来。故障攻击通过产生异常的应用环境条件,使芯片产生故障,从而获得额外的访问途径。故障攻击可以指示一个或多个触发器产生病态,从而破坏传输到寄存器和存储器中的数据。目前有 3 种技术可以促使触发器产生病态：瞬态时钟、瞬态电源及瞬态外部电场。无源标签芯片的时钟和电源都是使用天线的交流信号整形得到的,因此借助于信号发生器可以很容易地改变交流信号谐波的幅度、对称性、频率等参数,进而产生时钟/电源故障攻击所需的波形。

5. RFID 系统的脆弱性

对于 RFID 系统,攻击者可以攻击系统的电子标签、空中接口、阅读器、后端信道和应用系统。但是由于后端信道和应用系统的防护手段比较成熟,与 RFID 技术关联不大,因此本书仅针对电子标签、空中接口和阅读器进行分析。

1）电子标签

电子标签是整个射频识别系统中最薄弱的环节,其脆弱性主要来源于其成本低、功耗低、数量多、使用环境难以控制等特点。

为了防范对标签芯片进行版图重构，可以通过采用氧化层平坦化的 CMOS 工艺来增加攻击者实现版图重构的难度；为了防范其对电路的分析，可以采用全定制单元电路；为了防范和阻止微探针获取存储器数据，可采用顶层探测网格技术，但是这些技术必然增加标签成本，如何平衡成本和安全成了电子标签设计的难题。

在电子标签中使用复杂的加密算法是防止标签克隆的有效方法，但是这会增加功耗；采用并联电源方案可减小功率分析的影响，但是这又会降低电源效率。而增加功耗、降低电源效率将对读取距离产生极大的影响。

电子标签数量较大，使用的场合往往难以控制，这就给攻击者接触电子标签提供了极大的便利。攻击者可以很容易得到电子标签，并进一步对其进行分解和分析，窃取其中的数据，或者利用获得的知识和数据伪造或篡改标签，对系统产生破坏性的影响。另外，由于其适用场合难以控制，攻击者也可以对其实施破坏、转移等攻击。

2) 空中接口

空中接口的脆弱性在很大程度上仍然是由于电子标签的脆弱性造成的。虽然无线通信具有开放性的特点，但是采用经典的加密算法、认证协议和完整性措施可以很好地解决阅读器与电子标签之间通信的机密性、完整性和真实性。但是限于成本和功耗，标签难以采取复杂的加密算法，也难以执行复杂的认证协议，从而造成了空中接口非常脆弱。RFID 通信距离短，常常用于证明空中接口不需要很强的安全加固，但这只是一种错觉。首先空中接口的前向信道功率可以达到 4 W，现有的技术可以达到 10 多千米的接收范围。好在 EPC C1G2 标准限制了前向信道泄漏的信息。反向信道的信号很微弱，即使是超高频频段，正常的阅读器也只能在 10 m 左右的范围内接收。但是攻击者的阅读器并不一定是普通的阅读器，它可以采用大功率的发射机、高灵敏度的接收机、高增益的天线和复杂的信号处理算法。攻击者的另一个优势是可以只收不发，因此可以免受发送噪声的影响。采用收发分离的接收天线时，在某些条件下接收距离可达到 50 m。可以想象，经过特殊设计的接收机完全可以达到数百米的接收距离。高频频段正常只有 1 m 左右的阅读距离，但是在 2005 年美国拉斯维加斯召开的黑帽子安全会议上，Felixis 公司演示了在 69 in 外对 RFID 标签的成功读、写。如此大的通信距离，充分说明如果不采取适当的防护措施，攻击者很容易对 RFID 的空中接口实施窃听、篡改、重放等攻击手段。

在可用性方面，RFID 空中接口的反向信道信号非常弱，很容易受到阻塞式全频带干扰。采用跳频方式可避开干扰，但在频率切换时标签失去电源，会造成之前的状态丢失，因此为了保证有较好的标签识别速度，跳频速度不能太快，这对于固定的无意干扰是有效的，但对于恶意的跟踪式干扰就无能为力了。防冲突协议也容易被利用以破坏系统的可用性。在阅读器面对大量标签时，各个标签必须配合阅读器的防冲突协议，在适当的时机发送适当的数据。但是一个间谍标签可以不顾协议，只要收到询问就发送数据，使其他标签无法获得识别机会。

对个人隐私而言，空中接口协议具有公开性，攻击者可通过空中接口窃听标签信息，跟踪用户位置，推断其个人喜好。

3）阅读器

阅读器的脆弱性来源于其可控性不太好，容易被盗窃、滥用和伪造。相对于电子标签，阅读器在成本和功耗上限制不大，可以采用的安全措施比较多，如电磁屏蔽、代码加密、数据加密、数据鉴别、身份认证、访问控制、密钥自毁等。但是有些阅读器工作在无人看管的场合，并且使用阅读器的人也可能存在无意误用或故意滥用的情况。另外，阅读器一般具备软件升级功能，如果不加保护，该功能可能会被攻击者利用以篡改阅读器中的软件和数据。对于攻击者而言，由于阅读器连接着标签和后台系统，可能存储算法、密码或密钥，攻击阅读器比攻击标签的价值大得多，如果设计不当，对一台阅读器的破解，可能危及整个系统的安全。攻击者还可以伪造一台阅读器，冒充真实阅读器，诱使受害人扫描器电子标签，从而获得不当利益。

6. RFID 系统的安全需求

一种比较完善的 RFID 系统解决方案应当具备机密性、完整性、可用性、真实性和隐私性等基本特征。

1）机密性

机密性是指电子标签内部数据及与读写器之间的通信数据不能被非法获取，或者即使被获取但不能被理解。机密性对于电子钱包、公交卡等包含敏感数据的电子标签非常关键，但对一些 RFID 广告标签和普通物流标签则不必要。

2）完整性

完整性是指电子标签内部数据及与读写器之间的通信数据不能被非法篡改，或者即使被篡改也能够被检测到。数据被篡改会导致欺骗的发生，因此对于大多数 RFID 应用，都需要保证数据的完整性。

3）可用性

可用性是指 RFID 系统应该在需要时即可被合法使用，攻击者不能限制合法用户的使用。对于 RFID 系统而言，空中接口反射信号由于防冲突协议的脆弱性等原因，可用性受到破坏或降级的可能性较大。但对一般民用系统而言，通过破坏空中接口的可用性获利的可能性比较小，而且由于无线信号很容易被定位，因此这种情况较难发生。但在公众场合，电子标签的可用性则很容易通过屏蔽、遮盖、撕毁等手段被破坏，因此也应在系统设计中加以考虑。

4）真实性

对于 RFID 系统而言，真实性主要是要保证读写器、电子标签及其数据是真实可行的，要预防伪造和假冒的读写器、电子标签及其数据。如果电子标签没有存放敏感数据，则对读写器的真实性要求不高，但由于电子标签数据要被送到后台系统中进一步处理，虚假数据可能导致较大的损失，因此要求电子标签及其数据是真实的。

5) 隐私性

隐私性是针对个人携带粘贴 RFID 标签的物品而产生的需求。一般可分为信息隐私、位置隐私和交易隐私。信息隐私是指用户相关的非公开信息不能被获取或者被推断出来；位置隐私是指携带 RFID 标签的用户不能被跟踪或定位；交易隐私是指 RFID 标签在用户之间的交换，或者单个用户新增某个标签，失去某个标签的信息不能被获取。与个人无关的物品，如动物标签等没有隐私性的要求。低频标签通信距离近，隐私性需求不强，但高频、超高频和微波标签对隐私性有一定的要求。对于不同的国家及个人而言，对隐私性的重视程度也不同，但重要的政治和军事人物都需要较强的隐私性。

4.2.2 RFID 安全关键问题

RFID 系统中电子标签固有的内部资源有限、能量有限和快速读取要求，以及具有的灵活读取方式，增加了在 RFID 系统中实现安全的难度。实现符合 RFID 系统的安全协议、机制，必须考虑 RFID 系统的可行性，同时重点考虑以下几方面的问题。

1. 算法复杂度

电子标签具有快速读取的特性，并且电子标签内部的时钟都是千赫兹级别的，因此，要求加密算法不能占用过多的计算周期。高强度的加密算法不仅要使用更多的计算周期，也比较占用系统存储资源，特别是对于存储资源最为缺乏的 RFID 电子标签而言更是如此。无源 EPC C1G2 电子标签的内部最多有 2 000 个逻辑门，而通常的 DES 算法需要 2 000 多个逻辑门，即使是轻量级的 AES 算法，也大约需要 3 400 个逻辑门，表 4-1 为几种传统安全算法使用的逻辑门数。

表 4-1 几种传统安全算法使用的逻辑门

算法	门数	算法	门数
Universal Hash	1 700	DES	2 300
MD5	16 000	AES-128	3 400
Fast SHA-1	20 000	Trivium	2 599
Fast SHA-256	23 000	HIGHT	3 048

2. 认证流程

在不同应用系统中，读写器对电子标签的读取方式不同，有些应用是一次读取一个电子标签，如接入控制的门禁管理；有些应用是一次读取多个电子标签，如物流管理。对于一次读取一个电子标签的应用来说，认证流程占用的时间可以稍长；而对于一次读取多个电子标签的应用来说，认证时间必须严格控制，否则会导致单个电子标签的识别时间加长，在固定时间内可能导致系统对电子标签读取不全。

3. 密钥管理

在 RFID 应用系统中,无论是接入控制,还是物流管理,电子标签的数目都是以百来计算的。如果每个电子标签都具有唯一的密钥,那么密钥的数量将变得十分庞大。如何对这些庞大的单一密钥进行管理,将是一个十分棘手的问题。如果所有同类商品都具有相同的密钥,一旦这类商品中的一个密钥被破解,那么所有同类的商品将受到安全威胁。

除了要考虑以上这几个方面之外,还要考虑如何对传感器、电子标签、读写器等感知设备进行物理保护,以及是否要对不同的应用使用不同的安全等级等。

▶ 4.2.3　RFID 安全技术

现在提出的 RFID 安全技术研究成果主要包括访问控制、身份认证和数据加密。其中身份认证和数据加密有可能被组合运用,其特点是需要一定的密码学算法配合,因此为了叙述方便,本书对采用了身份认证或数据加密机制的方案称为密码学机制。需要注意的是,访问控制方案在有些资料中被称为物理安全机制,但根据其工作原理,似乎采用访问控制更为妥当。

1. 访问控制

访问控制机制主要用于防止隐私泄漏,使得 RFID 标签中的信息不能被随意读取,包括标签失效、法拉第笼、阻塞标签、天线能量分析等措施。这些措施的优点是比较简单,也容易实施;缺点是普适性比较欠缺,必须根据不同的物品进行选择。

1) 标签失效及类似机制

消费者购买商品后可以采用移除或毁坏标签的方法防止隐私泄漏。对于内置在商品中不便于移除的标签则可采用 "Kill" 命令使其失效。接收到这个命令之后,标签便终止其功能,无法再发射和接收数据,这是一个不可逆操作。为防止标签被非法杀死,一般都需要进行口令认证。如果标签没有 "Kill" 命令,还可用高强度的电场,在标签中形成高强度电流烧毁芯片或烧断天线。

但是,商品出售后一般还有反向物流的问题,如遇到退货、维修、召回问题时,由于标签已经被杀死,就不能再利用 RFID 系统的优势。对此,IBM 公司开发出一种新型可裁剪标签。消费者能够将 RFID 天线扯掉或者刮除,缩小标签的可阅读范围,使标签不能被随意读取。使用该标签,尽管天线不能再用,阅读器仍然能够近距离读取标签,当消费者需要退货时,可以从 RFID 标签中读出信息。

对于有些商品,消费者希望在保持隐私的前提下还能在特定的场合读取标签。例如,食品上的电子标签未失效,则安装有阅读器的冰箱可自动显示食品的种类、数量、有效期等信息,如果某种食品已过期或即将用完,还可提醒用户注意。对此可采用一种休眠/激活命令。休眠后的标签将不再响应读取命令;但如果收到激活命令并且口令正确,可再次激活投入使用。

以上方法成本低廉，容易实施，可以很好地解决隐私问题。但是对于某些物品，需要随身携带，且对于随时需要被读取的标签来说不能使用，如护照、公交卡等这类应用尚需考虑其他方案。

2) 阻塞标签

在收到阅读器的查询命令时，阻塞标签将违背防冲突协议回应阅读器，这样就可以干扰在同一个阅读器范围内的其他合法标签的回应。该方法的优点是 RFID 标签基本不需要修改，也不必执行密码运算，可减少投入成本，并且阻塞标签本身非常便宜，与普通标签价格相差不大，这时阻塞标签可作为一种有效的隐私保护工具。但阻塞标签也可能被滥用于进行恶意攻击，干扰正常的 RFID 应用。因此如果阻塞标签得到推广，作为一个便宜且容易获取的工具，必然会出现大量针对 RFID 系统的有意或无意的攻击。

3) 法拉第笼

如果将射频标签置于有金属网或金属薄片制成的容器（通常称为 Faraday Cage，法拉第笼）中屏蔽起来，就可以防止无线电信号穿透，使非法阅读器无法探测射频标签。该方法比较简单、灵活，在很多场合用起来并不困难，例如，美国电子护照的征求意见稿在收到许多反对意见后，最终决定的封面、封底和侧面均包含金属屏蔽层，以防止被非法探测。如果商场提供的袋子包含屏蔽层，那么对于许多不需要随身使用的商品，如食物、家用电器等也是非常适合的。但该方案对某些需要随身携带的物品并不适合，如衣服和手表等；而对另外一些物品，如图书等，要求使用人要时刻提防，避免因疏忽而造成隐私泄漏。

4) 天线能量分析

Kenneth Fishkin 和 Sumit Roy 提出了一个保护隐私的系统，该系统的前提是合法阅读器可能会相当接近标签（如一个收款台），而恶意阅读器可能离标签很远。由于信号的信噪比随距离的增加迅速降低，所以阅读器离标签越远，标签接收到的噪声信号越强。加上一些附加电路，一个 RFID 标签就能粗略估计一个阅读器的距离，并以此为依据改变其动作行为。例如，标签只会给一个远处的阅读器很少的信息，却告诉近处的阅读器自己唯一的 ID 信息等。该机制的缺点是攻击者的距离虽然可能比较远，但其发射的功率不见得小，其天线的增益也不见得小，而且无线电波对环境的敏感性可能使标签收到合法阅读器的功率产生巨大的变化。况且该方案还需要添加检测和控制电路，增加了标签成本，因此并不实用。

2. 密码相关技术

密码相关技术除了可实现隐私保护，还可以保护 RFID 系统的机密性、真实性和完整性，并且密码相关技术具有广谱性，在任何标签上均可实施。但完善的密码学机制一般需要较强的计算能力，对标签的功耗和成本是一个较大的挑战。迄今为止各种论文提出的 RFID 密码相关技术种类繁多，有些方法差异很大，而有些方法则仅有细微的区别，其能够满足的安全需求和性能也有所不同。

1) 各种密码相关技术方案

（1）基于 Hash 函数的安全通信协议。

① Hash 锁协议。Hash 锁协议是由 Sarma 等人提出的。在初始化阶段，每个标签有一个 ID 值，并指定一个随机的 Key 值，计算 metaID=Hash(Key)，把 ID 和 metaID 存储在标签中。后端数据库存储每一个标签的密钥 Key、metaID、ID。认证过程如图 4-3 所示。

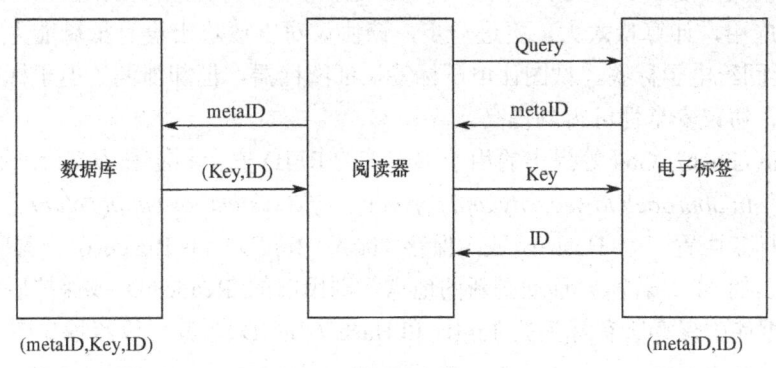

```
                    Query
数据库  ←metaID—  阅读器  ←metaID—  电子标签
        —(Key,ID)→         —Key→
                           ←ID—
(metaID,Key,ID)                      (metaID,ID)
```

图 4-3 Hash 锁协议认证过程

由图 4-4 可知，其认证过程是：阅读器查询（Query）电子标签，然后电子标签响应 metaID，接着从数据库中找出相同 metaID 对应的 Key 和 ID，并将 Key 发给标签，最后电子标签把 ID 发给阅读器。

该方案的优点是标签运算量小，数据库查询快，并且实现了电子标签对阅读器的认证，但其漏洞很多：空中数据不变，并以明文传输，因此电子标签可被跟踪、窃听和克隆；另外，重放攻击、中间人攻击、拒绝服务攻击均可奏效。由于存在这些漏洞，因此电子标签对阅读器进行认证没有任何意义。

② 随机 Hash-Lock 协议。随机 Hash-Lock 协议由 Weis 等人提出，它采用了基于随机数的询问-应答机制。标签中除 Hash 函数外，还嵌入了伪随机数发生器，后端数据库存储所有标签的 ID，其认证过程如图 4-4 所示。

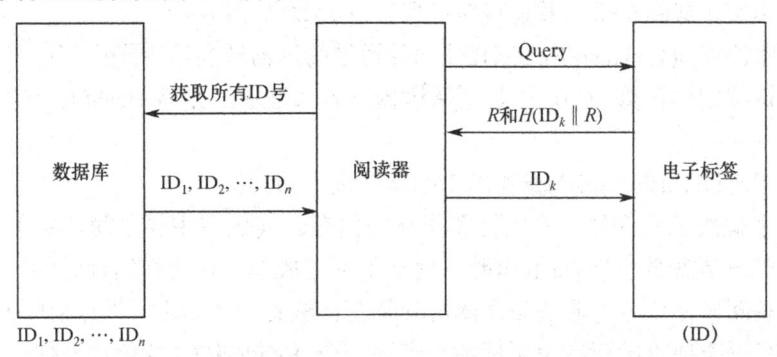

```
                         Query
数据库  ←获取所有ID号—  阅读器  ←R和H(ID_k ∥ R)—  电子标签
        —ID_1,ID_2,…,ID_n→    —ID_k→
(ID_1,ID_2,…,ID_n)                       (ID)
```

图 4-4 随机 Hash-Lock 协议认证过程

由图 4-4 可知，阅读器首先查询电子标签，标签返回一个随机数 R 和 H（ID$k \parallel R$）。阅读器对数据库中的所有电子标签计算 H（ID$\parallel R$），直到找到相同的 Hash 值为止。

该协议利用伪随机数，使电子标签响应每次都会变化，解决了电子标签的隐私问题，实现了阅读器对电子标签的认证，同时也没有密钥管理的麻烦。但电子标签需要增加 Hash 函数和随机数模块，增加了功耗和成本。再者，它需针对所有标签计算 Hash，对于电子标签数量较多的应用，计算量太大。更进一步，该协议对重放攻击没有抵御能力。最后，阅读器把 IDk 返回给电子标签，试图让电子标签认证阅读器，但却泄漏了电子标签的数据，若去掉这一步，协议安全性可得到提高。

③ Xingxin（Grace）Gao 等提出的用于供应链的 RFID 安全和隐私方案。Xingxin（Grace）Gao 等在论文 "*An approach to security and privacy of rfid system for supply chain*" 中提出该协议。协议规定标签内置一个 Hash 函数，保存 Hash（TagID）和 ReaderID。其中 ReaderID 表示合法阅读器的 ID，若需要移动到新的地点，则用旧的 ReaderID 或保护后更新为新的 ReaderID。数据库中保存所有标签的 TagID 和 Hash（TagID）。其协议流程如图 4-5 所示。

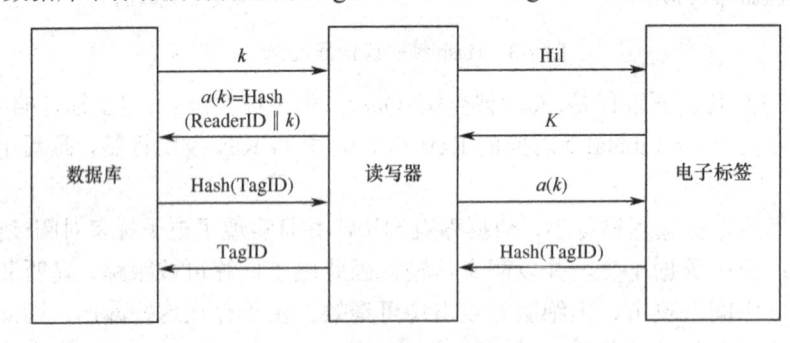

图 4-5 供应链 RFID 协议流程

其协议执行步骤为：

（a）阅读器向电子标签发送查询命令；

（b）电子标签生成随机数 k 并通过阅读器转发给数据库；

（c）数据库计算 $a(k)$=Hash(ReaderID $\parallel k$)并通过阅读器转发给电子标签；

（d）电子标签同样计算 $a(k)$，以认证阅读器，若认证通过则将 Hash(TagID)通过阅读器转发给数据库；

（e）数据库通过 Hash(TagID)查找出 TagID 并发给阅读器。

该协议基本解决了机密性、真实性和隐私性问题。其优点主要是简单明了，数据库查询速度快。缺点一是需要一个 Hash 函数，增加了标签成本、功耗和运行时间；二是攻击者可重放数据欺骗阅读器；三是非法阅读器可安装在合法阅读器附近，通过监听 Hash(TagID)跟踪标签；四是一个地点的所有电子标签共享同一个 ReaderID，安全性不佳；五是阅读器和电子标签中的 ReaderID 的管理难度较大。

④ 欧阳麒等提出一种基于相互认证的安全 RFID 系统,该协议是对上述 Xingxin(Grace) Gao 等提出协议的改进。其改进主要是在 Gao 协议之后添加了阅读器对电子标签的认证和加密信息的获取两个步骤。其中电子标签添加了加密信息 E(useinfo)。其协议流程如图 4-6 所示。

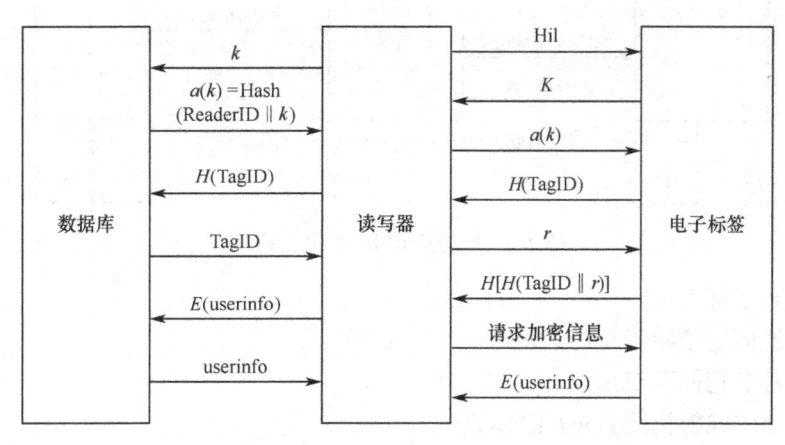

```
数据库 ←——k——— 读写器 ———Hil———→ 电子标签
       a(k)=Hash              K
       (ReaderID ∥ k)
                              a(k)
       H(TagID)
                              H(TagID)
       TagID
                              r
       E(userinfo)
                              H[H(TagID ∥ r)]
                              请求加密信息
       userinfo
                              E(userinfo)
```

图 4-6 相互认证 RFID 安全系统

图 4-6 中的粗线条表示该协议在原协议之后增加的步骤。增加的步骤为:
(a)阅读器向标签发送随机数 r;
(b)电子标签计算并返回其 $H[H(TagID) \parallel r]$;
(c)阅读器同样计算并对比 $H[H(TagID) \parallel r]$,若相等则认为电子标签通过认证;
(d)阅读器请求电子标签中的加密信息;
(e)电子标签返回加密信息 $E(userinfo)$,并通过阅读器转发给数据库;
(f)数据库查找电子标签加密证书,解密信息后将明文 userinfo 返回给阅读器。

该协议声称阅读器用随机数 r 挑战电子标签可认证标签,从而防止假冒电子标签。但是假冒电子标签可通过窃听得到 $H(TagID)$,因此假冒电子标签也可生成 $H[H(TagID) \parallel r]$。因此实际上达不到目的。当然,若将认证数改为 $H(TagID \parallel r)$,则可达到目的。另一个问题是 $E(userinfo)$ 是不变的,进一步加重了原协议存在的跟踪问题。并且既然阅读器始终要从服务器取得 userinfo,其实不如直接把 userinfo 保存在数据库中,在原协议中返回 TagID 时直接返回更为简捷。毕竟协议中引入的证书加密一是增加了电子标签存储容量,二是增加了证书管理的困难。其他方面该协议与原协议没有区别。综合考虑,该方案不如原方案实用。

⑤ 王新峰等提出的移动型 RFID 安全协议。王新峰等人在论文"移动型 RFID 安全协议及其 GNY 逻辑分析"中提出该协议。协议要求标签内嵌一个 Hash 函数,保存 ID 和一个秘密值 s,并与数据库共享。其协议流程如图 4-7 所示。

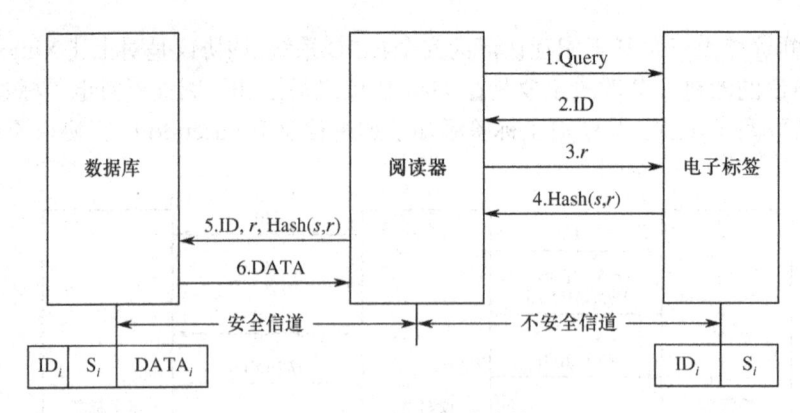

```
┌─────────────┐              ┌─────────┐   1.Query    ┌─────────┐
│             │              │         │ ──────────→  │         │
│             │              │         │   2.ID       │         │
│             │              │         │ ←──────────  │         │
│   数据库    │              │  阅读器 │   3.r        │ 电子标签│
│             │              │         │ ──────────→  │         │
│             │ 5.ID,r,Hash(s,r)│      │   4.Hash(s,r)│         │
│             │ ←──────────  │         │ ←──────────  │         │
│             │  6.DATA      │         │              │         │
│             │ ──────────→  │         │              │         │
└─────────────┘              └─────────┘              └─────────┘
      ↕         安全信道          ↕      不安全信道        ↕
  ┌──┬──┬─────┐                                        ┌──┬──┐
  │ID_i│S_i│DATA_i│                                    │ID_i│S_i│
  └──┴──┴─────┘                                        └──┴──┘
```

图 4-7 移动型 RFID 安全协议

该协议执行步骤为：

（a）阅读器向电子标签发送查询命令；

（b）电子标签返回其 ID；

（c）阅读器生成随机数 r 并发给标签；

（d）电子标签计算 Hash(s,r) 并通过阅读器转发给数据库；

（e）数据库针对所有电子标签匹配计算，如找到相同值则把电子标签数据发给阅读器。

该协议基本解决了机密性、真实性和隐私性问题。优点主要是简单明了。缺点一是需要一个 Hash 函数，增加了电子标签的成本、功耗和运行时间；二是攻击者可重放数据欺骗阅读器；三是 ID 不变攻击者可跟踪电子标签；四是密钥管理难度大。

⑥陈雁飞等提出的安全协议。陈雁飞等在论文《基于 RFID 系统的 Reader-Tag 安全协议的设计及分析》中提出该协议。该协议要求标签具有两个函数 H 和 S，并存储标志符 ID 和别名 Key。数据库存储所有标签的 H(Key)、ID 和 Key。每次认证成功后别名按照公式 Key=S(Key) 进行更新。为使失步状态可以恢复，数据库为每个标签存储两条记录，分别对应数据变化前后的数据，这两条记录通过字段 Pointer 可相互引用。其协议流程如图 4-8 所示。

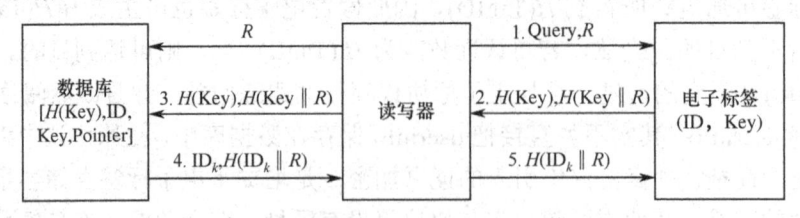

```
┌──────────────┐      R        ┌────────┐  1.Query,R   ┌─────────┐
│   数据库     │ ←──────────── │        │ ──────────→  │         │
│ [H(Key),ID,  │ 3.H(Key),H(Key‖R)│读写器│ 2.H(Key),H(Key‖R)│电子标签│
│  Key,Pointer]│ ──────────→   │        │ ←──────────  │(ID，Key)│
│              │ 4.ID_k,H(ID_k‖R)│      │ 5.H(ID_k‖R) │         │
│              │ ←──────────── │        │ ──────────→  │         │
└──────────────┘                └────────┘              └─────────┘
```

图 4-8 Reader-Tag 安全协议流程

该协议执行步骤为：

（a）阅读器用随机数 R 询问电子标签；

（b）电子标签计算 H(Key) 和 H(Key‖R) 并通过阅读器转发给数据库；

（c）数据库利用 H(Key) 进行搜索，找到记录计算并比较 H(Key‖R)，若相等则认证通

过,更新 Key=S(Key),然后计算 H(ID ‖ R)并通过阅读器转发给电子标签;

(d)电子标签通过计算 H(ID ‖ R)认证阅读器,若通过则更新 Key=S(Key)。

该协议基本解决了 RFID 系统的隐私性、真实性和机密性问题。其优点是数据库搜索速度快,并可从失步中恢复同步。其缺点一是电子标签需要两个 Hash 函数,进行 4 次 Hash 运算,成本、功耗和运行时间都会增加较多;二是攻击者用相同的 R 查询电子标签,虽然通不过认证,但标签的 Key 不会变化,因此每次都会返回相同的 H(Key),这样电子标签仍然能被跟踪;三是电子标签存在数据更新,识别距离减半。

⑦ 基于 Hash 的 ID 变化协议。基于 Hash 的 ID 变化协议与 Hash 链协议类似,在每一次认证过程中都改变与阅读器交换的信息。在初始状态,标签中存储 ID、TID(上次发送序号)、LST(最后一次发送序号),且 TID=LST;后端数据库中存储 H(ID)、ID、TID、LST、AE。认证过程如图 4-9 所示。

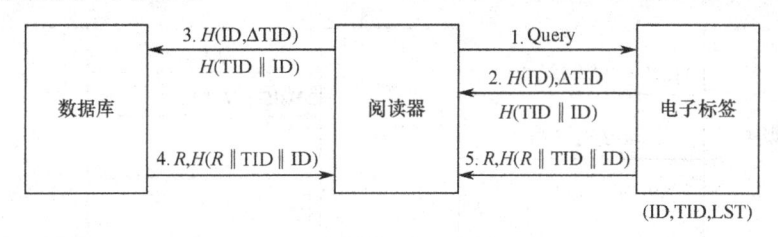

图 4-9 ID 变化协议认证过程

如图 4-9 中所示,协议运行过程如下:

(a)阅读器向电子标签发送查询命令;

(b)电子标签将自身 TID 加 1 并保存,计算 H(ID)、ΔTID=TID−LST、H(TID ‖ ID),然后将这 3 个值发送给阅读器;

(c)阅读器将收到的 3 个数转发给数据库;

(d)数据库根据 H(ID)搜索电子标签,找到后利用 TID=LST+ΔTID 计算出 TID,然后计算 H(TID ‖ ID),并与接收到的电子标签数据比较,如果相等则通过认证;通过认证后,更新 TID、LST=TID 及 ID=ID⊕R,其中 R 为随机数;然后数据库计算 H(R ‖ TID ‖ ID),并连同 R 一起发送给阅读器;

(e)阅读器将收到的两个数发送给电子标签;

(f)电子标签利用自身保存的 TID、ID 及收到的 R 计算 H(R ‖ TID ‖ ID),判断是否与数据库发送的数值相等,若相等则通过认证;通过认证后电子标签更新自身 LST=TID,ID=ID⊕R。

该协议比较复杂,其核心是每次会话 TID 都会加 1,TID 加 1 导致 Hash 值每次都不同,以此避免跟踪。TID 在数据库与电子标签中未必相等,但 LST 只在成功认证后才刷新为 TID 的值,因此正常情况下在数据库与电子标签中是相等的,并且仅传输 TID 与 LST 的差值,以此保证 LST 的机密性。最后,如果双方认证通过,还要刷新 ID 的值,以避免攻击者通过

H(ID)跟踪电子标签。

该协议虽然复杂，但其安全性仍然存在问题：一是由于环境变化，可能造成电子标签不能成功收到阅读器发来的认证数据，而此时数据库已经更新，电子标签尚未更新，此后该电子标签将不能再被识别；二是攻击者可查询电子标签，把获得的 3 个数据记录下来，然后重放给阅读器，从而使数据库刷新其数据，也能造成数据不同步；三是攻击者可在阅读器向电子标签发送认证数据时，施放干扰，阻断标签更新数据，同样也能造成数据不同步；四是攻击者查询电子标签，电子标签即把 H(ID)发送给了攻击者，而该数据在两次合法识别之间是不变的，因此在此期间攻击者仍然能够跟踪电子标签；五是电子标签需更新数据，与前面分析相同，只适合可写电子标签，并且识别距离缩短一半左右。

⑧ LCAP 协议。LCAP 协议每次成功的会话都要动态刷新电子标签 ID，电子标签需要一个 Hash 函数，其协议流程如图 4-10 所示。

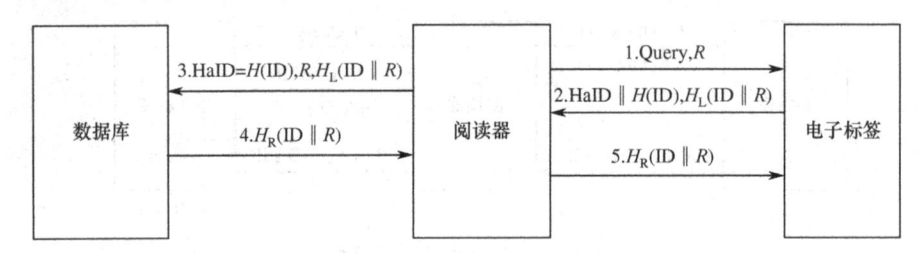

图 4-10 LCAP 协议流程

由图 4-10 可知，LCAP 协议运行步骤如下：

（a）读写器生产随机数 R 并发送给标签；

（b）电子标签计算 Hash 值 H(ID)和 H_L(ID $\|$ R)，并把这两个值一起通过阅读器转发给后端数据库，其中 H_L 表示 Hash 值的左半部分；

（c）后端数据库查询预先计算好的 Hash 值 H(ID)，如果找到则认证通过，更新数据库中的 ID $=$ ID $\oplus$ R，相应地更新其 Hash 值，以备下次查询；然后用旧的 ID 计算 H_R(ID $\|$ R)，并通过阅读器转发给电子标签；

（d）电子标签首先验证 H_L(ID $\|$ R)的正确性，若验证通过，则更新其 ID $=$ ID $\oplus$ R。

该协议基本解决了隐私性、真实性和机密性问题，并且数据库可预先计算 H(ID)，查询速度很快。其缺点：一是标签需 Hash 函数增加了成本和功耗；二是在两次成功识别之间 H(ID)不变，仍然可以跟踪电子标签；三是电子标签不能抵御重放攻击；四是电子标签需更新数据，造成识别距离减半；五是很容易由于攻击或干扰造成数据库与电子标签数据不同步，电子标签不能再被识别；六是电子标签 ID 更新后，可能与其他电子标签的 ID 重复。

⑨ 孙麟等对 LCAP 的改进协议。孙麟等提出一种增强型基于低成本的 RFID 安全性认证协议，该协议实际上对 LCAP 的一种改进，其流程如图 4-11 所示。

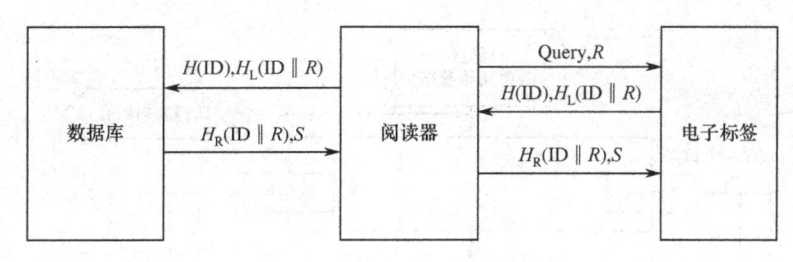

图 4-11 LCAP 改进协议流程

由图 4-11 可知，该协议与前述 LCAP 协议相似，唯一区别在于标签 ID 的更新方法。在 LCAP 中，ID = ID $\oplus$ R，而本协议中 ID $\oplus$ S，其中 S 由数据库选取，可使新 ID 能够保证唯一性，而 LCAP 协议中则不能保证唯一性。但该协议 S 以明文方式传输，极易被篡改，尤其是如果 S 被改为 0，则 ID 异或后并未发生变化，将更便于跟踪，同时也将造成数据库与电子标签更容易失步。

⑩ 薛佳楣等提出的一种 RFID 系统反跟踪安全通信协议，称为 UNTRACE。该协议规定电子标签和数据库共享密钥 K，K 同时作为电子标签的标志。电子标签将存储一个可更新的时间戳 T_t，并实现一个带密钥的 Hash 函数 H_k。数据库保存一个时间戳 T_r。T_r 每隔一定周期变化一次，当其变化是数据库预先计算时保存所有电子标签的 Hash 值 $H_k(T_r)$。其运行步骤如下：

（a）读写器发送当前时间戳 T_r 到电子标签；

（b）电子标签比较时间戳 T_r 与 T_t，若 T_r 大于 T_t，则阅读器合法，用 T_r 更新 T_t，计算并返回 $H_k(T_r)$；

（c）后端数据库搜索电子标签返回值，若有效则认证通过，此处 T_r 作为时间戳。

该协议基本解决了隐私性、真实性和机密性问题。其优点：一是提出了通过时间戳的自然变化防止标签跟踪；二是数据库可预先计算，搜索速度快。其缺点：一是由于 T_r 并不具有机密性，攻击者很容易伪造较大的时间戳通过电子标签的验证，此后该电子标签将不能被合法阅读器识别；二是在服务器的时间戳增加之前，电子标签不能被多次识别；三是若服务器时间戳变化太快，则数据库刷新过于频率，计算量太大；四是 Hash 函数增加了电子标签成本、功耗和响应时间；五是电子标签需更新数据，造成识别距离减半；六是需要引入密钥管理。

⑪ 杨骅等提出的适用于 UHF RFID 认证协议的 Hash 函数构造算法。该算法共选取 4 个混沌映射，分别为帐篷映射、立方映射、锯齿映射和虫口映射。将每两个映射作为一组，共可以组成 6 组，映射组合的选择由读写器通过命令参数传输给电子标签。算法的目标是从初值中计算得到一个 16 位的数作为 Hash 值，其流程如图 4-12 所示。

该算法设计较为复杂，但混沌映射的安全性未经证明，难以在实际系统中应用，且缺乏对其时空复杂度是否适合电子标签的论述。

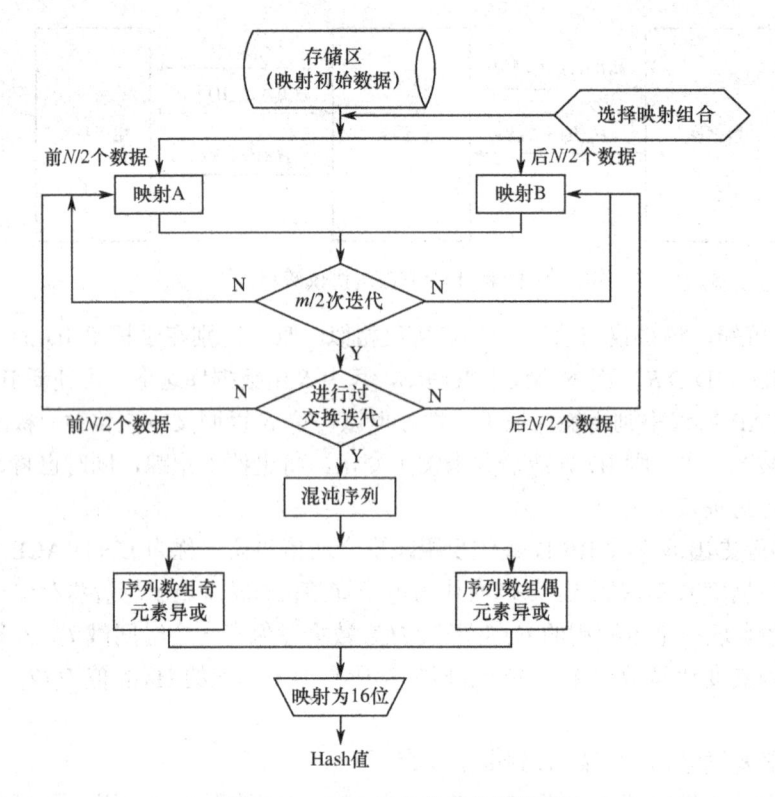

图 4-12 Hash 函数构造算法流程

(2) 基于随机数机制的安全通信协议。

① Namje Park 等提出的用于移动电话的 UHF RFID 隐私增强保护方案。该方案主要基于移动电话集成 RFID 阅读器，其设想是用户购买商品后马上把电子标签的原 ID 结合随机数加密后生成新的 ID 并写入到电子标签中。当需要根据 ID 查询商品信息时，再用手机解密，并且再次生成并写入新的随机密文。其协议流程如图 4-13 所示。

在图 4-13 中，ODS 表示对象目录服务，IDo 表示原 ID，IDe 表示临时 ID。

该方案的优点是简单，标签不需要增加任何功能。其缺点为

- 用户的移动电话需要集成阅读器；
- 用户需要经常对电子标签加密，当商品数量比较多时尤其困难；
- 密钥管理困难，密钥的分配和更新难度非常大；
- 未考虑相互认证，攻击者可以向电子标签写入任何数据；
- 在两次更新之间，攻击者可以跟踪电子标签。

② Leonid Bolotnyy 等提出的基于 PUF 的安全和隐私方案。PUF（Physically Unclonable Function）函数实际上是一种随机数发生器，其输出依赖于电路的线路延时和门延时在不同芯片之间的固有差异，这种延时实际上是由一些不可推测的因素引起的，如制造差异、量

子波动、热梯度、电子迁移效应、寄生效应以及噪声等，因此难以模拟、预测或复制一个优秀的 PUF 电路。PUF 对于相同的输入，即使完全相同的电路都将产生不同的输出。PUF 需要的芯片面积很小，估计一个产生 64 bit 输出的 PUF 大约需要 545 个门。由于物理攻击需要改变芯片的状态，会对 PUF 产生影响，因此 PUF 具有很好的抗物理攻击性能。

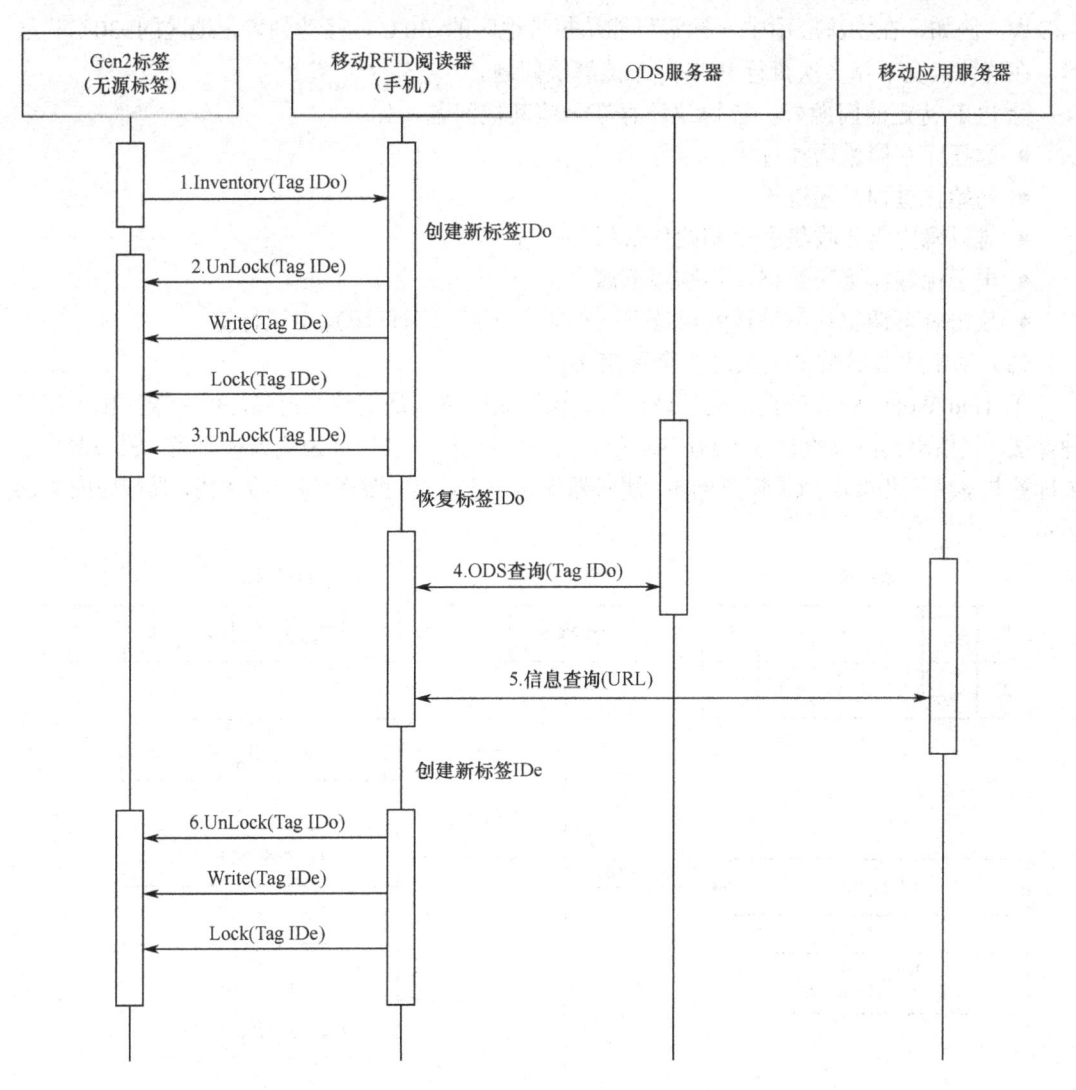

图 4-13　UHF RFID 隐私增强保护方案

作者提出的认证协议非常简单：假设标签具有一个 PUF 函数 p，一个 ID，则每次阅读器查询电子标签时，电子标签返回 ID，并更新 ID=p(ID)。由于 PUF 的不可预测性，数据库必须在初始化阶段，在一个安全的环境中把这些 ID 序列从标签中收集并保存起来。

PUF 函数本身受到两个问题的制约：一个是对于相同输入，两个 PUF 产生相同输出的概率；另一个是对于相同输入，同一个 PUF 产生不同输出的概率。第一个问题要求不同的 PUF 之间要有足够的区分度，第二个问题是要求同一个 PUF 要有足够的稳定度。对于稳定度问题，作者建议 PUF 执行多次，然后取概率最大的输出。但是即使如此，电子标签工作的环境变化也较大，例如，在物流应用中，标签可能从热带地区的 30℃，移动到寒带地区的-30℃。显然，在这种情况下靠多次执行 PUF 并不能解决问题。

除 PUF 特定的问题外，该协议还存在一些其他问题，如

- 数据库存储量增加过大；
- 初始化过程时间过长；
- 难以确定需要收集多少初始化数据；
- 电子标签需更新数据，识别距离减半；
- 攻击者可调整功率使标签可读取，但不可更新，即可跟踪电子标签。

（3）基于服务器数据搜索的安全通信协议。

① Hun-Wook Kim 等提出的认证协议。该协议的特点是基于流密码，但并未指出采用何种算法，仅指出其协议流程基于挑战响应协议，并且认证成功后其密钥会被更新。服务器与电子标签共享密钥和 ID。为了恢复同步，服务器端保存上次成功密钥和当前密钥，具体如图 4-14 所示。

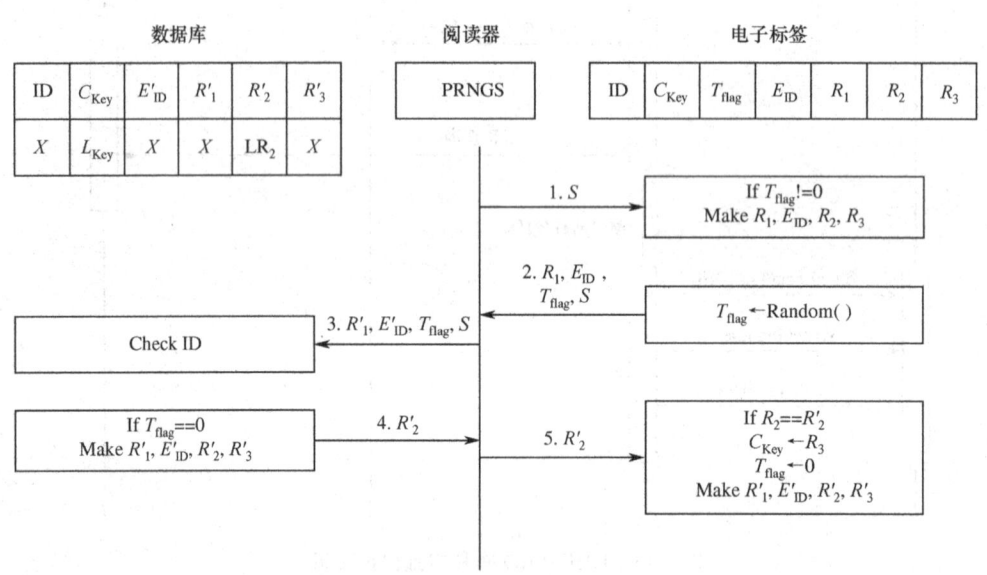

图 4-14 Hun-Wook Kim 认证协议流程

如图 4-14 所示，C_{Key} 表示当前密钥；L_{Key} 表示最后一次成功的密钥；T_{flag} 表示上次认证电子标签是否成功更新密钥，上次成功则 $T_{flag}=0$，否则为随机数；E_{ID} 表示加密后的 ID；R_1、

R_2、R_3 表示流密码模块生成的密钥流中的前三个字。

协议执行时数据库针对所有电子标签数据生成密钥流并与 R_1 进行比较,若相等则认证通过,然后 R_2 把密钥流发到电子标签;电子标签与 R_2 进行比较,若相等则认证通过。双方在认证通过时,将把当前密钥更新为 R_3。

该协议的特点是当 T_{flag} 标志表明密钥同步时用 $f(ID \| Key)$ 生成密钥流,其中没有随机性,数据库可以预先计算存储密文,从而大大加快了搜索速度。而当发现密钥不同步时,则用 $f(ID \oplus T_{flag} \| Key \oplus S)$ 生成密钥流,其中包含随机性,又避免了跟踪问题。

该协议基本解决了隐私性、真实性和机密性问题,其优点为

- 提出用流密码实现,比分组密码复杂度低;
- 利用密钥更新增大了破解难度;
- 当密钥同步时,数据库搜索很快。

其缺点为

- 当密钥不同步时,数据库需要针对所有电子标签进行加密运算,不适合较大的系统;
- 当攻击者给阅读器发送任意数据时,将引起数据库执行全库计算,非常容易产生拒绝服务;
- 电子标签需要更新数据,造成识别距离减半。

② 裴友林等提出的基于密钥矩阵的 RFID 安全协议。该协议的特点是以矩阵作为密钥。加密是明文与密钥矩阵相乘得到密文。解密时与其逆矩阵相乘得到明文。该协议涉及 3 个数据:密值 S,密钥矩阵 K_1 和 K_2。电子标签具备矩阵运算能力,其中保存 S、K_1 和 K_2^{-1}。数据库中保存 X、K_1^{-1} 和 K_2,其中 $X = K_1^{-1}S$。每次成功认证后 S 会用随机值更新,X 的值也对应更新。其协议流程如图 4-15 所示。

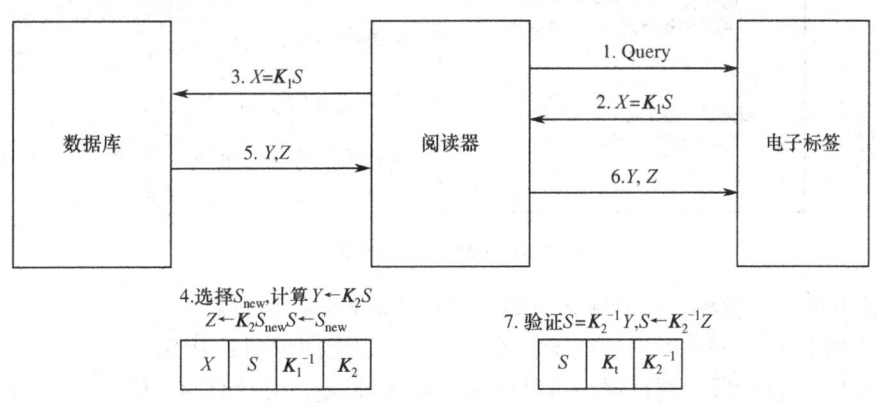

图 4-15 密钥矩阵 RFID 安全协议

其执行步骤为:

(a) 阅读器询问电子标签;

(b) 电子标签计算 $X = K_1S$,并将其通过阅读器转发给数据库;

（c）后端数据库查找 X，计算 $\boldsymbol{K}_1^{-1}X$ 并与数据库中的 S 比较，若相等则认证通过；然后计算 $Y=\boldsymbol{K}_2S$；选取 S_{new}，计算 $Z=\boldsymbol{K}_2S_{new}$，用 S_{new} 和 X_{new} 更新数据库字段；把 Y、Z 通过阅读器转发给电子标签；

（d）电子标签用 Y 计算出 S 认证阅读器，若认证通过，则用 Z 计算出 S_{new} 更新原 S。

由于数据库中的 X 本身是用 S 计算出来的，如果数据库查到 X 即可表明认证通过，因此协议用 X 计算出 S 再与数据库的 S 比较进行认证是多余的，实际上数据库中只保存 S 或 X 之一即可。

该协议基本解决了隐私性、真实性和机密性问题。其优点为：一是数据库搜索速度很快；二是引入密钥矩阵加密，运算量不大。其缺点为：一是矩阵乘法加密的安全性堪忧，只要一个明文和密文即可破解密钥；二是如果用低阶矩阵，甚至难以对抗唯密文攻击，高阶矩阵则存储容量很大，而且矩阵阶数难以确定；三是在两次成功认证之间仍然可以跟踪电子标签；四是很容易由于干扰或攻击造成失步，一旦失步，电子标签不能再被合法阅读器识别，同时可一直被非法阅读器跟踪；五是电子标签需更新数据，造成识别距离减半；六是需要引入密钥管理。

（4）基于逻辑算法的安全通信协议。Pedro Peris-Lopez 等提出的 LMAP 协议，该协议中标签存储其 ID，一个别名为 IDS，4 个密钥 K_1、K_2、K_3、K_4，并能执行按位"与∧"、"或∨"、"异或⊕"及"模 $2m$ 加+" 4 种运算（编者注：其实后续协议并未用到"与"运算），其协议流程如图 4-16 所示。

电子标签→识别
阅读器→电子标签：Hello
电子标签→阅读器：IDS

相互认证
阅读器→电子标签：$A \parallel B \parallel C$
电子标签→阅读器：D

$A=IDS_{tag(i)}^{(n)} \oplus K_{1tag(i)}^{(n)} \oplus n_1$ ①

$B=IDS_{tag(i)}^{(n)} + vK_{2tag(i)}^{(n)} + n_1$ ②

$C=IDS_{tag(i)}^{(n)} + K_{3tag(i)}^{(n)} + n_2$ ③

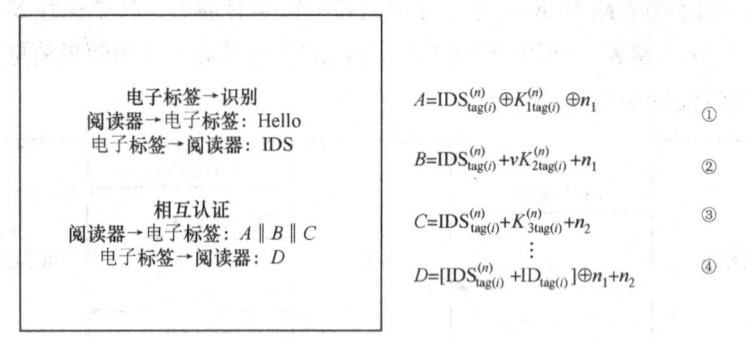

$D=[IDS_{tag(i)}^{(n)} + ID_{tag(i)}] \oplus n_1 + n_2$ ④

图 4-16 LMAP 协议流程

其协议分成三个步骤：电子标签识别、相互认证和数据更新。

① 在识别阶段，阅读器询问电子标签，电子标签返回识别名 IDS；

② 在相互认证阶段，阅读器生成两个随机数 n_1 和 n_2，并计算 A、B、C 三个数，然后把这三个数发给电子标签。电子标签从 A 中计算出 n_1，然后用 B 认证阅读器，用 C 得到 n_2，最后计算 D 并发给阅读器，阅读器用 D 认证电子标签。A、B、C、D 的计算公式如图 4-16 所示。

③ 认证通过后双方更新 IDS、K_1、K_2、K_3、K_4，其更新公式如图 4-17 所示。

$$\text{IDS}_{\text{tag}(i)}^{n+1} = \left\{ \text{IDS}_{\text{tag}(i)}^{(n)} + \left[n_2 \oplus K_{4\text{tag}(i)}^{(n)} \right] \right\} \oplus \text{ID}_{\text{tag}(i)} \qquad ①$$

$$K_{1\text{tag}(i)}^{(n+1)} = K_{1\text{tag}(i)}^{(n)} \oplus n_2 \oplus [K_{3\text{tag}(i)}^{(n)} + \text{ID}_{\text{tag}(i)}] \qquad ②$$

$$K_{2\text{tag}(i)}^{(n+1)} = K_{2\text{tag}(i)}^{(n)} \oplus n_2 \oplus [K_{4\text{tag}(i)}^{(n)} + \text{ID}_{\text{tag}(i)}] \qquad ③$$

$$K_{3\text{tag}(i)}^{(n+1)} = [K_{3\text{tag}(i)}^{(n)} \oplus n_1] + [K_{1\text{tag}(i)}^{(n)} \oplus \text{ID}_{\text{tag}(i)}] \qquad ④$$

$$K_{4\text{tag}(i)}^{(n+1)} = [K_{4\text{tag}(i)}^{(n)} \oplus n_1] + [K_{2\text{tag}(i)}^{(n)} \oplus \text{ID}_{\text{tag}(i)}] \qquad ⑤$$

图 4-17 LMAP 协议更新公式

该协议基本解决了隐私性、真实性和机密性问题，其优点有
- 对标签的计算能力要求不高；
- 数据库搜索速度快。

其缺点有
- 采用的算法非常简单，安全性存疑；
- 在两次认证之间可以跟踪电子标签；
- 很容易由于干扰或攻击失去数据同步；
- 失同步后，攻击者可跟踪电子标签或用重放数据哄骗阅读器和电子标签；
- 电子标签需更新数据，造成识别距离减半。

为了解决数据同步问题，进一步提出了 LAMP+，其改进在于每个电子标签保存更多的别名，以备失步时使用。这种改进增大了电子标签和数据库容量，且效果有限。

（5）基于重加密机制的安全通信协议。给电子标签重命名可以缓解隐私问题。一类重命名方案需要在线数据库，在数据库中建立别名与 ID 的对应关系。重加密机制是一种不需要在线数据库的重命名方法。

重加密方法使用公钥加密机制，但仅依靠读写器完成运算，而电子标签不参与运算，只存储相关数据。

Juels 等人提出的用于欧元钞票上的建议给出了一种基于椭圆曲线体制的实现方案。该方案在钞票中嵌入 RFID 芯片，除认证中心以外，任何机构都不能够识别标签 ID（钞票的唯一序列号）。重加密时，重加密读写器以光学扫描方式获得钞票上印刷的序列号，然后用认证中心的公钥对序列号及随机数加密后重新写入芯片。由于每次加密结果不同，因此防止了跟踪。

G.Avoine 等人指出了 A.Juels 等人的方案存在缺陷，例如，在重加密时，重加密读写器首先要获得明文（钞票序列号），于是重加密读写器可以跟踪和识别钞票，这侵犯了用户隐私。P.Golle 等人提出了通用重加密方案，该方案使用 ElGamal 算法的同态性实现了无须明文直接对密文进行加密的特性，同时还做到了公钥保密。但是 Saito J 等人指出通用重加密方案易受"取消重加密攻击"和"公钥替换攻击"，其中"取消重加密攻击"手段可以采取简单措施防范，但"公钥替换攻击"尚无良好解决办法。Saito J 等提出的两个解决方案：

一个需要在标签内实现公钥解密;另一个需要读写器在线。李章林等人提出了"抗置换"、"检测置换"和"防置换跟踪"三种解决方案,但同时也指出了第一种方案要求标签有较强计算能力;第二种方案要求阅读器检测时用到电子标签私钥;第三种方案则仍然留有漏洞。在另一篇论文中,李章林等人又提出了另一个方案,但仅限于3 000左右个逻辑单元和1 120 bit的存储区。

重加密方法的优点是对标签要求低,但仍然存在一些缺点:一是需要比较多的重加密读写器,造成系统成本较高;二是需要引入复杂密钥管理机制;三是在两次重加密间隔内,电子标签别名不变,易受跟踪;四是易受"公钥替换攻击";五是标签可写且无认证,非常容易被篡改;六是读写器易受到重放和哄骗攻击;七是系统实用性不强,无论是由商人,还是由用户对每张钞票施行重加密都缺乏可行性,而如果由银行实施,则钞票被重加密的间隔时间太长,防跟踪意义不大。

2) 密码相关技术小结

由上述可以看出有众多的专家学者提出各种名目繁多、花样翻新的方案。这些方案采用的密码学机制主要有Hash函数,随机数生成器,标签数据更新,服务器数据搜索,CRC,"异或"、"与"、"或"、"加"、"乘"、"校验和"、"比特选取"等算术逻辑运算,对称加密,公钥加密,混沌加密,别名机制,挑战响应协议,PUF等。这些方案综合选用这些机制,使RFID空中接口的隐私性、真实性、机密性等问题得到了部分或全部解决。但是这些方案或多或少都存在着一些问题。有些问题属于设计上的疏忽,可以加以改进,但有些问题是方案所固有的。其中值得注意的有以下几点。

(1) 凡是采用电子标签数据更新机制的方案,由于需要解决数据同步问题,因此稍有疏忽就会留下很多漏洞,而且即使解决了数据同步问题,仍然存在着最致命的问题,即EEPROM的读出电压为3～5 V,写入电压高达17 V。目前绝大多数电子标签均采用EEPROM,实践发现其读取距离将降低一半左右,因此电子标签数据更新机制应尽量予以避免。

(2) 不少方案需要利用数据库完成对电子标签的认证,其中很多方案需要针对所有电子标签进行暴力计算。暴力搜索方案仅仅适合电子标签数量较少的场合,如一个单位的门禁系统,但是对于生产、物流、零售、交通等电子标签很多的场合则并不实用。有些方案让所有电子标签共享相同的密钥以避免暴力搜索,这种方案存在的问题是一旦一个电子标签的密钥被破解,则整个系统将会面临危险;另一个问题是,数据库搜索方案一般都需要数据库实时在线,对于有些应用系统来说是很难实现的。还有一些方案则对每个电子标签保存了很多条记录,大大增加了数据量,也是不利于实际实现的。

(3) 不少方案都利用了密值、密码、别名或密钥等概念。这里存在的问题是,如果所有电子标签都共享相同的密值,则系统安全性面临着较大的威胁;如果每个标签的密值不同,则它们的管理难度较大。系统不仅要处理密值的生成,写入电子标签,更难的是它们的更新。在同一个地点要确定合适的更新周期,移动到新的地点则要处理后台密钥的传输。

（4）有些方案采用了一些非常简单的运算作为加密函数或 Hash 函数，如 CRC 和一些自行设计的简单交换。对于这种方案，即使其协议设计完善，但由于其算法未经验证，难以在实践中采用。

（5）很多采用别名的方案存在别名数量难以确定的问题。增加别名数量有利于安全性的提高，但却需要增加电子标签的容量。如果采用 EPC 码 96 位作为一个别名，则 1 KB 的电子标签仅能存储 10 多个标签，对于很多应用来说是远不能满足需求的。

（6）有些方案对标签要求太高，基本不能使用，如需要进行 3 次以上的 Hash 运算，还有的需要存储数百千比特的公钥。

（7）有些方案（如 PUF 方案）目前尚不成熟，难以实际采用。当然也有些方案设计比较完善，几乎没有漏洞，也有较佳的实用性，这种方案一般都基于传统的挑战响应协议和经典的密码算法。另外，基于公钥的算法密钥管理简单，如果运算速度较快，密钥较短的算法也应优先采用。

3. 几种高频 RFID 安全方案

对于 13.56 MHz 频率的 RFID 标签，目前已经有几种可行的方案，下面介绍两种方案。

1）恩智浦 MIFARE I 芯片

恩智浦公司的 MIFARE 系列是符合 ISO—14443 Type A 标准的电子标签。其中采用的认证协议符合国际标准 ISO 9798—2 "三通相互认证"，采用 CTYPT01 流密码数据算法加密。

相互认证的过程如下：

① 阅读器发送查询电子标签；

② 电子标签产生一个随机数 R_A，并回送给阅读器；

③ 阅读器则产生另一个随机数 R_B，并使用共同的密钥 K 和共同的密码算法 E_K，算出一个加密数据 $T_1 = E_K(R_A \parallel R_B)$，并将 T_1 发送给标签；

④ 电子标签解密 T_1，核对 R_A 是否正确，若正确则阅读器通过认证，然后生成一个随机数 R_C，并计算 $T_2 = E_K(R_B \parallel R_C)$，最后将 T_2 发送给阅读器；

⑤ 阅读器解密 T_2，核对 R_B 的正确性，若正确则电子标签通过认证。

MIFARE 系列的 CTYPT01 流密码加密算法密钥为 48 位，其算法是非公开的，但 2008 年德国研究员亨里克·普洛茨和美国弗吉尼亚大学计算机科学在读博士卡尔斯滕·诺尔利用计算机技术成功破解了其算法。攻击者只需破解其 48 位密钥即可将其安全措施解除，由于其密钥长度太短，对于随机数以时间为种子等问题，现在有关其破解的报导较多，已经出现了专门的 ghost 仿真破译机，可随心所欲地伪造 MIFARE 卡。

2）中电华大 C11A0128M-B

北京中电华大公司最新推出的电子标签芯片 C11A0128M-B 也支持 ISO—14443 Type A 协议。与 MIFARE 卡一样都采用三通认证机制，其区别主要在于算法使用国产的 SM7 分组算法。由于该算法采用 128 位的密钥，因此安全性要比 MIFARE 高得多。

4.3 传感器网络安全

随着无线网络技术和微电机（MEMS）技术的发展，形成了一种新的科学领域——分布式（无线）传感器网络。这些可编程的、小型的自组织传感器网络被广泛应用于军事、医疗、设备维护和安防领域。该传感器网络能量低、带宽有限、存储有限，同时具有不同的数据通信模型。传统的移动网络通信模式是多对多的自组织网络，而传感器网络的通信模型除了具有多对多的特性，还有多对一的特性。传感器节点通常都不具备计算能力，一旦需要进行数据计算，传感器节点将把要计算的任务交给具有计算能力的中心节点进行。传感器网络的安全威胁有别于传统的移动网络。当前使用于移动网络的安全解决方案不适合资源有限的传感器网络。随着传感器网络的广泛应用，传感器网络的认证和可靠性机制及相应的安全网络控制协议一定能得到妥善的解决。

4.3.1 传感器网络概述

1. 基本结构

传感器网络是由大量具有感知能力、计算能力和通信能力的微型传感器节点构成的自组织、分布式网络系统。在传感器网络中，搭载各类集成化微型传感器的传感器节点协同实时监测、感知和采集各种环境或监测对象的信息，并对其进行处理，最终通过自组织无线网络以多跳中继方式将所感知的信息结果传输到用户手中。

传感器节点主要由传感、数据处理、通信和电源四部分构成。根据具体应用的不同，还可能会有定位系统以确定传感节点的位置，有移动单元使得传感器可以在待检测地域中移动，或具有供电装置已从环境中获得必要的能源。此外，还必须有一些应用相关部分，例如，某些传感器节点有可能在深海或者海底，也有可能出现在化学污染或生物污染的地方，这就需要在传感器节点的设计上采用一些特殊的防护措施。

由于在传感器网络中需要大规模地配置传感器，为了降低成本，传感器一般都是资源十分受限的系统，典型的传感器节点通常只有几兆赫或十几兆赫的处理能力以及十几千字节的存储空间，通信速度、带宽也十分有限。同时，由于大多数应用环境中传感器节点无法重新充电，体积微小，其本身所能携带的电量也十分有限。

在传感器网络中，节点散落在被监测区域内，节点以自组织形式构成网络，通过多跳中继方式将监测数据传到基站节点或者基站，最终借助长距离或临时建立的基站节点链路将整个区域内的数据传输到远程中心进行集中处理。无线传感器网络的结构如图 4-18 所示。

从传感器网络结构中可以看出，节点对监控区域进行数据采集，并与网络内节点进行信息交互，连接网关节点，最终通过网关节点连接到互联网，把数据传输到后端的管理系统，管理系统根据采集到的数据对节点进行管理和控制。

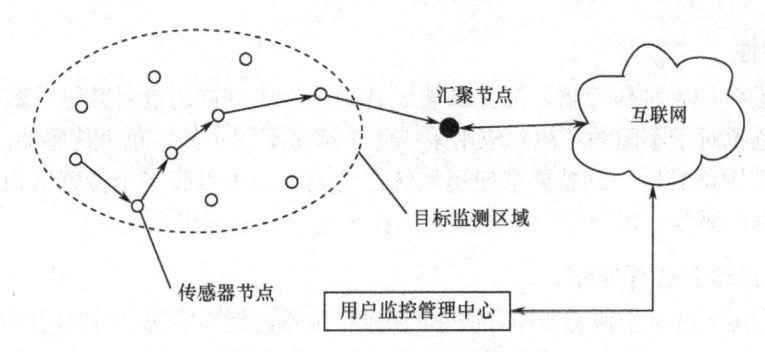

图 4-18　无线传感器网络结构

2．资源特性

传感器通常不具备计算能力，通常使用电池供电，使用无线通信方式。表 4-2 为三种无线传感器的技术规格，分别是 Crossbow 公司的 MICA2、iMote 和 CSIRO 公司的 FLECK。

表 4-2　三种不同类型传感器的技术规格

项目	MICA2	FLECK	iMote
处理器	3 MHz,Atmel ATMegal28L	4 MHz,Atmel ATMegal28L	13～416 MHz,Intel PXA271 Xscale
内存	128 KB 可编程 Flash 4 KB RAM	512 KB 可编程 Flash 4 KB RAM	256 KB SRAM 32 MB SDRAM
外部存储	512 KB 串行 Flash	1 MB（Fleck3）	32 MB Flash
默认电源	2.7～3.3 V	1.3～5.3 V 带有太阳能充电电路	3.2～4.5 V 3 节 AAA 电池
睡眠模式	<15 mA	230 mA	390 mA
频段	916 MHz	433 MHz	2 400 MHz
LED 指示	3 只 LED 指示灯	3 只 LED 指示灯	—
尺寸	58 mm×38 mm	60 mm×60 mm	36 mm×48 mm×9 mm
范围	300 m	500 m	30 m（集成天线）
系统	TinyOS	TinyOS	TinyOS

由表 3-2 可以看出，感知设备的资源特性有如下几种。

（1）存储有限。绝大多数的传感器都是比较小型化的设备，具有相对较小的存储容量。例如，MICA2 只有 4 KB 的 RAM 和 128 KB 的 Flash。这意味着安全加密协议的代码量及占用存储资源不能大于传感器的有限存储。

（2）能量有限。多数传感器使用电池供电，或者使用电磁感应的方式获取能量。例如，iMote 使用 3 节 AAA 电池供电，即使在睡眠模式下也难以维持较长的工作时间。对于部署无人环境下的传感器而言，应当尽量降低功耗，延长设备的使用寿命。但是，安全机制的实现，如数据加/解密、密钥存储、管理、发送等，将大大消耗传感器的电能。

3. 网络特性

作为感知设备的各种传感器,为了部署于各种环境中并同时能对其进行数据采集,传感器的数量、位置对于不同的环境、应用系统而言都是不固定的。单个传感器的能量有限,监测和通信的范围都有限,这就要求应用系统在检测环境中具有多个传感器相互协作,已完成对环境数据的采集,以及把数据传输到远在千里之外的应用系统中。

1) 自组织网络和动态路由

为了满足应用系统多个传感器相互协作的需要,传感器能够实现自组织网络及动态路由。

所谓的自组织网络就是指应用系统的传感器能够发现附近的其他传感器,并进行通信。例如,原先应用系统只有传感器 A,在系统中部署传感器 B 后,只要 B 在 A 的通信范围内,或者 A 在 B 的通信范围内,通过彼此自动寻找,可以很快形成一个互连互通的网络;当系统中部署传感器 C 后,只要 C 在 A 或 B 中的任何一个传感器的通信范围内,那么 C 也可以被 A 或 B 连接,从而与系统的 A、B 形成可以通信的网络。

所谓的动态路由,就是指传感器与后台应用系统的通信路径是动态的,不是固定的。传感器能够自适应的寻找最合适的路径把数据发送给后台系统。例如,原先系统中只有 A、B 两个传感器,通信路径为"A→B→后台系统",当 C 传感器加入网络后,A 传感器发现通过 C 传感器转发给后台系统的通信速度最为理想,那么通信路径变为"A→C→后台系统"。通过动态路由技术,可以保证传感网络数据能够以最为合适的方式到达后台系统。

单个传感器的传输范围有限,因此单个传感器的数据通过多个传感器的中转才能到达目的地。为了减轻整个传感器网络的负担,降低传感器网络中通信的冲突和延迟,减少通信中的冗余数据,对整个传感器网络进行划分为不同的区域,即以簇进行管理,每个簇有一个主要负责簇内数据接收、处理的基站。基站负责本簇内数据的过滤、转发,以及与其他簇基站的通信,从而使本簇节点和其他簇节点能够实现通信。而从整个网络来说,基站也是网络中的一个节点,也具有自组织的动态路由特性。

2) 不可靠的通信

多数传感器使用无线的通信方式,无线通信方式固有的不可靠性会导致数据丢失及易受到干扰。

3) 冲突和延迟

在一个应用系统中,可能有成百上千的传感器进行协同工作,而同时可以有几十个或者上百个传感器发送数据包,那么将导致数据通信冲突和延迟。

4. 物理特性

传感器通常部署在公共场合或者恶劣的环境中,而为了适应商业低成本的要求,传感器设备的外壳等材质并不能防止外界对其运行损坏。

(1) 无人值守环境。传感器通常部署于无人值守环境,难免会受到人为的破坏,也不可避免地会受到恶劣天气或者自然灾害（如台风、地震等）的影响。

（2）远程监控。坐在监控室里的管理人员通过有线或无线方式对远在千里之外的成百上千个传感器进行监控，难以发现传感器的物理损坏，也不能够及时给传感器更换电池。

▶ 4.3.2 传感器网络面临的安全威胁

传感器的资源有限，并且网络运行在较为恶劣的环境中，因此，很容易受到恶意攻击。传感器网络面临的安全威胁与传统移动网络相似，传感器网络的安全威胁主要有以下四种类型。

（1）干扰：指正常的通信信息丢失或者不可用。传感器大多使用无线通信方式，只要在通信范围之内，便可以使用干扰设备对通信信号进行干扰。也可以在传感器节点中注入病毒（恶意代码或指令），这有可能使整个传感网络瘫痪（所有通信信息都变得无效，或者多个传感器频繁、同时发送数据，使整个网络设施无法支撑这样的通信数据量，导致整个网络通信停滞）。如果是有线通信，那么干扰手段就更为简单了，把线缆剪断就可以了。

（2）截取：指攻击人员使用专用设备获取传感器节点或者簇中的基站、网关、后台系统等重要信息。

（3）篡改：指非授权用户没有获得操作传感器节点的能力，但是可以对传感器通信的正常数据进行修改，或者使用非法设备发送大量的假数据包到通信系统，把正常数据淹没在这种假数据的"洪水"中，是本来数据处理能力就不高的感知设备节点无法为正常数据提供服务。

（4）假冒：指使用非法设备假冒正常设备，进入到传感器网络中，参与正常通信以获取信息，或者使用假冒的数据包参与网络通信，使正常通信延迟，或诱使正常数据，获得敏感信息。

对于这些安全威胁，主要的攻击手段有以下几种。

（1）窃听。窃听是指一种被动的信息收集方式，攻击者隐藏在感知网络通信范围内，使用专用设备收集来自感知设备的信息，不论这些信息是否加密。

（2）伪造。攻击者使用窃听到的信息，仿制具有相同信号的传感器节点，并使用伪造的传感器节点设备在系统网络中使用。

（3）重放。重放也称为回放攻击，攻击者用特定装置截获合法数据，然后使用非法设备把该数据加入重发，使非法设备合法化，或者诱导其他设备进行特定数据传输，获取敏感数据。

（4）拒绝服务攻击。攻击者在感知网络中注入大量的伪造数据包，占用数据带宽，淹没真实数据，浪费网络中感知设备有限的数据能力，从而使真正的数据得不到服务。

（5）通信数据流分析攻击。攻击者使用特殊设备分析系统网络中的通信数据流，对信息收集节点进行攻击，使节点瘫痪，从而导致网络局部或者整个网络瘫痪。

(6) 物理攻击。传感器设备大多部署在无人值守的环境,并且为适应低成本需要,这些感知设备的外部机壳材料等都没有太高的防护性,容易受到拆卸、损坏等物理方面的攻击。除以上这些主要攻击手段之外,还有发射攻击、预言攻击、交叉攻击、代数攻击等;并且随着这些感知设备的推广普及,攻击者的攻击能力不断增强,攻击手段也越来越多。

目前传感器网络安全面临以下挑战。

(1) 技术标准不统一。IEEE 802.15.4、IEEE 802.15.4C、ZigBee 及 IEEE 1451 等相关标准的发布,无疑加速了无线传感器网络(Wireless Sensor Network,WSN)的发展,但目前并没有形成统一的 WSN 标准。标准的不统一带来了产品的互操作性问题和易用性问题,使得部分用户对 WSN 的应用一直持观望态度,这限制了 WSN 在军方的发展。

(2) 技术不成熟。WSN 综合了传感器、嵌入式计算、网络及无线通信、分布式系统等多个领域的技术。现有的路由协议、传感器节点行为管理、密钥管理等技术还不实用,无法保证 WSN 大规模使用,同时成本和能量也制约了 WSN 的应用推广。

▶ 4.3.3 传感器网络安全防护的主要手段

传感器网络由多个传感器节点、节点网关、可以充当通信基站的设备(如个人计算机)及后台系统组成。通信链路存在于传感器与传感器之间、传感器与网关节点之间以及网关节点与后台系统(如通信基站)之间。对于攻击者来说,这些设备和通信链路都有可能成为攻击的对象。图 4-19 为传感器网络的攻击模型。

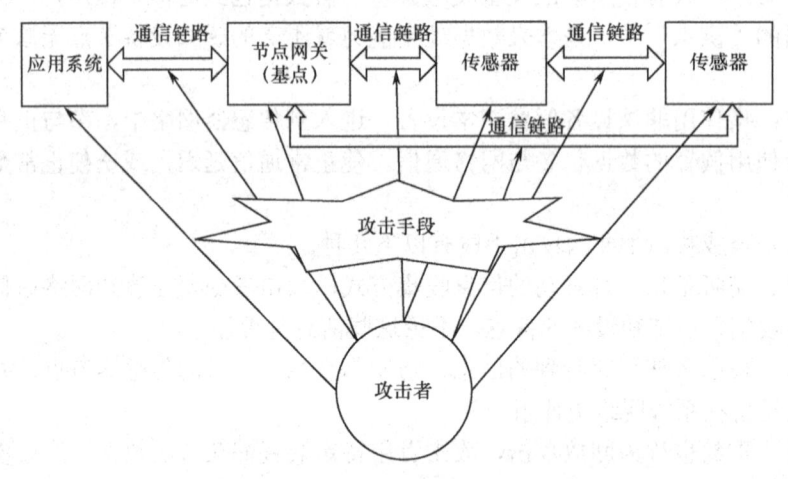

图 4-19 传感器网络的攻击模型

为实现传感器网络安全特性的 4 个方面,并针对传感器网络存在的攻击手段,需要不同的防护手段。

1. 信息加密

对通信信息进行加密,即对传感器网络中节点与节点之间的通信链路上的通信数据进行加密，不以明文数据进行传播，即使攻击者窃听或截取到数据，也不会得到真实信息。

2．数据校验

数据接收端对接收到的数据进行校验，检测接收到的数据包是否在传输过程中被篡改或丢失，确保数据的完整性。优秀的校验算法不仅能确保数据的完整性，也能够确保攻击者的重放攻击，从假数据包找到真实数据包，防御拒绝服务攻击。

3．身份认证

为确保通信一方或双方的真实性，要对数据的发起者或接收者进行认证。这就好比阿里巴巴的咒语，只有知道咒语的人，门才能打开。认证能够确保每个数据包来源的真实性，防止伪造，拒绝为来自伪造节点的信息服务，防御对数据接收端的拒绝服务攻击等。

4．扩频与跳频

固定无线信道的带宽总是有限的，当网络中多个节点同时进行数据传输时，将导致很大的延迟及冲突，就像单车道一样，每次只能通过一辆车，如果车流量增大，相互抢道，那么将导致堵车；同时其信道是固定的，使用固定的频率进行数据的发送和接收，很容易被攻击者发现通信的信道，并进行窃听、截取通信信息。在无线通信中使用扩频或调频，虽然两个节点在通信时还是使用单一的频率，但是每次通信的频率都不相同，而别的节点就可以使用不同的频率进行通信，即增加了通信信道，可以容纳更多的节点同时进行通信，减少冲突和延迟，也可以防御攻击者对通信链路的窃听和截取。在扩频和调频技术中，使用说前先听（Liston Before Talk，LBT）的机制，即在发送数据之前，对准备使用的频率进行监听，在确认没有别的节点使用该频率后，才在这个信道（频率）上发送数据，否则就监听下个频率，依次类推。LBT 机制不仅可以减少对网络中正在进行数据传输的干扰，合理利用通信信道，更为有效地传输数据，还能防止攻击者对无线通信的干扰，降低通信数据流分析攻击的风险。

5．安全路由

传统网络的路由技术主要考虑路由的效率、节能需求，但很少考虑路由的安全需求。在传感器网络中，节点和节点通信、节点和基站通信、基站和基站通信、基站和网关（后台系统）通信都涉及路由技术。在传感器网络中要充分考虑路由安全，防止节点数据、基站数据泄漏，同时不给恶意节点、基站发送数据，防止恶意数据的入侵。

6．入侵检测

简单的安全技术能够识别外来节点的入侵，但无法识别哪些是捕获节点的入侵，因为这些被捕获的节点和正常的节点一样，具有相同的加/解密、认证、路由机制。安全防护技术要能够实现传感器网络的入侵检测，防止出现因一个节点的暴露而导致整个网络瘫痪的情况。

4.3.4 传感器网络典型安全技术

1. 安全协议

无线传感器网络协议栈如图 4-20 所示,包括物理层、数据链路层、网络层、传输层和应用层,与互联网协议栈的五层协议相对应;无线传感器网络协议栈还包括能量管理平台、移动管理平台和任务管理平台,这些管理平台使得传感器节点能够按照能源高效的方式协同工作,在节点移动的无线网络中转发数据,并支持多任务和资源共享。

设计并实现通信安全一体化的传感器网络协议栈,是实现安全传感器的关键。安全一体化网络协议栈能够从整体上应对传感器网络面临的各种安全威胁,达到"1+1>2"的效果。该协议栈通过整体设计、优化考虑将传感器网络的各类安全问题统一解决,包括认证鉴权、密钥管理、安全路由等,协议栈设计如图 4-21 所示。

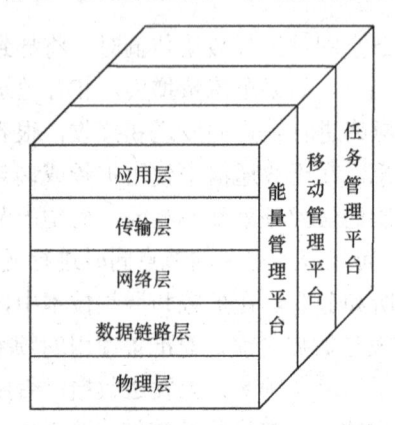

图 4-20 无线传感器网络协议栈

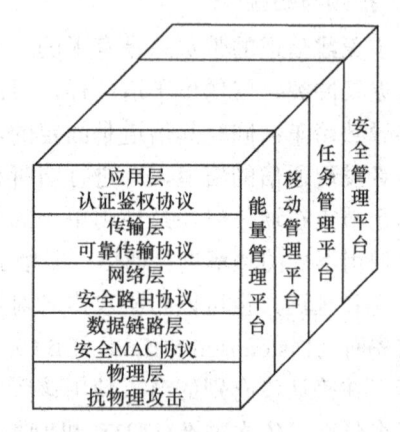

图 4-21 传感器网络通信安全一体化协议栈

1) 物理层安全

物理层主要指传感器节点电路和天线部分。在已有节点的基本功能基础上分析其电路组成,测试已有节点的功耗及各个器件的功耗比例,综合各种节点的优点,设计一种廉价、低消耗、稳定工作、多传感器的节点,可以安装加速度传感器、温度传感器、声音传感器、湿度传感器、有害气体传感器、应变传感器等。分析各种传感器节点的天线架构,测试其性能并进行性价比分析,设计一种低消耗、抗干扰、通信质量好的天线。

为了保证节点的物理层安全,就要解决节点的身份问题和通信问题。研究使用天线来解决节点间的通信问题,保证各个节点间及基站和节点间可以有效地互相通信;研究使用多信道通信,防范针对物理层的攻击。

(1) 安全节点设计。安全 WSN 节点主要由数据采集单元、数据处理单元及数据传输单元三部分组成,如图 4-22 所示。每个节点在工作时,首先通过数据采集单元,将周围环境的特定信号转换成电信号,然后将得到的电信号传输到整型滤波电路和 A/D 转换电路,进入数据处理单元进行数据处理,最后由电路传输单元将从数据处理单元中得到的有用信号以无线通信的方式传输出去。

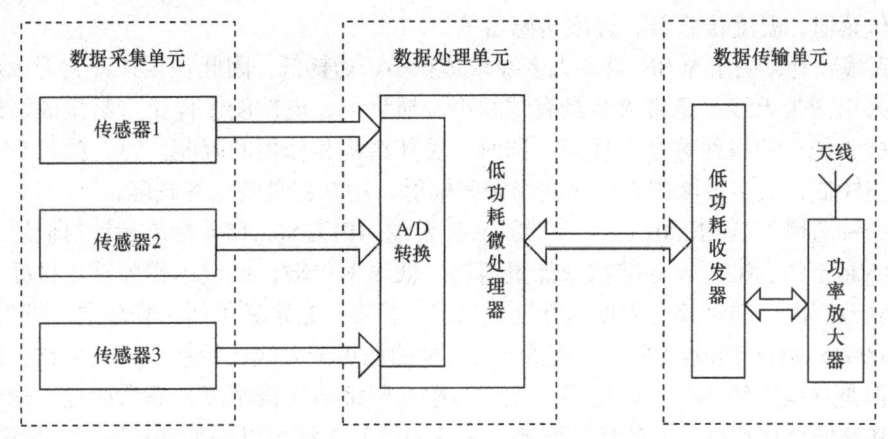

图 4-22 安全 WSN 节点结构

① 安全 WSN 节点硬件结构设计。安全 WSN 节点具有体积小、空间分布广、节点数量大、动态性强的特点，通常采用电池对节点提供能量，然而电池的能量有限，一旦某个节点的电能耗尽，该节点将退出整个网络，如果大量的节点退出网络，该网络将失去作用。在硬件结构设计中，低功耗是一个重要的设计准则，在软件方面，可以关闭数据采集单元和数据传输单元，并由数据处理单元转入休眠状态；在硬件方面，可以采用太阳能等能源补充方式提供能量，以及使用低功耗的微处理器和射频芯片。

② 微处理器和射频芯片的选择。对比目前国际上安全 WSN 节点使用的几款微处理器（Freescale 的 MC9S08GT60、TI 的 MSP430F1611 及 Atmel 的 ATmegsl28），对它们的性能进行分析，涉及的参数有总线位数、供电电压、活动状态电流、休眠状态电流（保留 RAM）、定时器、ADC、DAC、SCI（UART）总线个数、SPI 总线个数、IIC 总线个数、键盘中断引脚个数、PWM 信号个数等，然后根据总体设计选择出最适合的微处理器。

对比现在节点上常用的几款射频芯片并分析其性能，Freescale 的 MC13203、Chipcon 的 CC2420 及 Ember 的 EM250，涉及的参数有供电电压、调制方式、工作频率范围、接收灵敏度、最大发送功率、接收时电流、发送功率、空闲状态、深度休眠，然后根据节点的总体设计需求，选择最适合的节点射频芯片。

③ 微处理器与射频芯片之间的连接。设计微处理器和射频芯片的连接电路，实现微处理器和射频芯片之间低功耗全双工高速通信。

④ 射频电路的设计。节点在信号发送和接收时功耗最大，低功耗的射频电路直接影响到节点电路的性能和节点的存活期。将信号有效、无损处理后传输给射频芯片，是设计的目标。通过合理的电路设计，还可以增大节点的通信距离，增强传感器网络的功能。

⑤ 数据采集单元的设计。数据采集单元包括各种参数传感器，传感器选择应以低功耗为原则，同时要求传感器的体积尽量小（尽量选用集成传感器），信号的输出形式为数字量，

转换精度能够满足需求。目标是设计一种通用的接口，可以根据需要连接不同的传感器，如加速度传感器、温度传感器、湿度传感器等。

（2）天线设计。由于 WSN 设备大多要求体积小、功耗低，因此在设计该类无线通信系统时大多采用微带天线。微带天线具有体积小、质量小、电性能多样化、易集成、能与有源电路集成为统一的组件等众多优点。同时，受其结构和体积的限制，存在频带窄、损耗较大、增益较低、大多数微带天线只向半空间辐射、功率容量较低等缺陷。

设计一种适用于 IEEE 802.15.4 标准的倒 F 天线。IEEE 802.15.4 标准是针对低速无线个人区域网络制定的标准，该标准把低能量消耗、低速率传输、低成本作为重点目标，为个人或者家庭范围内不同设备之间低速互连提供统一标准，它定义了两个物理层，即 2.4 GHz 频段和 868/915 MHz 频段物理层。虽然一些小型的偶极子天线已经被应用到这种天线通信网络中，但是这些天线不能很好地满足无线传感器网络的通信距离、高适应性、稳定性等要求。尤其是低功耗和小尺寸的结构紧凑，设计的倒 F 天线可以满足结构紧凑、价格低廉、易于加工、通信效果良好的无线传感器网络节点的典型要求。

2）链路层安全协议

媒体访问控制协议（Media Access Control，MAC）处于传感器网络协议的底层，对传感器网络的性能有较大的影响，是保证无线传感器网络高效通信的关键网络协议之一。无线传感器网络的 MAC 协议由最初的对 CSMA 和 TDMA 的算法改进开始，到提出新的协议，或者在已有协议的基础协议上有所改进，如 SMACS/EAR、S-MAC（Sensor MAC）、T-MAC、DMAC。其中有些协议引入了休眠机制减少了能量的消耗，减少了串音和冲突碰撞等，但是其中最为重要的就是 MAC 层通信的安全问题，需要有效的方案解决 MAC 层协议的安全问题。

S-MAC 协议是在 IEEE 802.11 MAC 协议的基础上针对传感器网络的节省能量需求而提出的传感器网络 MAC 协议。针对 S-MAC 协议存在的安全缺陷，提出了基于 NTRUsign 数字签名算法的 SSMAC（Secure Sensor MAC）协议，实现了数据完整性、来源真实性和抵御重放攻击的安全目标。NTRU 公钥体制是由 Hoffstein、Pipher 和 Silverman 于 1996 年首先提出的，由于该公钥只使用简单的模乘法和模求逆运算，因此它的加/解密速度很快，密钥生成速度也很快。SSMAC 协议设计如下。

（1）帧格式设计。MAC 子层帧结构设计的目标是用最低复杂度实现 S-MAC 的可靠传输，帧结构设计的好坏直接影响整个协议的性能。每个 MAC 子层的帧都由帧头、负载和帧尾三部分构成。

① 数据帧格式的设计。数据帧用来传输上层发到 MAC 子层的数据，它的负载字段包含了上层需要传输的数据。数据负载传输到 MAC 子层时，被称为 MAC 服务数据单元，它的首尾被分别附加了帧头信息和帧尾信息后，就构成了 MAC 帧。由于 S-MAC 协议建立在 IEEE 802.11 协议的基础上，对照 IEEE 802.11 的 MAC 数据帧格式，新的 SSMAC 数据帧格式如图 4-23 所示。

第4章 物联网感知层安全

```
0           8              16              32            48
┌───────────────────────┬───────────────────────────────┐
│      Frame-ctrl       │           Duration            │
├───────────────────────┴───────────────────────────────┤
│                     Address…                          │
├───────────────────────┬───────────────────────────────┤
│         Seq           │            Stuff              │
├───────────────────────┴───────────────────────────────┤
│                 Signature[Hash(M)]…                   │
├───────────────────────────────────────────────────────┤
│                       Data…                           │
├───────────────────────────────────────────────────────┤
│                       Check                           │
└───────────────────────────────────────────────────────┘
```

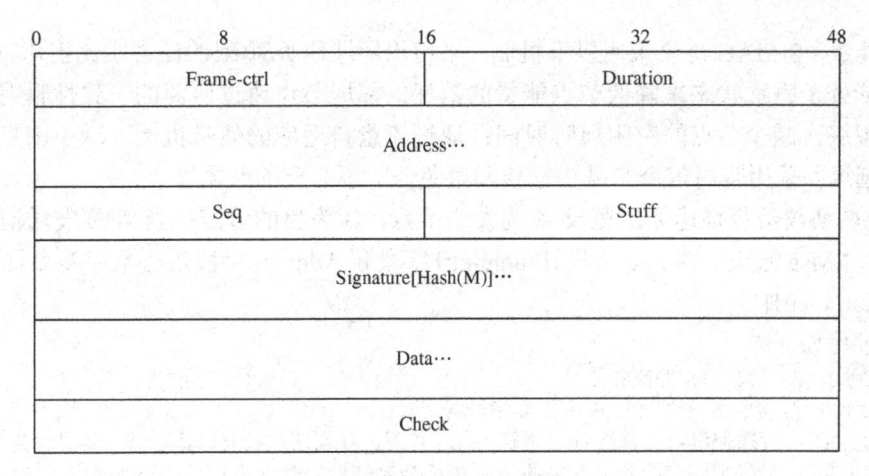

图 4-23 SSMAC 数据帧格式

图 4-23 中，Frame-ctrl 表示帧控制域，Duration 表示持续时间，Address 表示地址域，Seq 表示帧序列号，Data 表示数据域，Check 表示校验域，M 表示{Sep,Address,Frame-ctrl}，Hash(M)表示用 SHA-1 算法进行 Hash 得到的消息摘要，Signature[Hash(M)]表示对生成的消息摘要 Hash(M)用签名算法进行数字签名。

② ACK 帧格式的设计。ACK 帧是接收端接收到正确的数据帧后发送的确认帧，它的帧类型值为 0xEE，帧序号为正确接收的数据帧序号。为确保传输质量，ACK 确认帧也要尽可能短，此时它的 MAC 负载为空。ACK 确认帧格式如图 4-24 所示。

```
0           8              16              32            48
┌───────────────────────┬───────────────────────────────┐
│      Frame-ctrl       │           Duration            │
├───────────────────────┴───────────────────────────────┤
│                     Address…                          │
├───────────────────────┬───────────────────────────────┤
│         Seq           │            Stuff              │
├───────────────────────┴───────────────────────────────┤
│                 Signature[Hash(M)]…                   │
├───────────────────────────────────────────────────────┤
│                       Check                           │
└───────────────────────────────────────────────────────┘
```

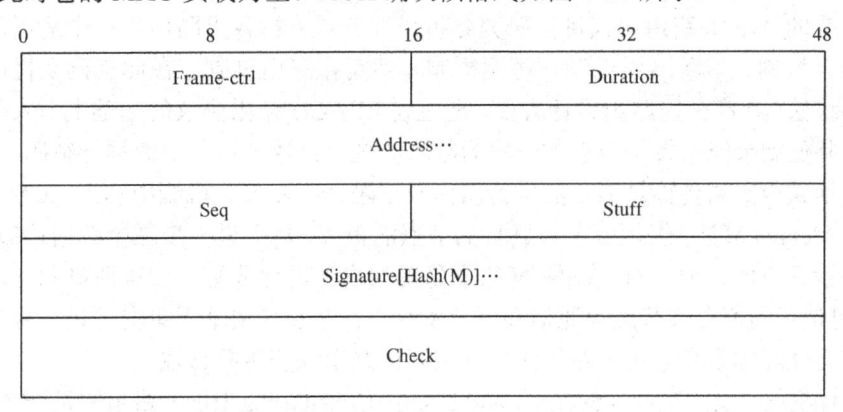

图 4-24 ACK 确认帧格式

图 4-24 中，Frame-ctrl 表示帧控制域，Seq 表示序列号，Address 表示地址域，Check 表示校验域，M 表示{ACKID, Address, Frame-ctrl}，Hash(M)表示对 M 用哈希算法进行 Hash 得到的消息摘要，Signature[Hash(M)]表示对生成的 20 字节的消息摘要 Hash(M)用签名算法进行数字签名。

（2）协议流程。针对碰撞重传、串音、空闲侦听和控制消息等可能造成传感器网络消耗更多的能量，S-MAC 协议采用以下机制：采用周期性侦听/睡眠的低占空比工作方式，使节点尽可能处于睡眠状态来降低节点能量的消耗；邻居节点通过协商的一致性睡眠调度机制形成虚拟簇，减少节点的空闲侦听时间；通过流量自适应的侦听机制，减少消息在网络中的传输延迟；采用带内信令来减少重传和避免监听不必要的数据等。

SSMAC 协议流程描述为：假设 A 为发送节点，B 为目的节点；当 A 要发送消息 Msg 时，要选择对 Msg 帧头中的 Seq 字段、Frame-ctrl 字段和 Address 字段进行数字签名，M={Seq, Address, Frame-ctrl}。

具体过程如下：

A→B：RTS；//发送 RTS 控制帧给 B
B→A：CTS；//接收方发送 CTS 响应控制帧给 A
A：H (M)；//发送使用哈希算法对 M 进行 Hash 处理，得到消息摘要，本步骤具体过程为：
        //发送方收到接收方发来的 CTS 响应控制帧后，对 M 进行 Hash 处理，
        //产生一个向量 $V=(V_1, V_2)$，V_1，V_2 均为 $R_q=Z_q[x]/(x_N-1)$ 上的多项式 A：Esk
        [H (M)]；
        //发送方用签名算法对上一步产生的摘要使用私钥 SK 签名；

目的节点 B 收齐消息后，对消息进行验证，如果验证通过，则认为该信息合法；如果验证通不过，则认为该消息不合法，丢弃。接收方发送 ACK 确认帧及其签名给 A，B 向 A 发送确认帧 ACK 及其签名，若 A 在规定时间内没有收到确认帧 ACK，就必须重传消息，直到收到确认帧为止，或者经过若干次重传失败后放弃发送。

3）网络层安全路由协议

针对已有的 WSN 路由协议进行研究分析，并着重分析各类路由协议中运用的分簇机制、数据融合机制、多跳路由机制、密钥机制和多路径路由机制，在此基础上提出高效安全路由协议算法。在高效能路由设计方面，通过在 LEACH 路由协议的基础上引入节点剩余能量因子，降低剩余能量较小节点被选取为簇头的概率；通过引入"数据特征码"的概念，以最大限度地减少数据传输量为目的进行网内数据融合；在多跳机制中利用 ECM（Energy Considering Merge）算法，缩短源节点到目的节点的距离，从而进一步减少数据传输的能耗。在安全路由设计方面，通过对 WSN 网络层易受的攻击进行分析，在认证机制上通过改进 SNEP，用可信任的第三方节点为通信双方分发密钥，并且采用基于单向随机序号的消息认证机制，综合能耗因素，采用多路径路由，用冗余路由保证可靠传输。

（1）总体框架。SEC-Tree（Security and Energy Considering Tree）路由制是一个高效率、高安全和高可靠的 WSN 路由协议，它通过改进的分簇机制、数据融合机制、多路径路由机制实现 SEC-Tree 路由协议的高效能,通过密钥机制和多融合机制实现安全可靠的路由协议，其设计框架如图 4-25 所示。

身份认证模块实现了改进的 SNEP（传感器网络加密协议），为簇管理、多跳路由、多路径路由、数据信息的传输与融合提供安全机制；簇管理模块内置 SEC-Tree 簇形成算法 ECM，实现基于剩余能量机制的簇头选择，周期性维护基于簇拓扑的结构；多跳路由机制实现基于

SEC-Tree 的层次化路由算法，选择最短路径路由，自适应更改路由表，能够提高网络传播效率；多路径路由在路由的建立和维护阶段，建立冗余的数据通道，提高路由的安全性，包括容错自适应策略、时延能耗自适应策略和安全自适应策略三个策略字块；数据融合模块内置基于数据特征码的高效数据融合算法，提供在簇头节点进行数据融合的处理方法。

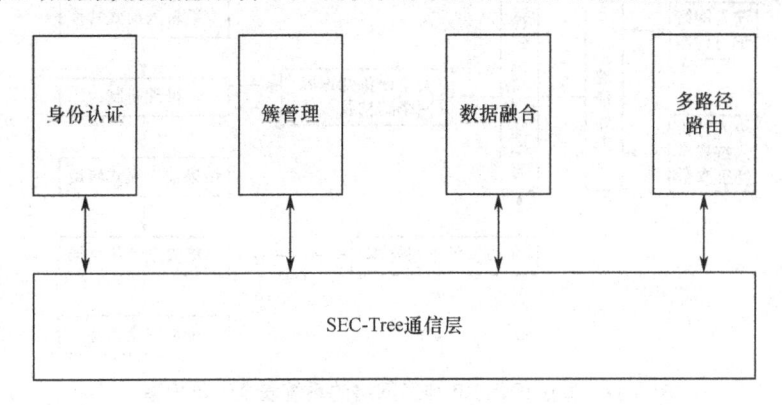

图 4-25 SEC-Tree 协议设计框架

（2）运行逻辑。SEC-Tree 协议包括拓扑建立和拓扑维护两个阶段，数据传输阶段包含在拓扑维护阶段内，SEC-Tree 的簇管理、多跳路由、多路径路由、认证、数据融合等各个模块在路由建立和路由维护阶段协调作用，实现了以最小化传感器网络能量消耗为目的的安全路由。

（3）路由建立运行逻辑。在节点初始化时，由簇管理模块进行簇头选择，簇管理内置 SEC-Tree 改进的 LEACH 路由算法，引入了剩余能量因子。通过随机选取簇头，进入簇形成阶段。该阶段由簇头广播请求信号，其余节点通过判断接收到的信号强度决定自己所加入的簇。在簇形成阶段调用身份认证模块，实现非簇头节点对簇头节点的信息认证。一旦簇形成，根据 ECM 算法建立簇内 SEC-Tree 拓扑和簇间 SEC-Tree 拓扑，至此初始化路由表工作完成。路由建立阶段处理流程如图 4-26 所示。

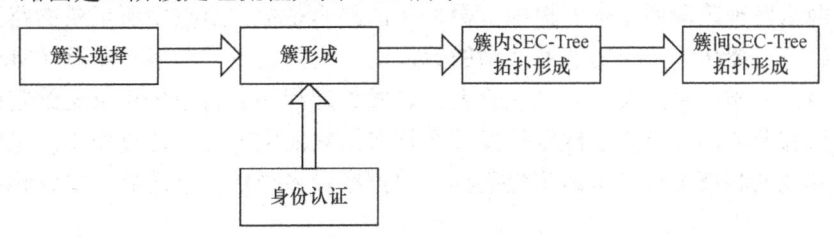

图 4-26 路由建立阶段处理流程

针对目前路由协议存在这么多安全问题，考虑利用 ARRIVE 路由协议的思想，对 SEC-based 路由算法进行安全扩充，提出了基于 SEC-Tree 的安全路由协议算法和基于优化 BP 神经网络的系统安全评价模型，从而保证路由的健壮性和可靠性，如图 4-27 所示。

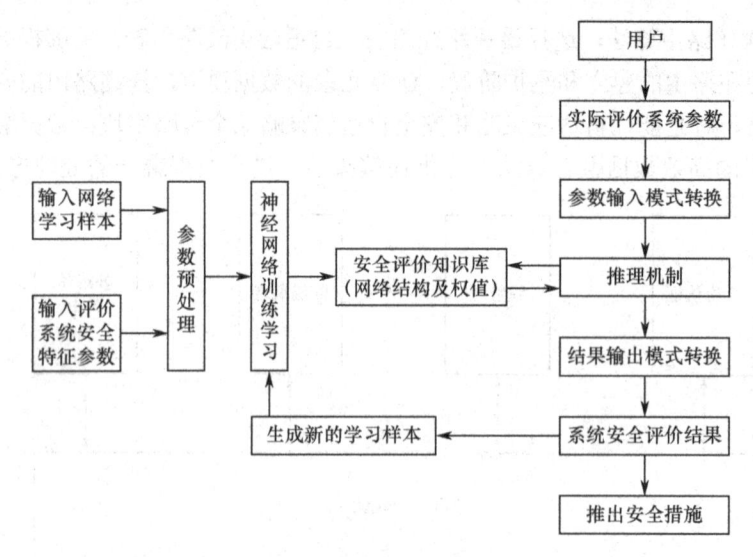

图 4-27 基于优化 BP 神经网络的系统安全评价模型

Tree-based 路由算法是以 Sink 节点为树根，使用动态网络发现算法构造覆盖网络所有节点的树状网络拓扑结构。首先在路由发现阶段，需要初始化无线传感器网络中的所有节点的层次结构，这里采用通用的动态路由发现算法。动态路由发现可以由任意一个节点发起，但通常是由网关节点发起的。网关节点提供一个到传统网络的连接，每个根节点周期性地向它的邻居节点发送一个带有自身 ID 和距离且初始值为 0 的消息，消息处理程序检查这个消息源节点是否为到目前为止所侦听到的距离最近的节点，如果是，则记录该源节点的 ID 并作为它的多转发路由的父节点，增加距离，然后将它自己的 ID 作为源节点的 ID 重新发送这个消息，以此就可以构造出一棵自组织的生成树。

动态网络发现以分布的形式构造了一棵以原始节点为根的宽度优先的生成树，每个节点仅记录固定数量的信息。这棵树的具体形状是由网络传输特性决定的，而不是提前规定层次，因此网络是自组织的。当可以有多个并发点根节点时，就可以形成一个生成森林。

在动态网络发现阶段所生成的树中，数据包的路由是根据节点中所记录的路由信息直接转发的。当节点要传输一个需要被路由的数据时，它指定了一个多转发点（Multi-hop）转发处理程序，并指明它的父节点是接收者。转发处理程序会将数据包发送给它的每个邻居节点。而只有节点的父节点会继续转发该数据包给它的父节点，通过使用消息缓冲区交换的地方。其他的相邻节点简单地将包丢弃。数据经过多个转发点之后，最终路由到达根节点。

其实现过程如下：
① 确定网络的拓扑结构，包括中间隐层的层数及输入层、输出层和隐层的节点数。
② 确定被评价系统的指标体系，包括特征参数和状态。在运用神经网络进行安全评价时，首先必须确定评价系统的内部构成和外部环境，确定能够正确反映被评价对象安全状

态的主要特征参数（如输入节点数、各节点实际含义及其表达形式等），以及在这些参数下系统的状态（如输出节点数、各节点实际含义及其表达方式等）。

③ 选择学习样本，供神经网络学习。选取多组对应系统不同状态参数值的特征参数值作为学习样本，供网络系统学习；这些样本应尽可能地反映各种安全状态，其中对系统特征参数进行 $(-\infty, \infty)$ 区间的预处理，对系统参数应进行 $(0,1)$ 区间的预处理。神经网络的学习过程即根据样本确定网络的连接权值和误差反复修正的过程。

④ 确定作用函数，通常选择非线性 S 型函数。

⑤ 建立系统安全评价知识库。通过学习确认的网络结构，包括输入、输出和隐节点数及反映期间关联度的网络权值的组合；具有推理机制的被评价系统的安全评价知识库。

⑥ 进行实际系统的安全评价。经过训练的神经网络将实际评价系统的特征值转换后输入到已具有推理功能的神经网络中，运用系统安全评价知识库处理后得到评价实际系统的安全状态的评价结果。实际系统的评价结果又作为新的学习样本输入神经网络，使系统安全评价知识库进一步得到充实。

4) 传输层可靠传输协议

可靠性传输模块的功能有：在网络受到攻击时，运行于网络层上层的传输层协议能够将数据安全、可靠地送达目的地；能够抵御针对传输层的攻击。传统的有线网络为实现数据的可靠性传输采用的是端到端的思想，依靠智能化的终端执行复杂算法来保证其可靠性，尽量简化网络核心的操作以降低其负担，以此提高网络的整体性能。和有线网络不同，无线传感器网络可靠通信不能采用传统的 TCP 协议。在实现传感器网络的可靠通信时，要考虑以下因素的影响。

（1）无线通信。传感器网络通信能力低，无线链路具有极大的不可靠性，非对称链路、隐藏终端盒暴露终端、信号干扰、障碍物等因素会导致信道质量急剧恶化，难以实现可靠通信。

（2）资源有限。传统的无线网络传输层协议主要集中于差错和拥塞控制上，而在传感器网络中，由于能量、内存、计算能力、通信能量等的影响，在传感器网络上实现复杂的或内存开销大的算法来提高可靠性是不现实的，为增强可靠性而产生的通信开销应尽量小，以延长网络的生存期。

（3）下层路由协议。传统的有线网络和无线网络传输层都是在不可靠的 IP 层基础上为应用层提供一个可靠的端到端传输服务的。与此不同，无线传感器网络是基于事件驱动的网络模型，该系统对某一事件的可靠传输依靠的是若干个传感器的集体努力，汇聚节点对某一事件的可靠发现是基于多个源节点提供的信息而不是单个节点的报告。因此，传统的端到端可靠传输定义不再适用于无线传感器网络。

（4）恶意节点。可靠传输模块应当有一定的容忍能力，当网络受到攻击时，及时调整传输策略，将数据安全可靠地送达。

5）应用层认证鉴权协议

针对资源受限于环境和无线通信的特点，基于 SPINS 进行改进设计最优化协议栈 SPINS 有两个安全模块：SNEP 和 μTESLA。SNEP 提供了重要的基本安全准则，如数据机密性、双方数据鉴别、数据的新鲜度和点到点的认证。μTESLA 提供一种在严格的资源受限的情况下的广播认证。SNEP 是为无线传感器网络量身打造的低开销安全协议，实现数据机密性、数据认证、完整性保护、新鲜度并设计了无线传感器网络简单高效的安全通信协议，它采用基于共享主密钥的安全引导模型，其各种安全机制通过信任基站完成。SNEP 具有以下特性：

- 数据认证，若 MAC 校验正确，消息接收者就可以确定消息发送者的身份；
- 重放保护，MAC 值计数阻止了重放信息；
- 低的通信开销，计算器的状态保持在每一个端点上，不需要在每个信息中发送。

虽然 SPINS 安全协议在数据机密性、完整性、新鲜性、可认证等方面都进行了充分的考虑，但是仍存在以下两个主要问题：

- SPINS 是一个共享主密钥方案，虽然能够通过 SNEP 协议有效解决节点之间消息的安全通信，但不能有效解决密钥管理问题，从而影响方案的实用性；
- μTESLA 是一个流广播认证协议，传感器节点能够有效地对基站广播数据进行认证，但是 μTESLA 协议不能有效解决传感器节点身份认证和数据源认证，从而不能对传感器节点实现有效的访问控制。

密钥管理专门阐述了针对节点访问控制问题，提出了基于 Merkle 哈希树的访问控制方式。

在基于多密钥链的访问控制中，每个传感器节点均需要保存所有密钥链的链头密钥。在使用的密钥链较多的情况下，传感器节点存储开销较大。为了减少存储开销，引入 Merkle 哈希树，以所有密钥链的链头密钥的 Hash 值作为叶子节点构造 Merkle 哈希树。这样每个传感器节点仅存储 Merkle 哈希树的根信息就能够分配密钥链的链头密钥和认证用户的请求信息。

基于 Merkle 哈希树的访问控制方式使用 Merkle 哈希树以认证的方式分配使用的链头密钥，如图 4-28 所示。中心服务器产生 m 个密钥链，每个密钥链都被分配唯一的 ID，ID $\in [1,m]$。中心服务器计算为

$$K_i = H(C_i) \tag{4-1}$$

式中，$i \in \{1, \cdots, m\}$，C_i 为第 i 个密钥链的链头信息。使用 $\{K_1, \cdots, K_m\}$ 作为叶子节点构造 Merkle 哈希树（完全二叉树），每个非叶子节点为其两个孩子节点串联的 Hash 值。构造的 Merkle 哈希树被称为参数为 $\{C_1, \cdots, C_m\}$ 的密钥链头分配数。图 4-28 中显示了使用 8 个密钥链的 Merkle 哈希树构造过程，其中

$$K_1 = H(C_1) \tag{4-2}$$

$$K_{12} = H(K_1 \| K_2) \tag{4-3}$$

$$K_{14} = H(K_{12} \| K_{34}) \tag{4-4}$$

$$K_{18} = H(K_{14} \| K_{58}) \tag{4-5}$$

式中，H 为消息认证码生成函数。

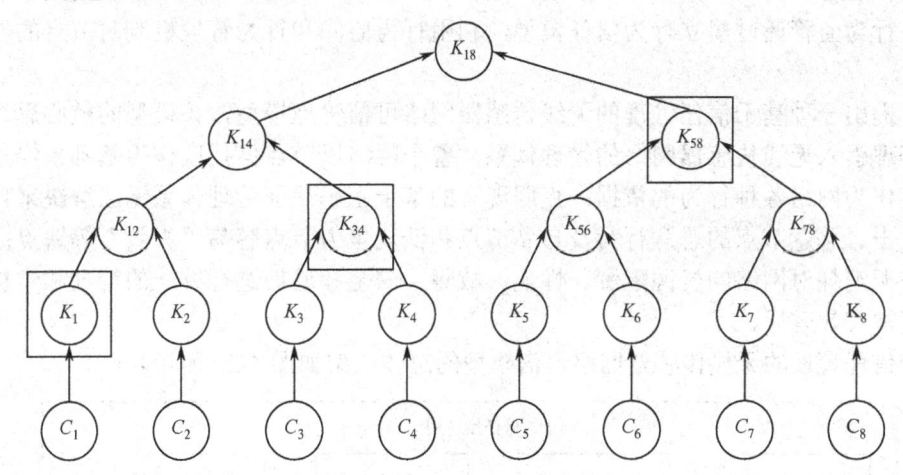

图 4-28　密钥链头分配树

6）分布式传感器网络密钥管理协议

无线传感器网络密钥管理的主流是采用基于随机密钥预分配模型的密钥管理机制，但是这类密钥管理机制仍未能解决好网络连通性和安全性之间的矛盾，即便是改进的基于位置的密钥管理，由于也需要预知传感器节点的部署位置或需要防篡改的分布的配置服务器辅助建立密钥等问题，从而降低了网络部署的灵活性和密钥管理机制的使用性。为了解决这些问题，考虑采用一种基于环区域随机密钥预分配的无线传感器密钥管理机制。在该机制中，部署后的传感器节点根据自身位置得到由基站以不同功率广播的随机数密钥子集，结合传感器节点预保存的原密钥子集，通过单向 Hash 函数派生密钥，并在本地区域的节点间通过安全途径发现共享派生密钥，建立安全链路。此外，基于环区域的密钥管理机制还探讨了网络的可扩展性、新旧节点建立对密钥及网络节点密钥撤销的方便性等问题。通过分析和实验验证，该机制在网络的安全性（如抗捕获性）、连通性方面均优于以 q-Composite 随机密钥预分配模型为代表的密钥管理机制。相比基于位置的密钥管理机制，该机制既无须预知传感器节点的部署知识，也无须防篡改的配置服务器辅助建立密钥，而且在网络的可扩展性、TinyOS 密钥分发与更新及密钥撤销的便捷性等方面具有一定的优势。

2. 恶意节点入侵检测技术

无线传感器网络面临的威胁不单单是外部攻击者对网络发起的攻击，网络内部节点也有可能发起内部攻击。另外，节点出于节省自身能源的目的也会产生一系列自私行为。相对于外部攻击而言，内部攻击对网络造成的威胁更大，更加难以防御，这是由于密钥安全机制完全失效造成的。因此，如何让合法节点评测、识别并剔除内部行为不端节点是无线传感器网络亟待解决的一个安全问题。

与入侵检测是针对外部行为进行的检测不同，行为监管是对无线传感器网络内部节点的行为进行监管，判断入传感器节点是否越权访问数据，是否误用权限、违规操作和节点移动等。行为监管通过建立行为信任模型，利用行为监测和行为管理机制对节点的行为进行监管。

这里提出一种基于信任管理的无线传感器网络可信管理模型，该模型的核心思想是：将信任管理引入无线传感器网络的管理体系，整个网络以节点信任度作为基础来组建，并以信任度作为网络各种行为的依据；克服现有的基于密码认证管理体系无法解决来自网络内部的攻击、恶意节点的恶意行为及自私节点和低竞争力节点容易"失效"等缺点；并以较少的资源消耗对网络的资源配置、性能、故障、安全和通信进行统一的管理和维护，保证网络正常有效运行。

基于信任管理的无线传感器网络可信模型的总体框架如图 4-29 所示。

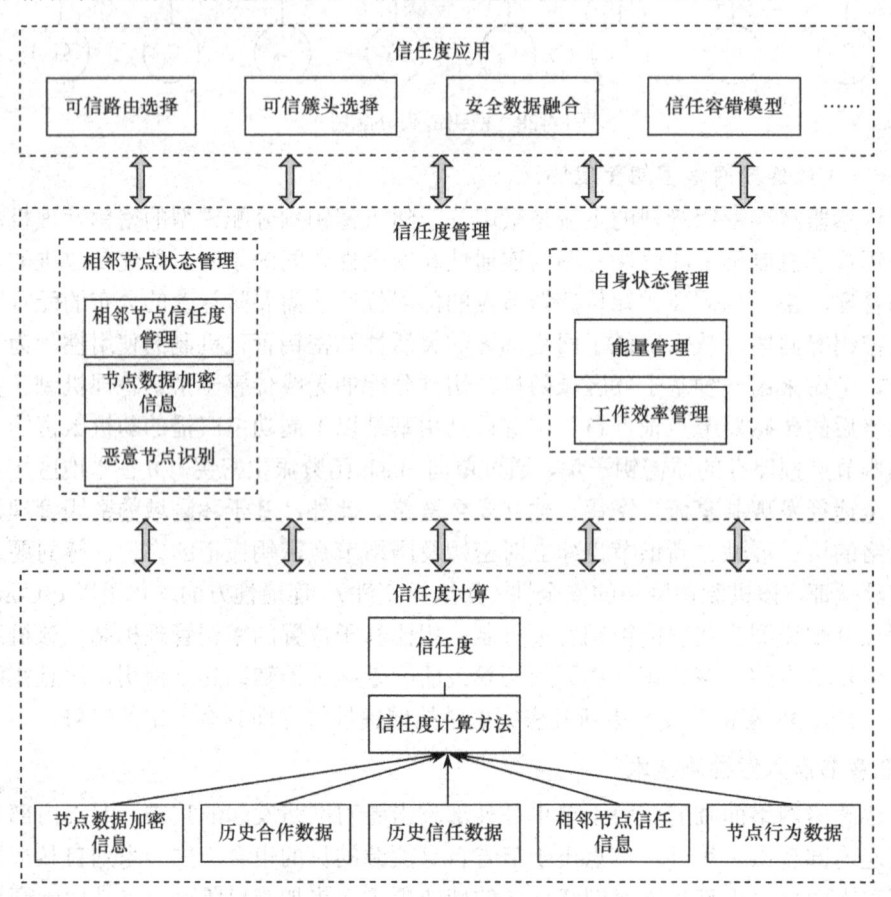

图 4-29　信任管理模型的总体框架

在该模型中，处于底层的信任度计算是信任管理的基础，其主要功能是根据当前的上下文信息和节点之间的历史合作数据，采用简单、有效的计算模型，得到节点的信任度。

信任度管理是 TWSN 模型的核心,位于模型中央,其主要功能是管理各相邻节点的信任度、识别恶意节点,同时根据当前节点的状态调整节点的行为等。位于模型上层的是模型各种应用,这些应用都是基于信任度管理这一基础的。

在信任管理模型中,通过信任计算模型得到的信任度能否真实反映当时相邻节点的状况,影响着模型管理性能的优劣。信任度是节点相互之间的主观判断,因此网络中各节点各自维护着一个相邻节点的信任关系表,用来记录某节点所有相邻节点的各种信任参数。表 4-3 是简化后的信任关系表。影响节点信任度的因素主要包括节点是否拥有网络密钥、节点之间的历史信任信息、节点之间的历史合作信息、节点历史行为信息、节点之间相互合作的频率、其他相邻节点所保存的节点信息及鼓励因子等。

表 4-3 简化的信任管理表

节点区域标志	是否拥有密钥	历史信任信息	历史合作信息	历史行为信息	合作频率	鼓励因子

节点区域标志即节点的 ID。在无线传感器网络中由于节点的数目众多,所以节点在部署前不可能将节点的 ID 唯一化,节点需要在部署完成后通过协商生成节点的区域 ID,在同一网络中,不同的区域可以存在相同的 ID,节点的区域 ID 将会作为节点的唯一标志。TWSN 信任管理模型是对基于密码体系的一个重要补充,所以是否拥有密钥也是用来判断节点是否外来节点的一个最直观的判断。历史信任信息记录的是上一次计算节点信任度时所得到的信任度。历史合作信息记录的是两节点之间合作的次数及成功合作的次数,历史行为信息记录的是节点篡改传输数据的历史次数。合作频率记录的是相邻节点发起合作的频率,计算相邻节点的合作频率能方便地识别恶意节点的 Hello 泛洪攻击及 DOS 攻击。鼓励因子则是一个与历史信任信息及合作频率相关值,当信任度越高并且合作频率也越高时,鼓励因子就会比较低,即降低两者的合作频率,主要用来实现 TWSN 模型中的激励与惩罚机制。节点在计算相邻节点的信任度时,首先通过自身监测和保存的各种信任影响因素信息,计算当前信任度。节点完全依靠自身信息对另外的节点信任度进行判断,可能会因恶意节点的欺骗而导致判断出现误差,所以节点需要从其他节点处得相关节点的信任信息。但是,在网络系统中,节点之间信任信息过多的传输会导致网络中节点资源的大量消耗,从而影响网络整体性能,因此通常采用定期更新的方法来满足两方面的需求。信任度计算模型分两种:内部计算模型和修正计算模型。通常,节点主要以自身保存各种信任信息作为信任度的计算依据。经过一段时间或者一定次数的合作,当满足信任度修正阈值时,节点发起更新信任度的请求。通过从其他节点得到的间接信任度,按照相关的规则更新和修正自己所保存的信任度。信任度计算流程如图 4-30 所示。

在 TWSN 模型中,信任管理包含两方面的内容:相邻节点状态管理和自身状态管理。相邻节点状态管理是针对节点外部网络环境进行考虑的,主要记录和分析相邻节点的行为,识别网络中的恶意节点,其目的是快速组建网络,并提供安全保障机制来保证网络安全、稳定、有效地运行。在该模型中,节点并不拥有自己的信任信息,也不具备对自身信任度进行直接评价的能力，节点只保存和它相邻节点的信任信息和其他相关信息。为防止网络中恶意节点获得自身的信任信息，在网络中不采用广播的方式来通知网络中的其他节点这个恶意节点的相关信息。因为如果恶意节点知道了自身的信任度已经降到很低的水平，那么它可能采取一些手段，如主动参与网络中的某些行为，来提高自身的信任度。而且采用广播的方式来传播恶意节点的相关信息也会对非恶意节点有限的资源造成一定程度上的浪费，再者，在 TWSN 信任管理模型中，所有的信任度都是区域性的，没有全局信任度，节点本身只需要维护和自身相邻节点的信任信息，而不需要了解全局的信任信息。无线传感器网络本身就是一个自适应、自组织的分布式系统，因此也就没有必要设定节点全局信任度信息。

自身状态管理是从节点本身的资源角度去管理节点是否参与网络中的各种行为，将节点的能量和节点参与网络合作的频率作为主要的参考依据，其目的是避免任何信任度高的节点因资源的快速消耗而退出系统，使网络拥有更好的负载平衡，提高网速的生命周期。当节点监听到另一节点发出的合作请求后，首先在信任表中查询当前自身保存的节点信任度和合作频率，同时查询自身的资源状态，然后根据当前的资源状况和合作信息，判断是否参与网络行为合作，如果节点认定自身在其他节点中具有比较高的信任度，则可选择不参与合作，来减少资源消耗。图 4-31 是节点自身状态管理流程图。

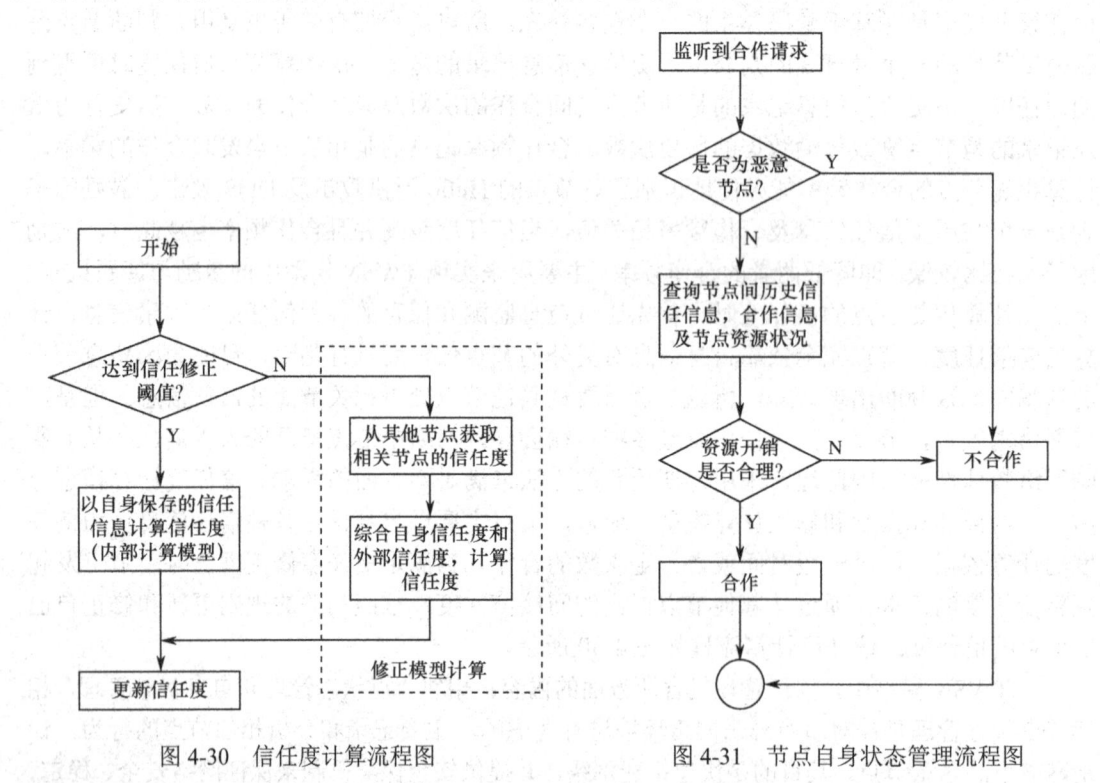

图 4-30　信任度计算流程图　　　　图 4-31　节点自身状态管理流程图

信任度应用以信任管理作为基础，是体现信任管理系统价值的部分，并与信任管理系统的目标紧密相连，它涵盖了现有无线传感器网络的各种典型应用，其中包括可信路由选择、可信簇头选择、安全数据融合及信任容错等。例如，可信路由选择原理如图 4-32 所示，假定节点 M 为恶意节点，采用的攻击数段为拒绝服务攻击，节点 A 希望将数据传输到节点 S，请求和节点 M 合作，节点 M 并不回应，那么节点 A 则会修改节点 M 的信任度，一段时间后，节点 M 的信任度将会下降到节点 A 不能接受的信任度范围，则节点 A 确定节点 M 为恶意节点，并将节点 M 记录在自身维护的信任黑名单中，在之后对合作节点的选择中，将不会选择节点 M 作为合作对象，而选择当前可信度更高的另一相邻节点 B 作为合作节点。

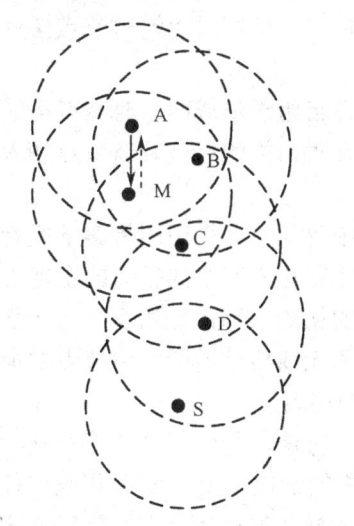

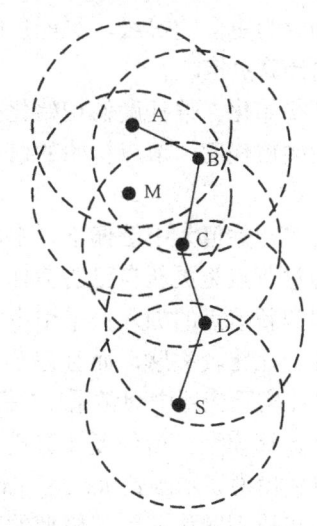

图 4-32 可信路由选择原理

信任度是节点通过一段时间的观察和历史经验信息对另一节点的诚实性、安全性和可靠性的一种主观度量，信任度具有以下的一些性质。

- 主观性：信任度是一个节点对另一个节点做出的主观度量，不同的节点对某同一节点的信任评价可以是不同的；
- 时间相关性：信任度是时间相关的，它建立在一定的时间的基础上的，信任度会随着时间的变化而变化，具有很强的动态性；
- 上下相关性：信任度是和具体的上下文信息有着直接的关系，离开了具体的上下文信息，信任度便失去了意义；
- 弱传输性：一般认为信任度是不可以传输的，即节点 A 对节点 B 的信任度为 W1，节点 B 对 C 的信任度为 W2，不能简单地断定节点 A 对节点 C 的信任度为 W1W2；
- 不对称性：信任度是不对称的，节点 A 对节点 B 的信任度为 W1，但并不意味着节点 B 对节点 A 的信任度也为 W1。

信任度计算包括信任度定义、信任度初始化、信任度计算模型等步骤。在无线传感器网络中,由于节点的计算能力、资源等方面的限制,使得在信任管理系统中不适合用比较复杂的计算模型,而采用比较简单的计算方法。

(1) 信任度定义。信任度定义是定义信任度的表示方式,即信任的衡量方式。一般采用离散式信任等级和连续式的信任值区间来表示。离散式的信任等级一般定义对称的正、负区间。例如,信任度区间定义为[-2,-1,0,1,2],则节点的信任度由区间内的5个数来表示。其中,-2表示节点不可信,-1表示节点可能不可信,0表示节点的可信度还无法判断,1表示节点可能可信,2表示节点是可信的。同样,连续式的信任区间也采用对称的正负区间来表示,例如,$-1<x<1$,x为节点的信任度,x可为区间内的任意值。信任度连续式的表示方式把信任度划分为更多的等级,更能反映真实情况,但同时也给对节点信任的评估和更新带来了额外的计算负担。

(2) 信任度初始化。信任度的初始化指节点在自组织形成网络时节点可能具有的信任度,即节点的初始信任度。节点初始的信任度定义对网络的组建及新节点加入产生很大的影响。

一般信任度的初始值为中等偏下、中间值、中等偏上。采用中等偏下或者中间值得初始值可以防止恶意节点为更新自己的信任记录而重新加入网络的行为的出现,但是这样也不利于网络组建和新节点的加入;采用中等偏上的初始值则正好相反。为保证无线传感器网络对网络拓扑变化比较敏感,而且在基于密码和无线传感器网络中节点的加入是需要进行认证的,所以在实际应用中通常采用中等偏上的初始值。

(3) 信任度计算模型。信任度计算模型的合成方法,是信任度计算的核心。可以形象地将信任度的更新模型表示函数 $f(x_1,x_2,\cdots,x_n)$,其中的参数 $x_1,x_2,\cdots,x_n$ 是影响信任行为的各种因素。信任度计算模型随信任管理模型的不同而各异。但总体而言,信任度计算的主要依据是两节点之间的历史合作数据,其他节点所保存的节点合作数据和维护的信任度(第二手信息)及节点当前保存的各类信任因素数据。

在现有的无线传感器网络信任管理模型中,为保证节点所维护的信任度能反映真实的情况,大多数模型都采用两种或两种以上的数据来源作为节点信任度计算的依据。

通过计算节点的数学期望来求节点的信任度,使用当前节点保存的各类信任因素数据和其他节点所保存的节点合作数据及维护的信任度这两种信息。模型中每个节点 i 维护着一个信任表 RT_i,表示记录者和节点 i 所以相邻节点的信任度 R_{ij},即 $RT_i=\{R_{ij}\}$。

看门狗机制是模型中一种专门监测目标节点是否合作的一种机制,通过看门狗机制能够得到当前节点之间的合作情况,从而利用贝叶斯公式计算当前的信任度 R_{ij}。

$$R_{ij}=f(D_{ij},R_{ij})=\frac{P(D_{ij}/R_{ij})\cdot R_{ij}}{\sum P(D_{ij}/R_{ij})\cdot R_{ij}} \tag{4-6}$$

当节点需要选择和它相邻的某一个节点 j 作为下一跳节点时,则会查询所有相邻节点中保存的节点 j 的信息 R_{kj},其中 k 为相邻节点的编号。节点 i 通过自身维护的信任表中的信任

信息 R_{ik}，转化为信任权重 ω_k，则节点 i 对节点 j 的信任度计算模式为

$$T_{ij} = E[R_{ij}] = R_{ij} \cdot \omega + \sum R_{ik} \cdot \omega_k \qquad (4\text{-}7)$$

在信任模式中，信任度的更新和节点是否拥有相同的密钥（C）、节点之前合作成功的概率（A）、发出请求后也收到回复的概率（P）及鼓励因子（β）有关，即采用两节点之间的历史合作数据和当前保存的各类信任因素数据作为节点信任度计算的依据。

节点之前合作成功的概率 A 的表达式为

$$A_i = \frac{\sum_{j=1}^{n} QA_j}{n} \qquad (4\text{-}8)$$

式中，$QA=\{0,1\}$ 表示第 j 次是否合作成功。发出请求后也收到回复的概率 P 的表达式为

$$P_i = \frac{\sum_{j=1}^{n} QP_j}{m} \qquad (4\text{-}9)$$

式中，$QP=\{0,1\}$ 表示第 j 次回复是否收到回复，则信任度的更新函数表示为

$$T_i = f(i,C,A,\beta,P) = C_i \cdot A_i \cdot \beta \cdot P \qquad (4\text{-}10)$$

式中，i 为节点所保存的相邻节点的编号；T_i 表示第 i 个相邻节点的信任度；C_i=0 或 1（当 C_i=1 时表示节点拥有密钥）。

3. 访问控制

访问控制是无线传感器网络中具有挑战性的安全问题之一。无线传感器网络作为服务提供者向合法用户提供环境监测数据请求服务，仅仅具有合法身份和访问权限的用户发送的请求在通过验证后才能够得到网络服务器的响应。传统的基于公钥的访问控制方式开销较大，不适合于传感器网络。目前设计的传感器网络访问控制机制在开销和安全性方面仍存在较大问题，难以抵抗节点捕获、DoS 和信息重放等攻击，本节提出了基于单向 Hash 链的访问控制方式。为了增加用户数量，提高访问能力的可扩展性及抵抗用户捕获攻击，提出了基于 Merkle 哈希树的访问控制方式和用户访问能力撤销方式。经过分析、评估和比较，与现有的传感器网络访问控制方式相比，这些方式的计算、存储和通信开销较小，能够抵抗节点捕获、请求信息重放和 DoS 攻击。

（1）基于非对称密码体制的访问控制机制。传统的访问控制多是基于非对称密码体制的，资源的访问者持有身份证书和职属证书。在通过身份认证后，根据职属证书的属性和预先设定的访问控制策略（如 BLP 模型及基于角色访问控制策略）判断是否具有相应的访问控制权限。使用非对称密码体制的访问控制机制需要相应的网络安全基础设施，使用公钥密码算法计算开销大，难以应用在无线传感器网络中。

在无线传感器网络访问控制方面，目前的研究还处在起步阶段，使用公钥机制的传统访问控制方式因开销大而难以直接使用，许多研究者正尝试着在传感器节点上实现公钥运算。例如，Zinaida Benenson 等人推荐一个鲁棒性的传感器网络访问控制框架，提出 t 鲁棒

的传感器网络，即可以容忍 t 个传感器节点被捕获。此框架由三部分组成：t 鲁棒存储、n 认证和 n 授权（n 个传感器节点共同对用户进行认证和授权）。Zinaida Benenson 等人实现鲁棒性的用户认证，其基本思想是让处在用户通信范围内的传感器节点作为用户的非对称密钥领域和传感器网络的对称密钥领域的网关。用户使用公钥机制与其通信范围内的传感器节点通信，这些传感器节点使用对称密钥方式同网络的其他节点通信，Zinaida Benenson 等人提倡使用传感器网络用户请求泛洪认证。

（2）基于对称密码体制的访问控制机制。基于对称密码体制的访问控制机制需要密钥管理的支撑，适用于能量受限的网络，特别是无线网络。由于无线传感器网络的能量严格受限，所使用的多为对称密钥体制。

基于对称密钥机制的传感器网络访问控制方式的研究刚刚开始。在 Blundoet 等人倡导的对密钥预分配模式的基础上，Satyajit Banerjee 等人提出基于对称密钥的传感器网络用户请求认证方式，此方式没有引入额外开销，但是需要密钥预分配技术的支撑。基于最小权限原则，Wensheng Zhang 等人给出了几个有效的传感器网络权限限制的方式，仅仅允许用户执行分配给它的操作；同时也给出了几个撤销用户权限的方法，以便在用户被敌人捕获的情况下，尽可能将损失降到最小。

（3）现有访问控制存在的问题。传感器网络访问控制方式的研究还处于初级阶段，目前提出的访问控制方式存在的主要缺点有以下几个：

- 计算开销比较大，特别是使用公钥密码公式；
- 通信开销比较大，往往需要多轮交互；
- 需要密钥管理的支撑，特别是使用对称密钥方式；
- 难以抵抗 DoS、信息重放和节点捕获攻击。

利用单向密钥链接和 Merkle 哈希树，本节推荐了几种有效的传感器网络访问控制方式和用户访问能力撤销方式。与现有的传感器网络访问控制方式相比，这些方式的计算、存储和通信开销比较小，能够抵抗节点捕获、请求信息重放和 DoS 攻击。

4. 安全管理

密钥管理的核心就是参数安全及密钥的分发。Ronald Watro 等人提出了基于 PKI 技术的加密协议 TinyPK。由于采用公开密钥的管理机制计算和通信开销比较大，并不适合在一些资源紧张的无线传感器网络中使用，因此密钥管理是无线传感器网络安全研究中的一个方向，但目前尚未形成主流。

对称密钥由于具有加密处理简单、加/解密速度快、密钥较短等特点，比较适合资源受限的无线传感器网络部署。尽管存在这些问题，对称密钥管理机制依旧是目前无线传感器网络密钥管理的主要研究方向。而在目前预分配密钥方案中，最主要机制就是基于随机密钥预分配模型的机制。该机制的优点有

- 部署前已完成大多数密钥管理的基础工作，网络部署后只需运行简单的密钥协商协议即可，对节点资源要求比较低；

- 兼顾了网络的资源消耗、连通性、安全性等性能。

密钥预分配模型在系统部署之前完成大部分安全基础的建立,对于系统运行后的协商工作只需要简单的协议过程,适合无线传感器网络。主流的密钥预分配模型分为共享密钥引导模型、基本随机密钥预分配模型、q-Composite 随机密钥预分配模型和随机密钥对模型。

这里提出基于环区域和随机密钥与分配的无线传感器网络密钥管理机制,引入安全连通性的概念。通信连通度是指在无线通信各个节点与网络之间的数据互通性;安全连通性是指网络建立在安全通道上的连通性。在通信连接的基础上,节点之间进行安全连接初始化建立,即各个节点根据预共享密钥建立安全通道。

基于环区域和随机密钥预分配(Ring Based Random Key Pre-distribution,RBRKP)的无线传感器网络密钥管理机制预分配给各个传感器节点一个从初始密钥池随机抽取密钥而形成的密钥子集;部署后,节点再结合自身环区域位置,由基础广播部分随机数密钥和预分发的原始密钥 Hash 生成派生密钥子集;最后利用两节点派生密钥子集中的相同密钥,建立节点间保证链路安全的对密钥。通过基于随机密钥预分配模型和基于位置的密钥管理机制的比较分析可知,RBRKP 不但具有较好的安全连通性、抗节点捕获能力和网络可扩展性,而且无须预知传感器节点的部署位置,同时,RBRKP 也支持节点随时加入传感器网络,密钥撤销和更新也比较方便。

假设部署后传感器节点是静态的或移动区域比较小,新节点可能在任何时刻加入网络,攻击模型使攻击者有很强的攻击力,捕获节点后能获得该节点的所有密钥信息。攻击者也能窃听所有的链路传输的加密信息,窃听的成功与否取决于攻击者是否已捕获传感器节点的通信密钥。对攻击者仅有的限制是节点在部署后的初始间隙 T 内,攻击者即使捕获节点,也不能在 T 时间内破获节点的密钥,此假设在许多基于随机密钥预分配的模型中均有出现。此外,我们假设基站是安全的,并且能调节发射功率,从而控制基站广播信号能覆盖不同半径的区域,实际应用中,这种假设很容易实现,因为基站安全对大多数传感网络应用来说是必须被保证的,否则无线传感器网络收集的汇聚信息可能全部泄漏;对于调节发射功率,甚至传感器节点(如 MICAZ)配置适当的软件也有类似的功能。基于这些假设,我们考虑一个有 N 个节点的传感器网络在预部署阶段、初始化阶段和通信阶段的密钥管理 RBRKP。

(1)预部署阶段的密钥预分配。在预部署阶段,基站作为权威信任中心拥有 P 个原始密钥 K_0^i($i=1,2,\cdots,P$)的密钥池,利用随机数 Rnd_M 和单向 Hash 函数生成 M 个随机数密钥 Rnd_j($j=1,2,\cdots,M$),其中 $Rnd_j=Hash(Rnd_j)$;然后,各个传感器节点从密钥池中随机抽取 R 个密钥($R \leq P$),形成传感器节点的原始密钥环;最后,给每个节点分配一个相同的单向 Hash 计算函数 H。

(2)初始阶段的密钥分配。在传感器节点被随机部署后,基站根据不同级别的发射功率依次广播随机密钥 Rnd_1、Rnd_2、$\cdots$、Rnd_k,($k \leq m$,发射功率可根据公式进行调节),由于每次广播随机数密钥 Rnd 的覆盖范围不同,属于不同区域的传感器节点收到的随机数密钥数量也不同,靠近基站的传感器节点会收到较多的随机数密钥。这样如果节点保存所有随机数密钥，可能会影响传感器内存的合理使用。

RBRKP 机制根据实际传感器节点的内存限制，保存最初收到的 $r+1$ 个密钥（$r<K$），如 Rnd_j、Rnd_{j+1}、Rnd_{j+2}、…、Rnd_{j+r}，然后根据节点预分配的 Hash 计算函数 H，计算验证广播的密钥，通过验证后，删除 Rnd_{j+r}，仅保存最先收到的 r 个密钥 Rnd_j、Rnd_{j+1}、Rnd_{j+2}、…、Rnd_{j+r-1}。

$$P_{out} = P_{max}/LP \tag{4-11}$$

式中，L 是基站能调节发射功率的级数；$P=1$，2，…，L；P_{max} 是基站能发送的最大功率。

在基站广播完随机数密钥后，传感器节点根据预分配的原始密钥环中各 K_0^i 和广播收到的随机数密钥 Rnd_j、Rnd_{j+1}、Rnd_{j+2}、…、Rnd_{j+r-1}，结合 Hash 计算函数 H 生成派生密钥，从而形成新的派生密钥环。可以计算出节点派生密钥环的密钥数量是节点保存的随机数密钥数量 r 和原始密钥数量 R 的乘积，即 rR。值得注意的是，通常情况下这种派生密钥环密钥数量的扩充，是在不用提高从密钥池中的每个传感器节点抽取原始密钥数量 R 值的基础上，提高了邻居节点间的相同密钥数量的，从而提高了 RBRKP 机制在通信阶段建立对密钥的概率，提高了网络安全连通率。

为了便于描述，这里以图 4-33 所示的传感器节点 S 为例进行介绍，基站以最小级功率（公式中 $P=1$）首先广播随机数密钥，该广播信号的覆盖范围为图 4-33 所示的中心圈，因此只有中心圈内的传感器节点能收到随机数密钥，传感器节点 S 因为在二环中，不能收到 Rnd_1，当基站第二次广播随机数密钥 Rnd_2 时，传感器节点 S 从基站收到第一个随机数密钥 Rnd_2，接下来基站依次广播 Rnd_3、Rnd_4、Rnd_5、…、Rnd_k，传感器节点 S 均能收到，假设由于传感器节点 S 内存限制原因，S 仅仅保存两个随机数密钥 Rnd_2 和 Rnd_3，即 $r=2$，用 Rnd_4 认证 Rnd_2 和 Rnd_3 确认为基站发的随机数密钥后，忽略后续基站广播的其他随机数密钥。然

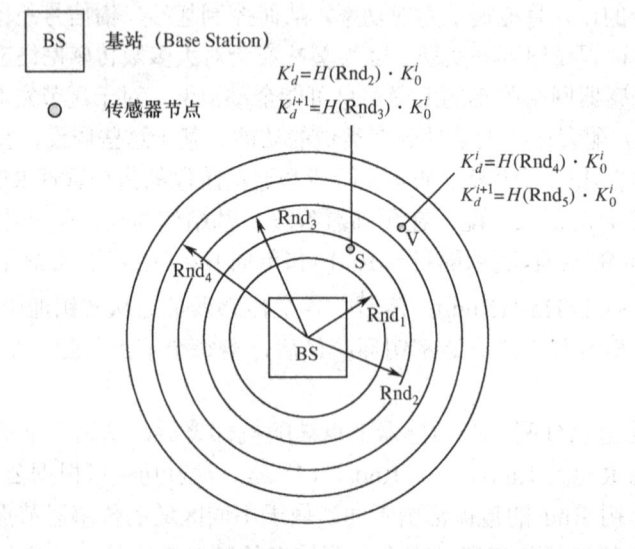

图 4-33　传感器节点 S 派生密钥生成原理图

后，S 根据原始密钥环上的各密钥 K_0^i 派生出两个新的派生密钥 K_d^i 和 K_d^{i-1}。这些派生的密钥重新组成派生密钥环，其他节点依次类推建立派生密钥环，对于区域边缘环内的传感器节点（如 V），可以通过基站额外发送 Rnd_5 和 Rnd_6，以便建立与其他节点相同密钥数量的派生密钥环，也为以后传感器节点部署范围扩充打下基础。该例中，由派生密钥的生成方法可知，对于一个含有 R 个原始密钥的传感器节点来说，RBRKP 机制在初始密钥分发阶段，节点的派生密钥环中密钥数量是 2R。

在节点的派生密钥环生成后，传感器节点删除原始密钥环（即预部署阶段分发的密钥环），删除广播收到的所有随机数密钥 Rnd_j、Rnd_{j+1}、Rnd_{j+2}、…、Rnd_{j+r-1}，保留派生密钥环，Hash 计算函数 H 在节点间的对密钥建立后也被删除。

在每个传感器密钥的派生密钥环生成过程中，由于有一定距离的不同环内的传感器节点收到的随机数密钥不同，而同一环内的节点收到的随机数密钥相同，因此传感器节点的派生密钥和传感器节点位置（即图 4-33 所示的各环）有很强的依赖关系。例如，对于图 4-33 所示的节点 S 和 V，即使两个节点的原始密钥完全相同，派生出的密钥环内的派生密钥也是完全不同的，这对于网络的抗捕获性很有好处。

在上述 RBRKP 机制中，假设传感器节点都在基站的最大发射功率发射信号的覆盖范围内，实际应用中，即使基站信号不能覆盖整个传感器区域，处于边缘的传感器节点也可以通过中间传感器节点转发得到随机数密钥。一种简单的解决方法是传感器节点在预部署时和基站共享同一密钥 K，然后在转发过程中，用 K 加密随机数密钥进行认证，在密钥的初始阶段结束后，删除该密钥 K。

（3）通信阶段的安全链路。在密钥预分发和初始阶段的派生密钥环生成后，通信阶段的主要任务是根据这些派生密钥环建立安全链路。与 q-Composite 随机密钥预分配模型类似，在 RBRKP 机制中，两个邻居节点间拥有相同派生密钥的数量大于阈值时，这两个节点才能建立安全通信链路。假设两个传感器节点的派生密钥环内含有个相同密钥，建立两个节点的一个共享对密钥。单向 Hash 函数 H 在节点生成共享对密钥后删除，以防止攻击者利用捕获的派生密钥集合生成对密钥，进而对网络安全构成威胁。

与 q-Composite 随机密钥预分配模型不同，节点间相同派生密钥数目阈值并不要求原始密钥预分发中节点间相同原始密钥的数量达到 N_c/r 时，RBRKP 机制才能建立共享对密钥，其中 r 为初始阶段每个传感器节点保存的随机数相同派生密钥环境密钥个数。由此可见，相对于 q-Composite 随机密钥预分配模型，RBRKP 提高了节点间相同派生密钥的数量，但是并不需要提高节点预分发的原始密钥数量，从而使得攻击者难以构造优化的密钥池，从而提高网络的安全性。

如何安全地发现两个相邻节点的相同密钥也是密钥管理的一个问题，密钥环中的密钥直接交换匹配容易导致密钥被窃听而泄漏，并且攻击者能因此构造出优化的密钥环境或密钥池，然后进行信息解密或合法地在网络中插入伪造节点，发动恶意攻击。一种发现方法是对节点广播密钥 ID 进行匹配，但这种基于 ID 交换的相同密钥发现方法，容易被攻击者分析出网络拓扑结构，至少泄漏安全链路路径信息，RBRKP 用 Merkle 谜语发现相同的派生密钥。Merkle 谜语的技术基础是正常节点（拥有一定量的谜面和谜底的节点）之间解决谜语要比其他节点更容易。节点间的一问一答，很容易发现节点间的相同密钥。RBRKP 通过节点发送一个由 rR 个谜面组成的信息给邻居节点（派生密钥环中一个密钥对应一对谜面和谜底），邻居节点答复 rR 个谜底。在确认正确回答 N_c 个谜面后，节点间 N_c 个相同派生密钥发现完成，即相同密钥组为这 N_c 个谜面或谜底一一对应的派生密钥。RBRKP 的谜语中每个原始密钥对应一个谜语（包含谜面和谜底），每个随机数密钥也对应一个谜语。派生密钥的谜语则是一一对应原始密钥谜语和随机数密钥谜语的组合谜语。

RBRKP 的另一个特点是安全性较高且节点密钥环被破解后的影响是局部的，对其他区域内的传感器节点通信完全不能用这些破解的密钥进行窃听。例如，假设传感器节点保存的随机数密钥为 k 个，那么间隔 k 个环的传感器节点间的派生密钥环内密钥完全不同。即使在相邻环内或同一环内，由于生成对密钥的 Hash 函数的原始密钥参数不同、数目不同和顺序不同，对密钥也不相同。因此，RBRKP 机制将攻击基本限制在被捕获节点与邻居节点通信的链路上，对其他链路安全没有影响。

（4）新节点密钥分布和密钥的撤销。RBRKP 机制支持新节点加入网络建立安全链路。无须用带 GPS 的部署辅助装置帮助部署传感器节点的密钥。RBRKP 对新节点预先装入 R_g 个原始密钥，基站在新节点部署完成后，一次重新广播在网络初始部署时的随机数密钥。同网络初始部署相同，新节点的派生密钥集和它的邻居节点（新旧节点）派生密钥集相同，因此在通信阶段新节点很容易和网络原有的节点建立对密钥，从而形成新的安全通信链接，当成新节点加入和安全密钥分发。当然，如果新节点的加入预先知道部署区域（如某个环内），则基站可以根据新传感器节点的位置，用相应的随机数密钥直接生成派生密钥环，预先分发给新传感器节点，避免对基站广播随机数密钥造成正常通信的干扰。

RBRKP 密钥的撤销与其他基于随机密钥预分发模型的机制类似，基站或分离控制器用它与每个传感器唯一共享的密钥加密撤销信息，通知传感器节点撤销节点的派生密钥环中被捕获的派生密钥。RBRKP 机制密钥撤销消息，通知传感器节点撤销节点的派生密钥环中被捕获的派生密钥。RBRKP 机制密钥撤销的优点是：由于派生密钥依赖传感器节点位置，撤销消息发送范围被限制在一定的区域内，而不是整个区域广播，因而能节省整个网络为撤销密钥的通信开销。对于一个区域内大规模的密钥更新，基站可以通过加密新的随机数密钥再次 Hash，形成新的派生密钥环，然后重新建立对密钥，同时基站记录日志，以便以后新节点再次加入时发送新、旧随机数密钥，协助新节点建立与该区域相同的派生密钥集。

需要注意是，我们假设基础站信号覆盖范围为圆，实际应用中，信号覆盖范围并非圆，基站也可能在传感器网络连接的边缘，但是这只是改变了环区域的大小，不会影响 RBRKP 密钥管理。同样，对于采用分簇路由的网络，RBRKP 密钥管理考虑了跨环间的节点安全链路建立，对于跨环的簇，RBRKP 密钥管理也同样适用。对于广播随机数密钥的可靠性，可以通过基站多次重复广播，节点 Hash 单向函数的推导得出相应的随机数密钥；节点也可以通过邻居节点协商得到随机数密钥。

思考与练习题

1. 试述如何应用 RFID 技术来进行食品安全管理。
2. 举例说明我们身边的传感器（五项以上）。
3. 简述无线传感器网络的特征。
4. 在物联网环境下，RFID 与传感器网络一个较常见的应用就是冷链管理，这里简化为一个管理中心，监控从不同地点读写器读到的标签数据，然后通过传感器网络检测温度，定位货物位置，直到最后进入超市被消费者所购买。在这种情形下，如何分析新的安全威胁并设计相应的技术解决其安全问题。

第 5 章

物联网信息传输安全

物联网通过网络层实现更加广泛的互连功能，通过各种网络接入设备与移动通信网络和互联网等广域网相连，能够把感知到的信息快速、可靠、安全地进行传输。传统互联网主要面向桌面计算机，目前的移动互联网面向个人随身携带的智能终端，而物联网所面向的不光是计算机、个人智能终端，而是面向世间万物，其连网设备的数量极其庞大。物联网的这种需求使得目前已有的固定网络和移动网络远远不能满足需要，网络的吞吐量、普适性等都将出现质的变化。物联网的网络层虽然将主要以现有的移动通信网络和互联网为基础构建，但其广度和深度将大大超越。网络的规模和数据量的增加，将给网络安全带来新的挑战，网络将面临新的安全需求。

5.1 信息传输需求

5.1.1 网络层概述

物联网通过网络层实现更加广泛的互连功能，通过各种网络接入设备与移动通信网络和互联网等广域网相连，能够把感知到的信息快速、可靠、安全地进行传输。经过十余年的快速发展，移动通信、互联网等技术已比较成熟，物联网的网络层将主要建立在现有的移动通信网络和互联网基础上，基本能够满足物联网数据传输的需要。物联网的网络层主要用于把感知层收集到的信息安全可靠地传输到信息处理层，然后根据不同的应用需求进行信息处理、分类、聚合等，即网络层主要由网络基础设施和网络管理及处理系统组成，物联网的承载网络包括互联网、移动网、WLAN 网络和一些专业网（如数字音/视频广播网、公共服务专用网）等，每种网络都有自己的核心网络。随着技术的发展，各种网络的核心网络将逐渐融合，最后形成由一个核心网络支持多种业务的局面。

物联网的网络层主要用于把感知层收集到的信息安全可靠地传输到信息处理层，然后根据不同的应用需求进行信息处理，实现对客观世界的有效感知和控制。其中连接终端感知网络与服务器的桥梁便是各类承载网络，物联网的承载网络包括核心网（NGN）、2G 通信系统、3G 通信系统和 LTE/4G 通信系统等移动通信网络，以及 WLAN、蓝牙等无线接入系统，如图 5-1 所示。

网络层	移动通信网、互联网和其他专网			
	2G通信系统	3G通信系统	LTE/4G通信系统	互联网
	WLAN无线网络	卫星通信系统	专用网络	NGN

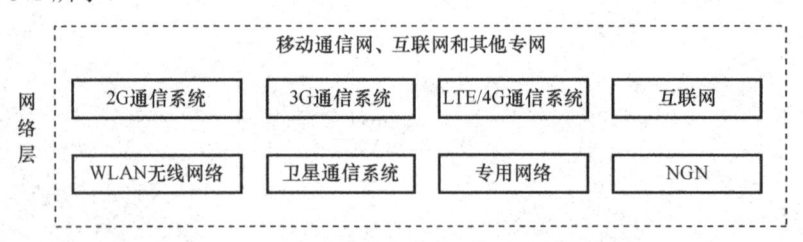

图 5-1 物联网的网络层组成

物联网是利用无所不在的网络技术（有线或无线）建立起来的，随着互联网和移动通信网络技术的高速发展，未来物联网的信息传输将主要由移动通信网络、互联网和 WLAN 无线网络承载。在网络应用环境日益复杂的背景下,各种网络实体间的信任关系、通信链路的安全、安全业务的不可否认性和网络安全体系的可扩展性将成为物联网网络安全主要研究内容。

目前,国内物联网处于应用的初级阶段,网络安全相关标准尚未出台,网络体系结构也没有成型,但网络融合的趋势是显而易见的。从图 5-1 中可以看出,未来的物联网网络体系结构将是一个集成无线蜂窝网络、卫星网络、无线局域网、广播电视网络、蓝牙等系统和固定的有线网络为一体的全 IP 的多网融合的网络结构(包括各种接入网和核心网),各种类型的网络通过网关接入系统都能够无缝地接入基于 IP 的核心网,形成一个公共的、灵活的、可扩展的网络平台。从前面对物联网网络体系结构的描述中可看出,物联网是信息通信网络的高级阶段,它是一个远比过去任何单一网络更加复杂的通信系统,它的实现需要依赖于很多新兴技术。

5.1.2 信息传输面临的安全问题

物联网不仅要面对移动通信网络和互联网所带来的传统网络安全问题,而且由于物联网由大量的自动设备构成,缺少人对设备的有效管控,并且终端数量庞大,设备种类和应用场景复杂,这些因素都将对物联网网络安全造成新的威胁。相对于传统的单一 TCP/IP 网络技术而言,所有的网络监控措施、防御技术不仅面临更复杂结构的网络数据,同时又有更高的实时性要求,在网络通信、网络融合、网络安全、网络管理、网络服务和其他相关学科领域都将是一个新的课题、新的挑战。物联网网络层的安全威胁主要来自以下几个方面。

1) 物联网终端自身安全

随着物联网业务终端的日益智能化,终端的计算和存储能力不断增强,物联网应用更加丰富,这些应用同时也增加了终端感染病毒、木马或恶意代码所入侵的渠道。一旦终端被入侵成功,之后通过网络传播就变得非常容易了。病毒、木马或恶意代码在物联网内具有更大的传播性、更高的隐蔽性、更强的破坏性,相比单一的通信网络而言更加难以防范,带来安全威胁将更大。同时,网络终端自身系统平台缺乏完整性保护和验证机制,平台软/硬件模块容易被攻击者篡改,内部各个通信接口缺乏机密性和完整性保护,在此之上传输的信息容易被窃取或篡改。物联网终端丢失或被盗其中存储的私密信息也将面临泄漏的风险。

2) 承载网络信息传输安全

物联网的承载网络是一个多网络叠加的开放性网络,随着网络融合加速及网络结构的日益复杂,物联网基于无线和有线链路进行数据传输面临的威胁更大。攻击者可随意窃取、篡改或删除链路上的数据,并伪装成网络实体截取业务数据及对网络流量进行主动与被动分析;对系统无线链路中传输的业务与信令、控制信息进行篡改,包括插入、修改、删除等;攻击者通过物理级和协议级干扰,伪装成合法网络实体,诱使特定的协议或者业务流程失效。

3) 核心网络安全

未来,全 IP 化的移动通信网络和互联网及下一代互联网将是物联网网络层的核心载体,大多数物联网业务信息要利用互联网传输。移动通信网络和互联网的核心网络具有相对完整的安全保护能力，但对于一个全 IP 化开放性网络，仍将面临传统的 DoS 攻击、DDoS 攻击、假冒攻击等网络安全威胁，且由于物联网中业务节点数量将大大超过以往任何服务网络，并以分布式集群方式存在，在大量数据传输时将使承载网络堵塞，产生拒绝服务攻击。

核心网络的网络接入和网络服务实体部件也将面临巨大的安全威胁，如移动通信系统中的 VRL（访问位置寄存器）和 HRL（归属位置寄存器），攻击者可以伪装成合法用户使用网络服务，在空中接口对合法用户进行非法跟踪而获取有效的用户信息，从而开展进一步的攻击。伪装成网络实体对系统数据存储实体非法访问，对非授权业务非法访问。同时，由于物联网应用的广泛性，不同架构体制的承载网络需要互连互通，跨网络架构的安全认证、访问控制和授权管理方面会面临更大安全挑战。

目前全球都在针对 IP 网络固有的安全缺陷寻找解决办法，名址分离、源地址认证等技术就是其中的典型，也有一些"推倒重来"的技术方案。总之，物联网核心网今后可能发展为与现有核心网差别很大的网络，到那时，目前存在的众多安全威胁将消失，同样又会产生新的安全需求，因而物联网核心网安全技术必须紧密关注核心网技术的发展。

▶ 5.1.3 网络层安全技术需求

1. 网络层安全特点

物联网是一种虚拟网络与现实世界实时交互的新型系统，其核心和基础仍然是互联网。物联网的网络安全体系和技术博大精深，涉及网络安全接入、网络安全防护、嵌入式终端防护、自动控制、中间件等多种技术体系，需要我们长期研究和探索其中的理论和技术问题。和移动网络和互联网相同，物联网同样面临网络的可管、可控及服务质量等一系列问题，并且有过之而无不及，根据物联网自身的特点，物联网除面对移动通信网络等传统网络安全问题之外，还存在着一些与现有网络安全不同的特殊安全问题。这是由物联网是由大量的机器构成、缺少人对设备的有效监控、数量庞大、设备集群等相关特点造成的。物联网的网络安全区别于传统的 TCP/IP 网络具有以下的特点。

（1）物联网是在移动通信网络和互联网基础上的延伸和扩展的网络，但不同应用领域的物联网具有完全不同的网络安全和服务质量要求，使得它无法再复制互联网成功的技术模式。此外，现有通信网络的安全架构都是从人通信的角度设计的，并不适用于机器的通信，使用现有安全机制会割裂物联网机器间的逻辑关系。针对物联网不同应用领域的专用性，需要客观地设定物联网的网络安全机制，科学地设定网络层安全技术研究和开发的目标和内容。

（2）物联网的网络层将面临现有 TCP/IP 网络的所有安全问题，同时还因为物联网在感知层所采集的数据格式多样，来自各种各样感知节点的数据是海量的并且是多源异构数据，带来的网络安全问题将更加复杂。例如，M2M 业务、电信网络的接入技术和网络架构都需要改进和优化，异构网络的融合技术和协同技术等相关网络安全技术必须符合物联网业务特征。

(3) 物联网和互联网的关系是密不可分、相辅相成的。互联网基于优先级管理的典型特征使得其对于安全、可信、可控、可管都没有特殊要求。但是，物联网对于实时性、安全可信性、资源保证性等方面却有很高的要求。例如，在智能交通应用领域，物联网必须是稳定的，稳定地提供交通指挥控制服务，不能有任何差错；有些物联网需要高可靠性的，如医疗卫生的物联网，必须要求具有很高的可靠性，保证不会因为由于物联网的误操作而威胁患者的生命。

(4) 物联网需要严密的安全性和可控性，物联网的绝大多数应用都涉及个人隐私或企业内部秘密，物联网必须提供严密的安全性和可控性，具有保护个人隐私、防御网络攻击的能力。

2. 物联网的网络安全需求

从信息与网络安全的角度来看，物联网作为一个多网并存的异构融合网络，不仅存在与传感器网络、移动通信网络和互联网同样的安全问题，同时还有其特殊性，如隐私保护问题、异构网络的认证与访问控制问题、信息的存储与管理等。物联网的网络层主要用于实现物联网信息的双向传输和控制，网络通信适应物物通信需求的无线接入网络安全和核心网的安全，同时在物联网的网络层，异构网络的信息交换将成为安全性的脆弱点，特别在网络鉴权认证过程，避免不了网络攻击，这些都需要有更高的安全防护措施。

物联网应用承载网络主要以互联网、移动通信网及其他专用 IP 网络为主，物联网网络层对安全的需求可以涵盖以下几方面。

(1) 业务数据在承载网络中的传输安全。需要保证物联网业务数据在承载网络传输过程中数据内容不被泄漏、不被非法篡改及数据流量信息不被非法获取。

(2) 承载网络的安全防护。病毒、木马、DDoS 攻击是网络中最常见的攻击现象，未来在物联网中将会更突出，物联网中需要解决的问题是如何对脆弱传输节点或核心网络设备的非法攻击进行安全防护。

(3) 终端及异构网络的鉴权认证。在网络层，为物联网终端提供轻量级鉴别认证和访问控制，实现对物联网终端接入认证、异构网络互连的身份认证、鉴权管理及对应用的细粒度访问控制是物联网网络层安全的核心需求之一。

(4) 异构网络下终端的安全接入。物联网应用业务承载包括互联网、移动通信网、WLAN 网络等多种类型的承载网络，在异构网络环境下大规模网络融合应用需要对网络安全接入体系结构进行全面设计，针对物联网 M2M 的业务特征，都需要对网络接入技术和网络架构进行改进和优化，以满足物联网业务网络安全应用需求。其中包括网络对低移动性、低数据量、高可靠性、海量容量的优化，包括适应物联网业务模型的无线安全接入技术、核心网优化技术，包括终端寻址、安全路由、鉴权认证、网络边界管理、终端管理等技术，包括适用于传感器节点的短距离安全通信技术，以及异构网络的融合技术和协同技术等。

(5) 物联网应用网络统一协议栈需求。物联网是互联网的延伸，物联网的核心网层面是基于 TCP/IP 的，但在网络接入层面，协议类别五花八门，有 GPRS/CDMA、短信、传感器、有线等多种通道，物联网需要一个统一的协议栈和相应的技术标准，以此杜绝通过篡改协议、协议漏洞等安全风险威胁网络应用安全。

（6）大规模终端分布式安全管控。物联网和互联网的关系是密不可分、相辅相成的。互联网基于优先级管理的典型特征使得其对于安全、可信、可控、可管都没有要求，但是，物联网对于实时性、安全可信性、资源保证性等方面却有很高的要求，物联网的网络安全技术框架、网络动态安全管控系统对通信平台、网络平台、系统平台和应用平台等提出安全要求。物联网应用终端的大规模部署，对网络安全管控体系、安全管控与应用服务统一部署、安全检测、应急联动、安全审计等方面提出了新的安全需求。

5.1.4 网络层安全框架

随着物联网的发展，建立端到端的全局物联网将成为趋势，现有互联网、移动通信网等通信网络将成为物联网的基础承载网络。由于通信网络在物联网架构中的缺位，使得早期的物联网应用往往在部署范围、应用领域、安全保护等诸多方面有所局限，终端之间及终端与后台软件之间都难以协同工作。物联网网络层安全体系结构如图 5-2 所示。

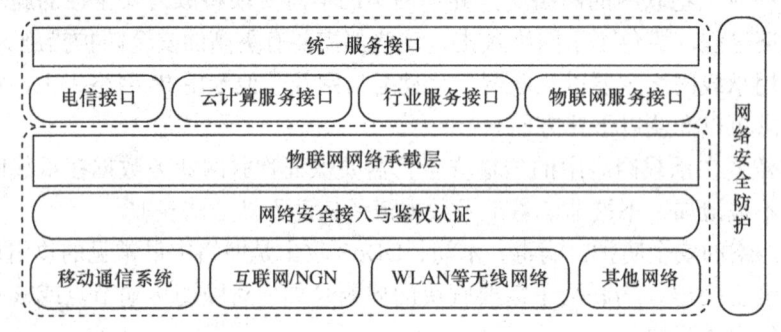

图 5-2 物联网网络层安全体系结构

在传统的互联网、移动通信网络中，网络层的安全和业务层的安全是相互独立的。而物联网的特殊安全问题很大一部分是由于物联网是在现有通信网络基础上集成了感知网络和应用平台带来的，因此，网络中的大部分机制仍然可以适用于物联网并能够提供一定的安全性，如认证机制、加密机制等，但还是需要根据物联网的特征对安全机制进行调整和补充。

物联网的网络层可分为业务网、核心网、接入网三部分，网络层安全解决方案应包括以下几方面内容。

（1）构建物联网与互联网、移动通信网络相融合的网络安全体系结构，重点对网络体系架构、网络与信息安全、加密机制、密钥管理体制、安全分级管理机制、节点间通信、网络入侵检测、路由寻址、组网及鉴权认证和安全管控等进行全面的设计。

（2）建设物联网网络安全统一防护平台，通过对核心网和终端进行全面的安全防护部署，建设物联网网络安全防护平台，完成对终端安全管控、安全授权、应用访问控制、协同处理、终端态势监控与分析等管理。

(3) 提高物联网系统各应用层次之间的安全应用与保障措施，重点规划异构网络集成、功能集成、软/硬件操作界面集成及智能控制、系统级软件和安全中间件等技术应用。

(4) 建立全面的物联网网络安全接入与应用访问控制机制，不同行业需求千差万别，面向实际应用需求，建立物联网网络安全接入和应用访问控制，满足物联网终端产品的多样化网络安全需求。

5.2 物联网核心网安全

5.2.1 现有核心网典型安全防护系统部署

目前的物联网核心网主要是运营商的核心网络，其安全防护系统组成包括安全通道管控设备、网络密码机、防火墙、入侵检测设备、漏洞扫描设备、防病毒服务器、补丁分发服务器、综合安全管理设备等。核心网安全防护系统可以为物联网终端设备提供本地和网络应用的身份认证、网络过滤、访问控制、授权管理等安全防护体系。核心网络安全防护系统网络拓扑结构如图 5-3 所示。

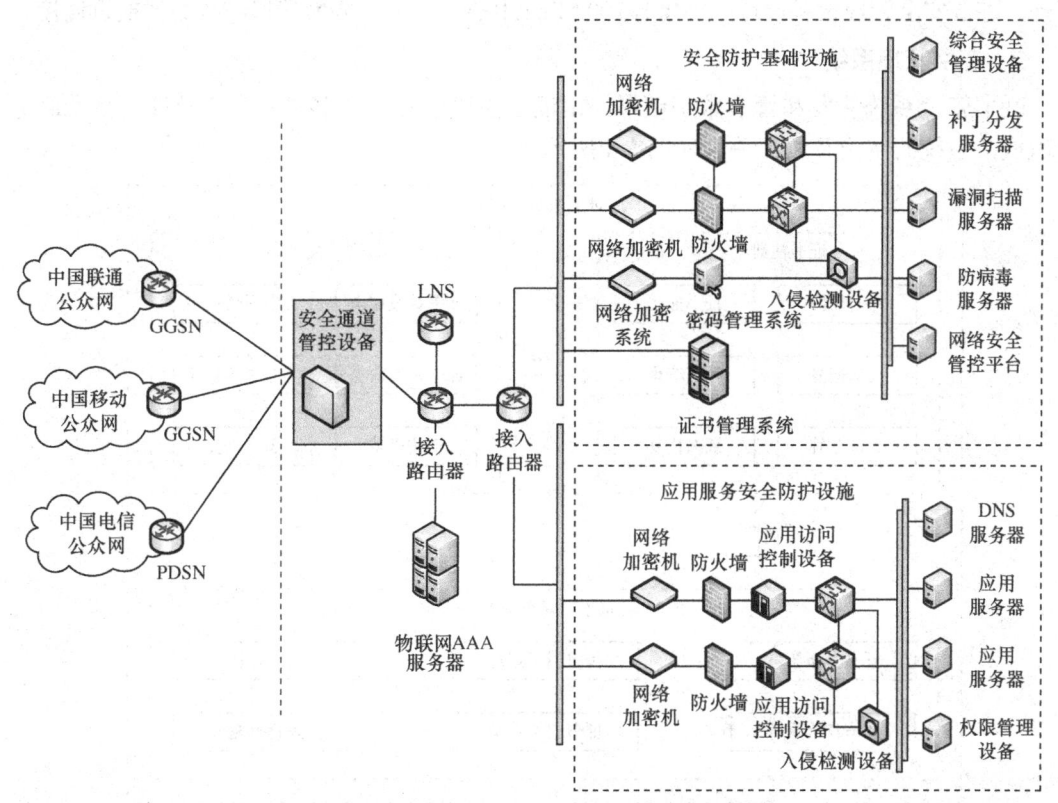

图 5-3　物联网核心网络安全防护系统网络拓扑结构

通过在核心网络中部署通道管控设备、应用访问控制设备、权限管理设备、防火墙、入侵检测系统、漏洞扫描设备、补丁分发系统等基础安全实施，为物联网终端的本地和网络应用的身份认证、访问控制、授权管理、传输加密提供安全应用支撑。

1. 综合安全管理设备

综合安全管理设备能够对全网安全态势进行统一监控，实时反映全网的安全态势，对安全设备进行统一的管理，能够构建全网安全管理体系，对专网各类安全设备实现统一管理；可以实现全网安全事件的上报、归并，全面掌握网络安全状况；实现网络各类安全系统和设备的联防联动。

综合安全管理设备对核心网络环境中的各类安全设备进行集中管理和配置，在统一的调度下完成对安全通道管控设备、防火墙、入侵检测设备、应用安全访问控制设备、补丁分发设备、防病毒服务器、漏洞扫描设备、安全管控系统的统一管理，能够对产生的安全态势数据进行汇聚、过滤、标准化、优先级排序和关联分析处理，支持对安全事件的应急响应处置，能够对确切的安全事件自动生成安全响应策略，及时降低或阻断安全威胁。

在安全防护基础设施区域部署 1 台综合安全管理设备，对网络安全设备等资源进行统一管理，综合安全管理设备通过 10 Mbps/100 Mbps/1000 Mbps 以太网接口与核心交换机连接。

2. 证书管理系统

证书管理系统签发和管理数字证书，由证书注册中心、证书签发中心及证书目录服务器组成，系统的结构及相互关系如图 5-4 所示。

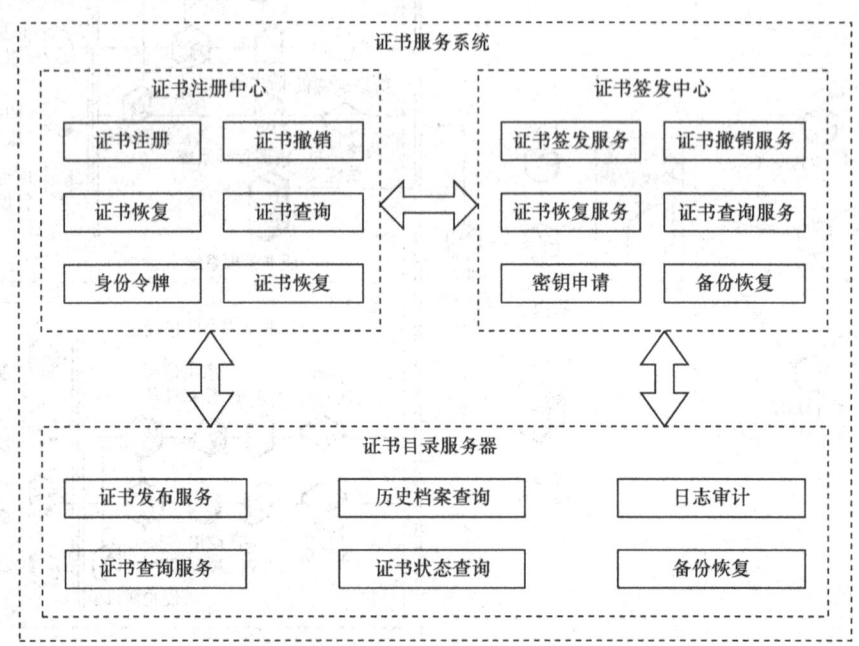

图 5-4 证书管理系统的结构及相互关系

- 证书注册：审核注册用户的合法性，代理用户向证书签发中心提出证书签发请求，并将用户证书和密钥写入身份令牌，完成证书签发（包括机构证书、系统证书和用户证书）；
- 证书撤销：当用户身份令牌丢失或用户状态改变时，向证书签发中心提出证书撤销请求，完成证书撤销列表的签发；
- 证书恢复：当用户身份令牌损坏时，向证书签发中心提出证书恢复请求，完成用户证书的恢复；
- 证书发布：负责将签发或恢复后的用户证书及证书撤销列表发布到证书目录服务器中；
- 身份令牌：为证书签发、恢复等模块提供用户身份令牌的操作接口，包括用户临时密钥对的产生、私钥的解密写入、用户证书的写入及用户信息的读取等；
- 证书签发服务：接收证书注册中心的证书签发请求，完成证书签发（包括机构证书、设备证书和用户证书）；
- 证书撤销服务：接收证书注册中心的证书撤销请求，完成证书撤销列表的签发；
- 证书恢复服务：接收证书注册中心的证书恢复请求，完成用户证书的恢复；
- 密钥申请：向证书密钥管理系统申请密钥服务，为证书签发、撤销、恢复等模块提供密钥的发放、撤销和恢复接口；
- 证书查询服务：为证书签发服务系统、证书注册服务系统和其他应用系统提供证书查询接口；
- 证书发布服务：为证书签发服务系统、证书注册服务系统和其他应用系统提供证书和证书撤销列表发布接口；
- 证书状态查询服务：提供证书当前状态的快速查询，以判断证书当前时刻是否有效；
- 日志审计：记录系统操作管理员的证书管理操作，提供查询统计功能；
- 备份恢复：提供数据库备份和恢复功能，保障用户证书等数据的安全。

3. 应用安全访问控制设备

应用安全访问控制采用安全隧道技术，在物联网的应用终端和服务器之间建立一个安全隧道，并且隔离终端和服务器之间的直接连接，所有的访问都必须通过安全隧道，没有经过安全隧道的访问请求一律丢弃。应用访问控制设备收到终端设备从安全隧道发来的请求，首先通过验证终端设备的身份，并根据终端设备的身份查询该终端设备的权限，根据终端设备的权限决定是否允许终端设备的访问。应用安全访问控制设备需实现的主要功能包括如下几种。

- 统一的安全保护机制：为网络中多台（套）应用服务器系统提供集中式、统一的身份认证、安全传输、访问控制等；
- 身份认证：基于 USB KEY+数字证书的身份认证机制，在应用层严格控制终端设备对应用系统的访问接入，可以完全避免终端设备身份假冒事件的发生；

- 数据安全保护：终端设备与应用访问控制设备之间建立访问被保护服务器的专用安全通道，该安全通道为数据传输提供数据封装、完整性保护等安全保障；
- 访问控制：结合授权管理系统，对 FTP、HTTP 应用系统能够实现目录一级的访问控制，在授权管理设备中没有授予任何访问权限的终端设备，将不允许登录应用访问控制设备；
- 透明转发：支持根据用户策略的设置，实现多种协议的透明转发；
- 日志审计：能够记录终端设备的访问日志，能够记录管理员的所有配置管理操作，可以查看历史日志。

应用安全访问控制设备和授权管理设备共同实现对访问服务区域的终端设备的身份认证及访问权限控制，通过建立统一的身份认证体系，在终端部署认证机制，通过应用访问控制设备对访问应用服务安全域应用服务器的终端设备进行身份认证和授权访问控制。

4. 安全通道管控设备

安全通道管控设备部署于物联网 LNS 服务器与运营商网关之间，用于抵御来自公网或终端设备的各种安全威胁。其主要特点体现在两个方面：透明，即对用户透明、对网络设备透明，满足电信级要求；管控，即根据需要对网络通信内容进行管理、监控。

5. 网络加密机

网络加密机部署在物联网应用的终端设备和物联网业务系统之间，通过建立一个安全隧道，并且隔离终端设备和中心服务器之间的直接连接，所有的访问都必须通过安全隧道。网络加密机采用对称密码体制的分组密码算法，加密传输采用 IPSec 的 ESP 协议、通道模式进行封装。在公共移动通信网络上构建自主安全可控的物联网虚拟专用网（VPN），使物联网业务系统的各种应用业务数据安全、透明地通过公共通信环境，确保终端数据传输的安全。

6. 漏洞扫描系统

漏洞扫描系统可以对不同操作系统下的计算机（在可扫描的 IP 范围内）进行漏洞检测，主要用于分析和指出安全保密分系统计算机网络的安全漏洞及被测系统的薄弱环节，给出详细的检测报告，并针对检测到的网络安全隐患给出相应的修补措施和安全建议，提高安全保密分系统安全防护性能和抗破坏能力，保障安全保密分系统运维安全。漏洞扫描系统主要功能有如下几种。

- 可以对各种主流操作系统的主机和智能网络设备进行扫描，发现安全隐患和漏洞，并提出修补建议；
- 可以对单 IP、多 IP、网段扫描和定时扫描，扫描任务一经启动，无须人工干预；
- 扫描结果可以生成不同类型的报告，提供修补漏洞的解决方法，在报告漏洞的同时，提供相关的技术站点和修补方法，方便管理员进行管理；
- 漏洞分类，包括拒绝服务攻击、远程文件访问测试、一般测试、FTP 测试、CGI 攻击测试、远程获取根权限、后门测试、NIS 测试、Windows 测试、Finger 攻击测试、防火墙测试、SMTP 问题测试、接口扫描、RPC 测试、SNMP 测试等。

7. 防火墙

防火墙阻挡的是对内网非法访问和不安全数据的传输。通过防火墙，可以达到过滤不安全的服务和非法用户的目的。防火墙根据制定好的安全策略控制（允许、拒绝、监视、记录）不同安全域之间的访问行为，将内网和外网分开，并能根据系统的安全策略控制出入网络的信息流。

防火墙以 TCP/IP 和相关的应用协议为基础，分别在应用层、传输层、网络层与数据链路层对内外通信进行监控。应用层主要侧重于对连接所用的具体协议内容进行检测，在传输层和网络层主要实现对 IP、ICMP、TCP 和 UDP 协议的安全策略进行访问控制，在数据链路层实现 MAC 地址检查，防止 IP 欺骗。采用这样的体系结构，形成立体的防卫，防火墙能够最直接地保证安全，其基本功能如下。

- 状态检测包过滤：实现状态检测包过滤，通过规则表与连接状态表共同配合，实现安全性动态过滤，根据实际应用的需要，为合法的访问连接动态地打开所需的接口；
- 利用基于接口到接口的安全策略建立安全通道，对数据流的走向进行灵活、严格的控制，支持第三方 IDS 联动；
- 地址转换：灵活多样的网络地址转换，提供对任意接口的地址转换，并且无论防火墙工作在何种模式（路由、透明、混合）下，都能实现 NAT 功能；
- 带宽管理：支持带宽管理，可按接口细分带宽资源，具有灵活的带宽使用控制；
- VPN：支持网关—网关的 IPSec 隧道；
- 日志和告警：完善的日志系统，独立的日志接收及报警装置，采用符合国际标准的日志格式（WELF）审计和报警功能，可提供所有的网络访问活动情况，同时具备对可疑的和有攻击性的访问情况向系统管理员报警的功能。

8. 入侵检测设备

入侵检测设备为终端子网提供异常数据检测，及时发现攻击行为，并在局域或全网预警。攻击行为的及时发现可以触发安全事件应急响应机制，防止安全事件的扩大和蔓延。入侵检测设备在对全网数据进行分析和检测的同时，还可以提供多种应用协议的审计，记录终端设备的应用访问行为。

入侵检测设备首先获取网络中的各种数据，然后对 IP 数据进行碎片重组。此后，入侵检测模块对协议数据进一步分析，将 TCP、UDP 和 ICMP 数据分流。针对 TCP 数据，入侵检测模块进行 TCP 流重组。在此之后，入侵检测模块、安全审计模块和流量分析模块分别提取与其相关的协议数据并进行分析。

入侵检测设备由控制中心软件和探测引擎组成，控制中心软件管理所有探测引擎，为管理员查看和分析监测数据提供管理界面，根据报警信息及时做出响应。探测引擎的采集接口部署在交换机的镜像接口，用于检测进出网络的行为。

9. 防病毒服务器

防病毒服务器用于保护网络中的主机和应用服务器，防止主机和服务器由于感染病毒导致系统异常、运行故障，甚至瘫痪、数据丢失等。

防病毒服务器由监控中心和客户端组成，客户端分服务器版和主机版，分别部署在服务器或者主机上，监控中心部署在安全保密基础设施子网中。

10. 补丁分发服务器

补丁分发服务器部署在安全防护系统内网，补丁分发系统采用 B/S 构架，可在网络的任何终端通过登录内网补丁分发服务器的管理页面进行管理和各种信息查询。所有的网络终端需要安装客户端程序以对其进行监控和管理，补丁分发系统同时需要在外网部署一台补丁下载服务器（部署于外网，与互联网相连），用来更新补丁信息（此服务器也可用来下载病毒库升级文件）。补丁分发系统将来可根据实际需要在客户端数量、管理层次和功能扩展上进行无缝平滑扩展。

▶ 5.2.2 下一代网络（NGN）安全

1. NGN 网络结构

下一代网络（Next Generation Network，NGN）基于 IP 技术，采用业务层和传输层相互分离、应用与业务控制相互分离、传输控制与传输相互分离的思想，能够支持现有的各种接入技术，提供语音、数据、视频、流媒体等业务，并且支持现有移动网络上的各种业务，实现固定网络和移动网络的融合，此外还能够根据用户的需要，保证用户业务的服务质量。NGN 的网络体系架构如图 5-5 所示，包括应用层、业务控制层、传输控制层、传输层、网络管理系统、用户网络和其他网络。

就目前通信网络现状而言，NGN 面临着电磁安全、设备安全、链路安全、信令网安全等多种安全威胁。

2. NGN 的安全机制

网络安全需求将用户通信安全、网络运营商与业务提供商运营安全紧密地结合在一起。当 IP 技术作为互联网技术被应用到电信网络上取代电路交换之后，来自网络运营商、业务提供商和用户的安全需求就显得特别重要。为了给网络运营商、业务提供商和用户提供一个安全可信的网络环境，防止各种攻击，NGN 需要避免出现非授权用户访问网络设备上的资源、业务和用户数据的情况，需要限制网络拓扑结构的可见范围，需要保证网络上传输的控制信息、管理信息和用户信息的私密性和完整性，需要监督网络流量并对异常流量进行管理和上报。

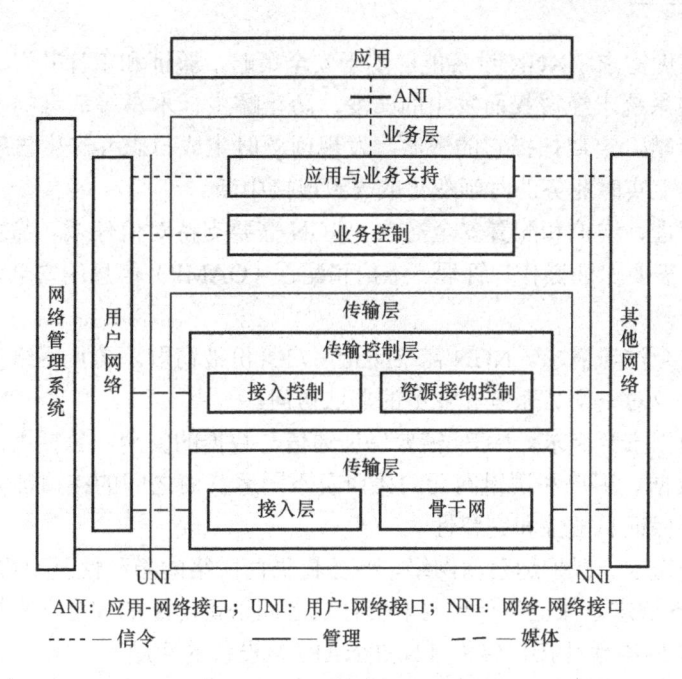

图 5-5 NGN 的网络体系结构

在 X.805 标准的指导下，通过对 NGN 网络面临的安全威胁和弱点进行分析，可以将 NGN 安全需求大致分为安全策略，认证、授权、访问控制和审计，时间戳与时间源，资源可用性，系统完整性，操作、管理、维护和配置安全，身份和安全注册，通信和数据安全，隐私保证，密钥管理，NAT/防火墙互连，安全保证，安全机制增强和安全管理等。

（1）安全策略需求。安全策略需求要求定义一套规则集，包括系统的合法用户和合法用户的访问权限，说明保护何种信息及为什么要进行保护。在 NGN 环境下，存在着不同的用户实体、不同的设备商设备、不同的网络体系架构、不同的威胁模型、不均衡的安全功能开发等，没有可实施的安全策略是很难保证有正确的安全功能的。

（2）认证、授权、访问控制和审计需求。在 NGN 不同安全域之间和同一安全域内部，对资源和业务的访问必须进行认证授权服务，只有通过认证的实体才能使用被授权访问实体上的特定资源和业务。通过这一方法可以确保只有合法用户才能访问资源、系统和业务，防止入侵者对资源、系统和业务进行非法访问，并主动上报与安全相关的所有事件，生成可管理的、具有访问控制权限的安全事件审计材料。

（3）时间戳与时间源需求。NGN 能够提供可信的时间源作为系统时钟源和审计时间戳，以便在处理未授权事件时能够提供可信的时间凭证。

（4）资源可用性需求。NGN 能够限制分配给某业务请求的重要资源的数量，丢弃不符合安全策略的数据包，限制突发流量，降低突发流量对其他业务的影响，防止拒绝服务（DoS）攻击。

（5）系统完整性需求。NGN 设备能够基于安全策略，验证和审计其资源和系统，并且监控其设备配置与系统未经授权而发生的改变，防止蠕虫、木马等病毒的安装。为此，设备需要根据安全策略，定期扫描它的资源，发现问题时生成日志并产生告警。对设备的监控不能影响该设备上实时业务的时延变化或导致连接中断。

（6）操作、管理、维护和配置安全需求。NGN 需要支持对信任域、脆弱信任域和非信任域设备的管理，需要保证操作、管理、维护和配置（OAMP）信息的安全，防止设备被非法接管。

（7）身份和安全注册需求。NGN 需要防止用户身份被窃取，防止网络设备、终端和用户的伪装、欺骗以及对资源、系统和业务的非法访问。

（8）通信和数据安全需求。NGN 需要保证通信与数据的安全，包括用户面数据、控制面数据和管理面数据。用户和逻辑网元的接口及不同运营商之间的接口都需要进行安全保护，信令需要逐跳保证私密性和完整性。

（9）隐私保证需求。保护运营商网络、业务提供商网络的隐私性及用户信息的隐私性。

（10）密钥管理需求。保证信任域与非信任域之间密钥交换的安全，密钥管理机制需要支持网络地址映射/网络地址接口转换（NAT/NAPT）设备的穿越。

（11）NAT/防火墙互连需求。支持 NGN 中 NAT/防火墙功能，防火墙可以是应用级网关（ALG）、代理、包过滤、NAT/NAPT 等设备，或者是上述的组合。

（12）安全保证需求。对 NGN 设备和系统进行评估和认证，对网络潜在的威胁和误用在威胁、脆弱性、风险和评估（TVRA）中有所体现。

（13）安全机制增强需求。对加密算法的定义和选择符合 ES 202 238 的指导。

（14）安全管理需求。安全管理技术对所有安全设备进行统一安全策略配置。

3. 现有 X.805 标准端到端安全体系架构

ITU-T 在 X.805 标准中全面地规定了信息网络端到端安全服务体系的架构模型。这一模型包括 3 层 3 面 8 个维度，即应用层、业务层和传输层，管理平面、控制平面和用户平面，认证、可用性、接入可控制、不可否认、保密性、数据完整性、私密性和通信安全，如图 5-6 所示[55]。

X.805 模型在各个层（或面）上的安全是相互独立的，可以防止一个层（或面）的安全被攻破而波及其他层（或面）的安全。这个模型从理论上建立了一个抽象的网络安全模型，可以作为发展一个特定网络安全体系架构的依据，指导安全策略、安全事件处理和网络安全体系架构的综合制定和安全评估。因此，这个模型目前已经成为开展信息网络安全技术研究和应用的基础。互联网工程任务组（IETF）的安全域专门负责制定 Internet 安全方面的标准，涉及的安全内容十分广泛并注重实际应用，如 IP 安全（IPSec）、基于 X.509 的公钥基础设施（PKIX）等。目前，IETF 制定了大量的与安全相关的征求意见稿（RFC），其他标准组织或网络架构都已经引用了这些成果。

第 5 章 物联网信息传输安全

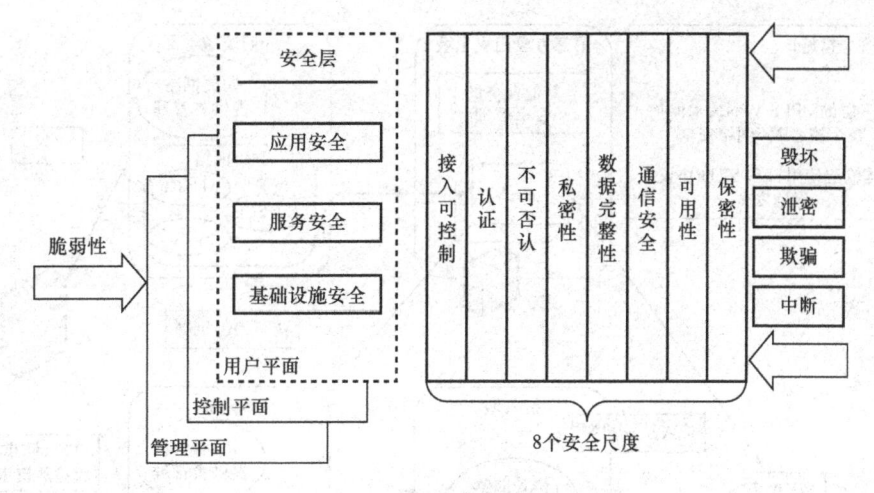

图 5-6 X.805 标准端到端安全体系架构

本书的 NGN 安全体系架构就是在应用 X.805 安全体系架构基础上，结合 NGN 体系架构和 IETF 相关的安全协议而提出来的，如图 5-7 所示，这样可以有效地指导 NGN 安全解决方案的实现。

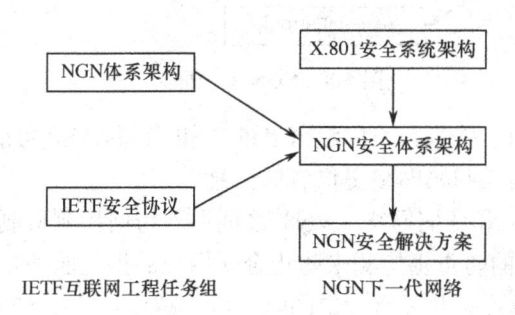

图 5-7 NGN 安全体系架构基础

4．NGN 安全框架

通过上面的介绍，我们可以根据电信网络的各种不同的安全域，结合具体的各项安全技术，来搭建一个完整的下一代网络的安全保障体系，域之间使用安全网关，各个域内则采用不同的安全策略，共同提高整个体系的安全性，如图 5-8 所示。

用户域包括用户终端和一些归属网关（可能由用户/管理员拥有）；接入域由接入网络提供者管理；访问网络提供者可以提供多媒体服务，并可能具有自己的用户，相应地，访问域提供者可能与第三方应用提供方 ASP 具有协议来提供服务，访问域包括多媒体子系统（IP-based Multimedia Subsystem，IPIMS）功能实体；归属网络提供者提供了多媒体服务，相应地，访问网络提供者可能与第三方应用提供者具有协议来提供服务，它具有 IMS 网络，归属域网关需要具有 ISIM，而 ISIM 具有 IMS 认证的证书。

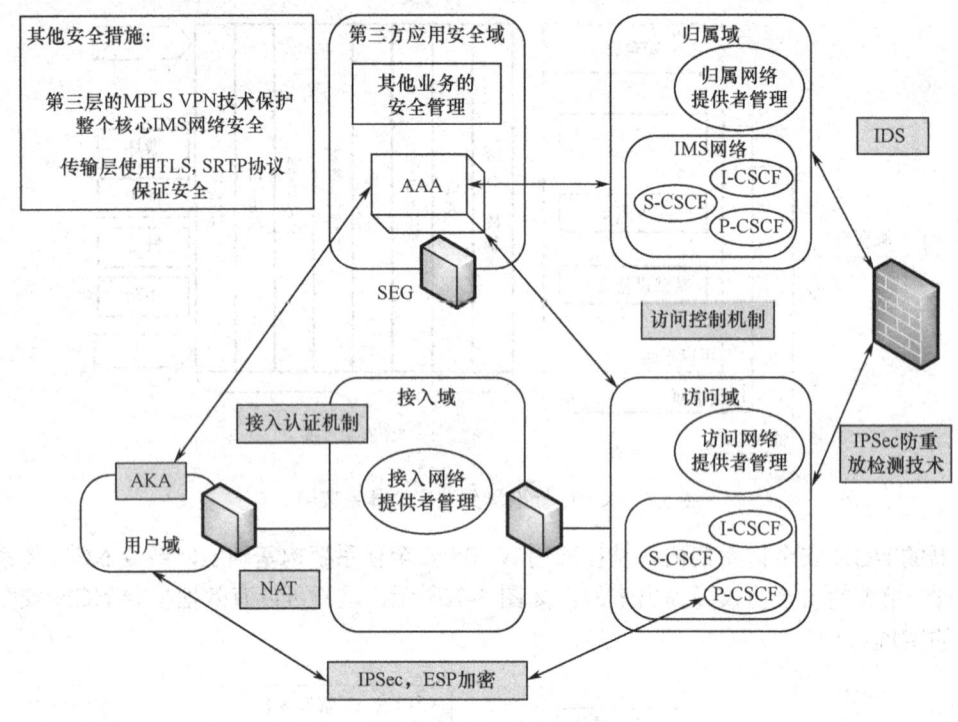

图 5-8 NGN 安全框架

第三方应用服务域由一些来自不同经营者的 ASP 负责，ASP 可能需要使用自己的 AAA 基础设施来分析来自访问或归属网络提供者的信息。

（1）归属网络（HN）和访问网络（VN）之间引入访问控制机制，可以由防火墙和 IDS 配合使用，再配合 IPSec 的防重播检测来防止合法用户的拒绝服务攻击。具体访问控制机制可以采用 IPv4+NAT 的模式，并采用一定的防火墙穿越技术（如 STUN 或 TURN）。

（2）UE 和 P-CSCF 之间采用网络层加密，使用 IPSec 的封装安全载荷（ESP）进行加密。网络层加密也称为端到端加密，它允许用户报文在从源点到终点的传输过程中始终以密文的形式存在。中间节点只负责转发操作而不做任何解密处理，所以用户的信息内容在整个传输过程中都将受到保护。同时，各报文均独立加密，单个报文的传输错误不会影响到后续报文。因此对网络层加密而言，只要保证源点和终点的安全即可。

（3）安全网关主要控制信息在 NAT 服务器和防火墙的出入，也可能会承担一些其他的安全功能，如数据包过滤等。此外，安全网关还具备以下功能：强化 IMS 域之间的安全策略，保护出入 IMS 域的控制平面信息，设置并维护 IPSec 安全关联（SA）。安全网关可以用 SBC 方案实现，在不同的网络域安全接口，使用密钥交换协议（IKE）来协商、建立和维护它们之间的用来保护封装安全载荷（ESP）隧道的安全参数，然后依据此参数使用 IPSec ESP 隧道模式来进行保护。

(4) 针对合法用户绕过 P-CSCF 对 S-CSCF 发送 SIP 信令和合法用户伪装 P-CSCF 的问题，采用以下技术：如果 UE 不伪装成 P-CSCF 直接向 S-CSCF 发送 SIP 消息，可以对 IMS 核心设备引入第三层的 MPLS VPN 技术，隔离 UE 和 P-CSCF，隐藏 IMS 核心网络的路由信息，实现 UE 无法与 S-CSCF 联系；如果 UE 伪装成 P-CSCF，可以引入以下机制，即在 HSS 数据库中存放 P-CSCF 的身份标志，每次 P-CSCF 向 S-CSCF 发送 SIP 消息时，S-CSCF 都向 P-CSCF 发送认证请求，验证合法性以后才能继续发送 SIP 消息。

(5) 在用户认证机制上，采用自行设计的统一的 NGN 用户安全体系。

(6) 对于 IMS 与其他网络互连带来的安全问题，采用访问控制机制，使用 IDS 和防火墙对 IMS 体系进行保护，防止其他网络非法接入 IMS。

(7) 媒体流的保护采用 SRTP 协议规定的安全机制。

5.2.3 下一代互联网（NGI）的安全

面对互联的网安全漏洞层出不穷，安全威胁有增无减，安全补丁越补越乱的严峻形势，传统的滞后响应与见招拆招式的安全防护技术显得苍白无力，学术界开始反思 IP 体制的互联网在体系结构上的安全缺陷，并意识到网络体系结构设计对通信网络安全的重要性。美国及欧洲的一些国家发起了"下一代网络体系结构"有关的重大研究计划，包括 GEM（全球网络创新计划）、FIND（未来网络设计）、FIRE（未来互联网研究与试验），其中的一个重要研究内容就是抛弃现有互联网，"从零开始"设计安全的网络体系结构。目前该项工作还处于前期研究阶段，第一步工作是推动网络体系结构研究和创新的试验床建设工作，而网络虚拟化技术则是建设试验床使用的关键技术。

业界提出了一体化安全防护的思想。一体化安全防护采用与传统"叠加式"信息安全解决方案不同的思路和途径，从网络体系结构和基础协议入手，将安全融入网络体系结构的设计之中，对于这种类型的安全防护，业界还没有定论，下面是几种典型的一体化网络结构。

1. 名址分离的网络体系结构

在当前的互联网中，IP 地址既作为传输层和应用层的节点身份标志，又作为网络层的位置标志和路由器中的转发标志。IP 地址的身份标志（名）和位置标志（址）重叠带来了包括移动性管理和安全在内的诸多问题（如 IP 地址欺骗），解决问题的办法自然就是采用名址分离的网络体系结构。

在名址分离的网络体系结构中，节点的身份标志供传输层和应用层使用，而位置标志用于网络层拓扑中节点的定位。节点可以在不影响上层应用的情况下，任意改变所处的位置，因此可以支持移动性、多宿和安全关联。名址分离的体系结构应具有（不限于）以下特征：

- 身份标志独立于网络互连，使得节点的身份识别与定位技术可以独立地演进；
- 使用不同类型的身份标志，一些公开，一些私有，可通过受保护的动态绑定系统将这些不同类型的身份标志关联；

- 使用不同类型的位置标志，一些起全局作用，另一些起局部作用；
- 通过受保护的动态绑定系统，一个身份标志可以在任何时间与多个位置标志绑定，或者多个身份标志共享一个位置标志；
- 在网络的边缘部署身份标志与位置标志的绑定功能，使得因移动或多宿而造成的名址关联变化能够立即体现在数据包转发上；
- 在网络的核心使用基于全局标志的选路系统以保持网络的可扩展性。

2. 以数据为中心的网络体系结构

在互联网发展之初，网络应用严格以主机为中心，基于 Host-to-Host 模型，网络体系结构也比较适合于静态的主机对，网络应用（如 FTP、Telnet）基于 Host-to-Host 模型而设计。随着互联网的发展，大部分网络应用主要涉及数据获取和数据发布，用户实际只关心数据或资源，而不关心其源于何处。由于数据可以被移动，因此传统的 DNS 域名解析方式存在弊端。例如，如果 Joe 的 Web 主页 www.berkeley.eduF/~hippie 移动到 www.wallstreetstiffs.com/~yuppie，以前所有的旧链接全部中断。从安全角度而言，目前网络应用程序是围绕主机、地址和字节而建立（SocketAPI）。以主机为中心的网络体系结构使得主机对网络中的所有应用可见，使之常常成为攻击的目标，如扫描、DDoS 攻击、蠕虫蔓延都是以主机为目标的，基于 Host to Host 模型的网络体系结构在一定程度上助长了恶意代码蔓延和 DDoS 攻击的发生。这是以数据为中心的网络体系结构提出的背景。

DONA（Data Oriented Network Architecture）是一种以数据为中心的网络体系结构，用于解决数据的命名和定位问题。首先，DONA 针对数据的命名，DONA 设计了一套以数据为中心的命名机制；其次针对数据的定位，DONA 在网络的传输层和网络层之间增加了新的 DONA 协议层，用覆盖网的方式对数据的查询请求进行基于数据名的寻址。

以数据为中心的命名机制围绕主体（Principal）而组织，一个主体有一个公私钥对 K。数据与主体相联系名字的形式为 P:L，其中 P 为主体公钥的散列 $P=Hash(K)$，L 为 Principal 所选定的标签，由主体来保证 L 的唯一性。这样名字具有自证明属性，因为数据以 <data, K, Sigk-l(data)> 的形式组织，能够证明自己确实是 P 所发出的真实数据，接收方通过检查 Hash(K) 与 P 是否相等及验证 Sigk-l(data) 来判断接收到的数据是否为 P 发出的真实数据。这样的名字具有扁平化的特征，不含任意位置信息，数据名不会因为移动而发生变化。

DONA 层主要功能是命名解析，由功能实体（称为 RH，解析处理器）完成，解析请求通过基于命名的寻址，实现命名到数据所在位置的解析。在这种方式下，客户端使用数据名而不是数据所在主机的 IP 地址来获取数据。DONA 层还设计容纳携带命名解析原语的数据包，包括：

- FIND(PL)：定位以 PL 命名的数据；
- REGISTER(PL)：向 RH 注册 PL 命名的数据，设置 RH 有效路由 FIND 消息时所需的状态信息。

围绕上述机制，以数据为中心的网络组成与接口如图 5-9 所示，图中只表示了实现网络"以数据为中心"所相关的实体。图中数据的两份 Copy 通过 Register 接口进行注册，在 RH 中形成对 Copy 的基于命名寻址的路由表，Client 通过 Find 接口找到最近的一份 Copy，然后进行数据传输。

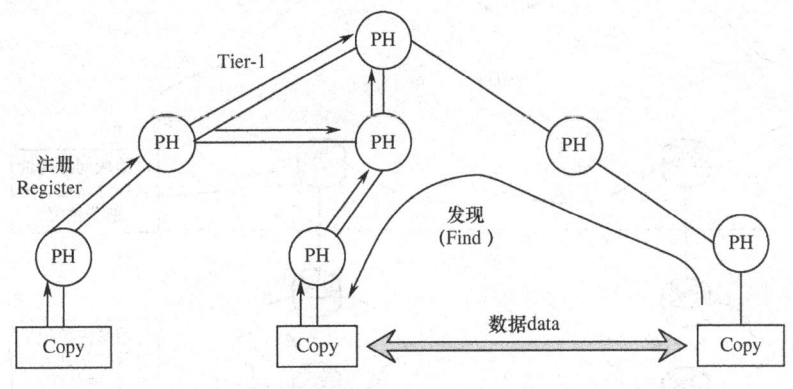

图 5-9 以数据为中心的网络组成与接口

上述机制实现了基于数据名的泛播路由，即如果某些服务器具有 P 所授权的一项服务 PL，并在它的本地 RH 注册，则 DONA 将 FIND(PL) 路由到最近的服务器。该机制也具备对移动性的支持，因为漫游主机可以在漫游前注销所注册的数据，并在漫游后重新注册。

3. 源地址认证体系结构（SAVA）

SAVA 基于 IPv6 网络提出，其研究目标是使网络中的终端使用真实的 IP 地址访问网络，网络能够识别伪造源地址的数据包，并禁止伪造源地址的数据包在网络中传输。SAVA 体系结构如图 5-10 所示，它从本地子网、自治域内和自治域间三个层面解决源地址认证问题。

本地子网源地址认证采用基于 MAC、IP 和交换机接口动态绑定的准入控制方案，由位于本地主机中的源地址请求客户端、位于本地交换机中的源地址有效性代理及源地址管理服务器共同实施，不满足绑定关系的 IP 数据包将被丢弃。

自治域内的源地址认证实现基于地址前缀级的源地址认证方案，其主要思想是根据路由器的每个接入接口和一系列的有效源地址块的相关性信息建立一个过滤表格，只有满足过滤表映射关系的数据包才能被接入路由器转发到正确的目的网络。目前应用得比较多的标准方案包括 Ingress Filtering 和 uRPF，前者主要根据已知的地址范围对发出的数据包进行过滤，后者利用路由表和转发表来协助判断地址前缀的合法性。

自治域间的源地址认证使用基于端到端的轻量级签名和基于路径信息两种实现方案。前者适合于非邻接部署，依靠在 IPv6 分组中增加 IPv6 扩展包头存放轻量级签名来验证源地址的有效性，该机制的优点是产生有效性规则的网络节点不必直接相邻，缺点是增加了网络的开销，尤其是在网络中需要相互通信的对等节点数目很多的情况下网络开销相当大；

后者适合于邻接部署，有效性规则通过数据包传输经过的路径信息或者路由信息得到。该机制的优点是可以直接通过 IP 前缀得到所需的有效性规则，缺点是产生有效性规则的网络节点必须直接相邻。

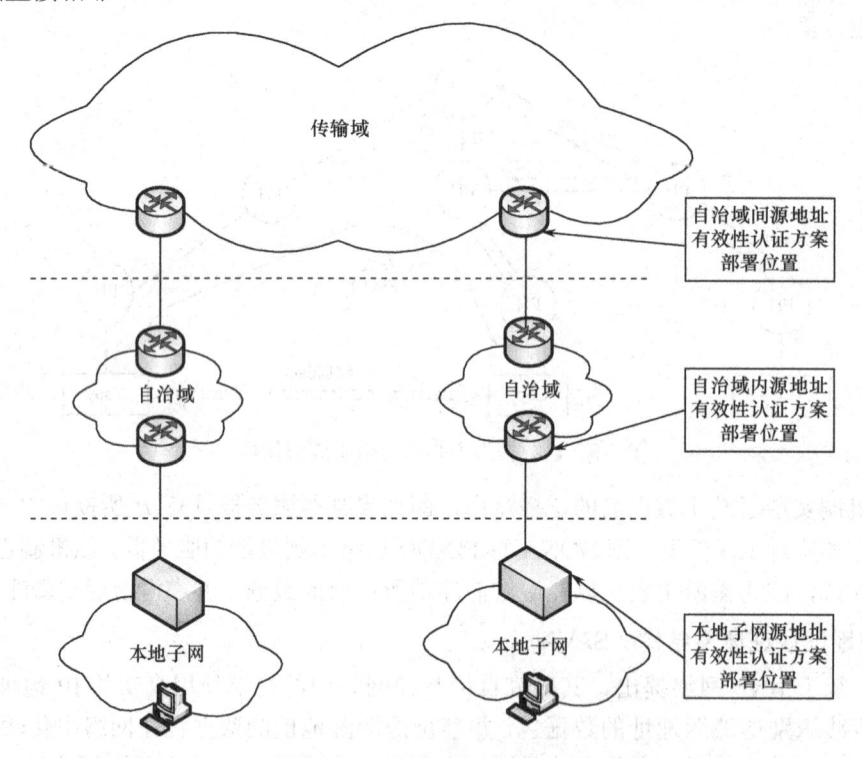

图 5-10 源地址认证体系结构

4．4D 网络体系结构

4D 网络体系结构是美国"全球网络创新环境（GENI）"计划旗下的研究项目之一，该项目针对当前互联网的控制管理复杂、难以满足使用需求等问题，采用"白板设计"的方式，重新设计了互联网的控制与管理平面。4D 网络体系结构对于网络安全的好处在于其体系结构上的重新设计降低了网络控制管理的复杂性，进而减小了由于网络管理配置错误所带来的自身脆弱性。

4D 的设计基于以下三个基本原则，如图 5-11 所示。

- 网级目标（Network-Level Objectives）：网络根据其需求和目标来进行配置，用策略明确地表达目标（如安全、QoS、出口点选择、可达性矩阵等），而不是用一个个配置文件的具体细节来表述；
- 网域视图（Network-Wide Mews）：网络提供及时、精确的信息（包括拓扑、流量、网络事件等），给予决策单元所需要的输入；

- 直接控制（Direct Control）：决策单元计算所需要的网络状态，并直接设置路由器的转发状态。

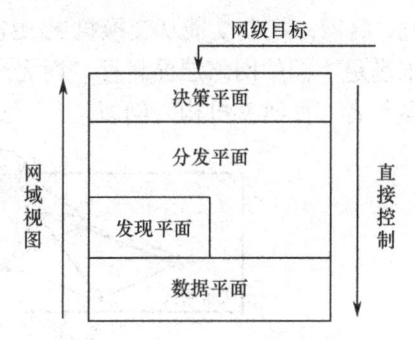

图 5-11　4D 设计原则与平面划分

如图 5-11 所示，4D 的网络功能被划分为 4 个平面。
- 决策平面：负责网络管理，决策平面由多个服务器（也称为决策单元，DE）组成，DE 使用网域视图计算数据平面的状态来满足网级目标，并直接将状态信息写入数据平面，决策包括可达性、负载均衡、访问控制、安全、接口配置等；
- 分发平面：连接交换机/路由器与 DE，用来传输控制管理信息；控制管理信息与数据信息共享物理链路，但分发路径单独维护，与数据路径逻辑隔离（这与目前互联网控制信息由数据通道承载，而数据通道又由路由来建立的方式不同）；健壮性是分发平面设计的唯一目标；
- 发现平面：发现网络中的物理设备，创建逻辑标识符来标识物理设备，包括设备内部发现（如路由器接口）与邻居发现（如接口连接的相邻路由器），发现平面由交换机/路由器负责实现；
- 数据平面：根据决策平面的状态输出处理一个个的数据包，包括转发表、包过滤等，数据平面由交换机/路由器组成。

按照上述可知，4D 网络体系结构包含如下两类实体。
- 决策单元：具备所有决策功能，创建交换机/路由器的转发状态，并分发到交换机中；
- 交换机/路由器：只负责转发。

由各平面和实体组成的 4D 网络如图 5-12 所示。

4D 网络体系结构的研究人员认为，4D 网络体系结构具有以下优点。
- 较低的复杂性：将路由计算这样的网络控制问题与具体的路由协议分离，是一种有效管理复杂性的方式；
- 更高的健壮性：提升网络管理控制的抽象层次，管理员只需理解网络层面的目标，而不是具体的协议和路由器配置，降低网络的脆弱性；
- 更高的安全性：安全策略可由网络层面的目标进行表达，降低将安全策略翻译成具体设备配置的出错概率；
- 容纳异构性：同一种 4D 体系结构可应用于不同的网络互连环境；
- 有利于网络创新和演进：将网络控制功能从交换机/路由器中分离，使决策平面可以通过容纳不同的算法来满足不同的网络层面目标，而无须改变数据包格式和控制协议，这也将鼓励新的参与者（如研究机构）创新。

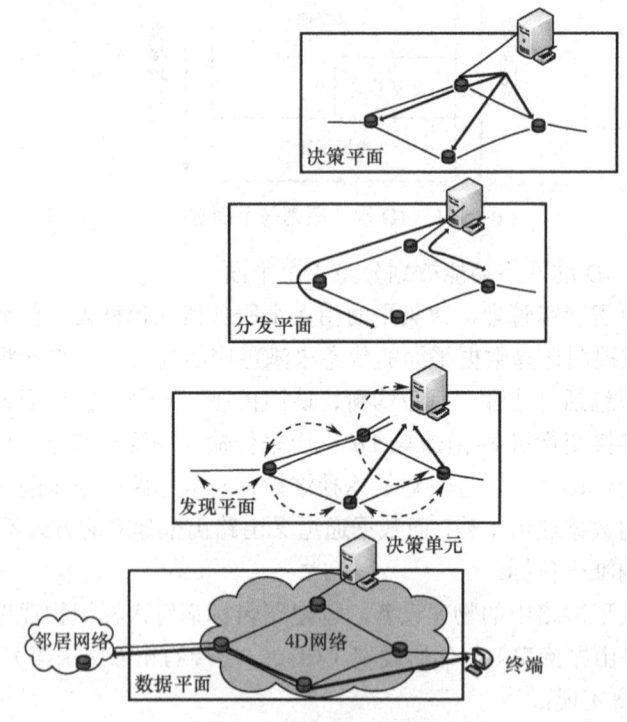

图 5-12　4D 网络的组成

5.2.4　网络虚拟化安全

网络虚拟化技术允许在一个物理网络上承载的多个应用，通过网络虚拟化分割（称为纵向分割）功能使得不同业务单元相互隔离，但可在同一网络上访问自身应用，从而将物理网络进行逻辑纵向分割虚拟化为多个网络。多个网络节点承载上层应用，基于冗余的网络设计带来复杂性，而将多个网络节点进行整合（称为横向整合），虚拟化成一台逻辑设备，提升数据中心网络可用性、节点性能的同时将极大地简化网络架构。网络虚拟化可以获得更高的资源利用率、实现资源和业务的灵活配置、简化网络和业务管理并加快业务速度，更好地支持内容分发、移动性、富媒体和云计算等业务需求。

网络虚拟化在底层物理网络和网络用户之间增加了一个抽象层，该抽象层向下对物理网络资源进行分割，向上提供虚拟网络。众所周知，现有互联网架构具有难以克服的缺陷，如无法解决网络性能和网络扩展性之间的矛盾,无法适应新兴网络技术和架构研究的需要,无法很好地满足多样化业务发展、网络运营和社会需求可持续发展的需要。为解决现有互联网的诸多问题,技术界一直在不断进行着尝试和探索,网络虚拟化技术正是在这样的背景下逐步发展起来的。

与在真实环境中连接物理计算机的网络相同,虚拟网络设备和虚拟链路构成的虚拟网络将面临同样的安全风险,在这种情况下借鉴传统的网络安全设备并将其移植到虚拟化环境中是一个可行的思路。

1. 虚拟网络设备

网络设备与服务器不同,它们一般执行高 I/O 的任务,通过网络接口以最小附加处理来传输大量的数据,对专用硬件的依赖性很强。所有高速路由和数据包转发,包括加密(IPSec 与 SSL)和负载均衡都依靠专用处理器。当一个网络设备被重新映射为一个虚拟机格式时,专用硬件就失效了,所有这些任务现在都必须由通用的 CPU 执行,这必然会导致性能显著下降。尽管如此,在物联网中应用虚拟网络设备仍然具有不可替代的优势,虚拟网络设备可以发挥作用的地方很多,例如,可以将一个不依靠专用硬件而执行大量 CPU 密集操作的设备虚拟化。Web 应用防火墙(WAF)和复杂的负载均衡器就是其中的例子。在虚拟化环境下,由于不可能为每个虚拟机都配备一个网络适配器(NIC),因此网络性能将会因为追加的虚拟化网络功能而获得最大的收益。在具备网卡虚拟化功能后,允许多台虚拟机共享一个物理 NIC,它是通过在虚拟化管理器上建立一个软件仿真层来实现资源的共享的,并帮助虚拟机更快速地访问网络,同时也减轻 CPU 的负荷,网络设备的虚拟化实现使服务器按照成本效率和敏捷性需要进行上下调整。

在产品方面,Nexus 1000V 是思科公司首个非实体硬件设备的交换机产品,虚拟交换机包含两个软件部分,分别是虚拟监控模块(Virtual Supervisor Module,VSM)和虚拟以太网模块(Virtual Ethernet Module,VEM)。前者包含思科命令行界面(Command-Line Interface,CLI)、配置和一些高端特性,而后者则充当线路卡(Line Card)的角色,运行在每个虚拟服务器上,专门处理包转发(Packet Forwarding)和其他本地化等事宜。Nexus 1000V 能使用户拥有一个从 VM 到接入层、汇聚层和核心层交换机的统一网络特性集和调配流程。虚拟服务器从而能与物理服务器使用相同的网络配置、安全策略、工具和运行模式,管理员能充分利用预先定义的、跟随 VM 移动的网络策略,重点进行虚拟机管理,使用户更快地部署服务器虚拟化并从中受益。

2. 虚拟防火墙技术

虚拟防火墙是基于状态检测的应用层防火墙,允许根据常规流量方向、应用程序协议和接口、特定的源到目标的参数来构建防火墙规则,通过策略提供全局和本地的访问控制功能。虚拟防火墙利用逻辑划分的多个防火墙实例来部署多个业务的不同安全策略,这样的组网模式可极大地降低用户成本。随着业务的发展,当用户业务划分发生变化或者产生新的业务部门时,可以通过添加或者减少防火墙实例的方式灵活地解决后续网络扩展的问题,在一定程度上极大地降低了网络安全部署的复杂度。另一方面,由于以逻辑的形式取代了网络中的多个物理防火墙,极大地减少了系统运维中需要管理维护的网络设备,降低了网络管理的复杂度,减少了误操作的可能性。

虚拟防火墙功能嵌入在虚拟机管理器中,所有虚拟网络接口的数据流量都通过虚拟防火墙进行传输,如果虚拟机需要访问另一台物理机上的应用程序,那么虚拟防火墙将使用物理机上的硬件网络接口进行数据传输。

虚拟防火墙可以提供以下功能:
- 连接控制。基于规则进行入站和出站连接控制,规则可以按 IP 地址(源/目标)、接口(源/目标)和按类型的协议等进行设置;
- 内容过滤。根据已知的协议类型对数据内容进行有选择性的过滤;
- 流量统计。可以计量虚拟网络资源的使用量并监控各个应用程序的使用量比重;
- 策略管理。进行全局策略管理;
- 日志记录与审核。针对访问事件和安全事件(错误、警告等)启用日志记录,方便审核。

3. 虚拟入侵检测技术

虚拟机系统的出现导致了传统的操作系统直接运行于硬件层之上的结构发生变化,在虚拟机系统之中,VMM 层位于硬件层和操作系统层之间,运行于系统最高特权级,由 VMM 实现对系统所有物理资源的虚拟化和调度管理。另外,同一个虚拟机平台现在可以部署多台虚拟机,与传统的单一系统占据整台机器也有了本质的不同。这些特征都使得传统的入侵检测系统已经不能完全适应机器体系结构上发生的变化。

首先,在目前的虚拟机平台中,通过逻辑的方式抽象出了多套虚拟硬件平台,这使得在同一个物理机器平台上可以部署多台虚拟机,称为客户虚拟机(Guest VM)。在一个典型的服务器环境中,各个 Guest VM 可能会提供不同的服务,这些 Guest VM 通过虚拟网桥设备实现虚拟网络接口对物理网络设备的复用。在虚拟化环境中,传统的网络入侵检测系统位于虚拟机系统之外,对虚拟机内部通过硬件虚拟化实现的虚拟网桥连接的虚拟网络结构是不可见的,因此无法实现较细粒度的网络入侵检测,无法适应不同虚拟机提出的不同级别的安全需求。同时,由于它完全位于系统之外,只能通过进出虚拟机系统的网络数据来实现入侵检测。虚拟机内部发生的虚拟机之间的攻击,对于 IDS 而言是不可见的。

面向虚拟机网络入侵检测系统技术是为了适应虚拟机发展的需要和入侵检测系统本身的需要而产生的。随着虚拟化技术的日益成熟,对虚拟机部署的需求大大增加。但是由引入新的虚拟机的体系结构的变化带来的安全问题,却没有随着虚拟机技术的发展引起人们足够的关注。传统的安全技术一定程度上能够满足新的需求,但也有更多的安全技术需要做出相应的调整和改进。入侵检测技术作为一项有效的安全技术应当能适应虚拟机的环境。

基于虚拟机的网络入侵检测系统可以借助虚拟化的体系结构和隔离特征实现。以 XEN 半虚拟化环境为例，可以将入侵检测引擎和被检测系统进行分离，根据虚拟机内部的虚拟子网的组网结构使用集中式与分布式相结合的协作方式来满足系统的安全需求。

在入侵检测系统中主要有四个功能模块：数据探测模块、入侵检测引擎模块、入侵响应和控制模块、跨域通信服务器模块。数据探测模块为每个虚拟机虚拟的网络设备接口获取网络数据包信息。当新建或部署一台虚拟机时，如果该虚拟机具有网络设备，VMM 会为其虚拟一个网络接口。入侵检测引擎利用数据探测器获取的数据进行入侵检测，如果有入侵事件发生，就会发通知到入侵响应和控制模块，产生响应信息，并可以通过域入侵响应和控制模块将响应信息发送到特定的被入侵的虚拟机域之中。

5.3 基于蓝牙的物联网信息传输安全

蓝牙作为一种应用日益广泛的近距离无线通信技术，随着其技术标准的不断发展，应用形式也从传统的点对点通信转换成多种网络形式并存的局面，并可以应用于小范围的物联网环境中。

5.3.1 蓝牙技术特征和安全隐患

蓝牙是无线数据和语音传输的开放式标准，它可以将各种通信设备、计算机及其终端设备、各种数字数据系统，甚至家用电器采用无线方式连接起来。由于蓝牙采用无线接口来代替线电缆连接，具有很强的移植性，并且适用于多种场合，加上该技术功耗低、对人体危害小而且应用简单、容易实现，所以应用比较广泛。

1. 蓝牙技术特征

蓝牙设备的传输距离为 10 cm～10 m，如果增加功率或者加上某些外设便可达到 100 m 传输距离，它采用 2.4 GHz 的 ISM 频段和调频、跳频技术，使用前向纠错编码、ARQ、TDD 和基带协议。工作在 2.4 GHz 的 ISM 频段，大多数国家为 2 400～2 483.5 MHz，使用 79 频道，间隔均为 1 MHz，采用时分双工（TDD）方式，调试方式为 BT=0.5 的 GFSK，调制指数为 0.28～0.35。TDMA 每时隙为 0.625 μs，基带负荷速率为 1 Mbps，蓝牙支持速率为 64 Mbps 的实时语音传输和数据传输，语音编码为 CVSD，发射功率有 1 mW、2.5 mW 和 100 mW 三个等级，并使用全球统一的 48 bit 的设备识别码。

跳频也是蓝牙使用的关键技术之一，对于单时隙包，蓝牙的跳频速率为 1 600 跳/秒，对于多时隙包，跳频速率有所降低；但在建链时（包括寻呼和查询）速率则提高到 3 200 跳/秒。使用这样高的跳频速率，蓝牙系统应该具有足够高的抗干扰能力和多址能力。

蓝牙根据网络的概念提供点对点和点对多点的无中心网络，具有自然灵活的组网方式。

蓝牙的出现使嵌入式无线电的概念悄然兴起。当嵌入式的无线电芯片价格可被接受时，它的应用可能会达到无所不在的程度，若干年后每个家庭可能会使用数十片甚至多这样的嵌入式无线电芯片，将家中的所有电子信息设备甚至电气设备构成无线网络；人们可以真正地把网络随身携带，无论是在家中、办公室、公共场所，还是在车上、旅途中，可以形成以人为核心的网络，最大限度地利用功能强大的固定网络，采用小功率的无线接入技术将人们所携带的便携式设备和庞大的固定网络相连接，这就是"无线个域网"的概念。蓝牙直接促使了无线个域网概念的产生，并且逐步发展成为物联网应用的一种基本形式。

2. 蓝牙技术的安全隐患

蓝牙采用了在 2.4 GHz 频段上进行跳频扩频的工作方式,这种扩频技术本身具有一定的通信隐蔽性。扩频通信可以允许比常规无线通信低得多的信噪比，并且蓝牙定义为近距离使用，因此其发射功率可以低至 0 dBm，这在一定程度上减小了其电波的辐射范围，增加了信息的隐蔽性。但是，从更为严格的安全角度来看，物理信道上的这些一般性安全措施对于保证用户的信息安全是远远不够的。在基于蓝牙技术的物联网应用中，其安全风险不容忽视。

- 蓝牙采用 ISM 2.4 GHz 的频段发送信息，这与许多同类协议，如 IEEE 802.11b、家用设备等产生频段冲突，容易对蓝牙通信产生干扰，使通信服务失去可用性；
- 电磁信号在发送过程中容易被截取、分析，失去通信信息的保密性；
- 通信对端实体身份容易受到冒充，使通信失去可靠性。

针对以上安全风险，在蓝牙系统中采用了采用跳频技术（Frequency Hopping Spread Spectrum，FHSS），使蓝牙通信能够抗同类电磁波的干扰；采用加密技术提供数据的保密性服务；采用身份鉴别机制来确保可靠通信实体间的数据传输。另外，虽然蓝牙系统所采用的跳频技术已提供了一定的安全保障，但是在蓝牙设备构建物联网时仍需要对链路层和应用层进行安全管理。因此，蓝牙协议中设置了更为复杂的安全体系。

▶ 5.3.2 蓝牙的网络安全模式

蓝牙规范中规定了三种网络安全模式：非安全模式、业务层安全模式和链路层安全模式。

1. 非安全模式

非安全模式是指非安全机制，无任何安全需求，无须任何安全服务和机制的保护，此时任何设备和用户都可以访问任何类型的服务。非安全模式在实际应用中基本不予考虑。

2. 业务层安全模式

业务层安全模式是指服务级安全机制对系统的各个应用和服务需要进行不同的安全保护，包括授权访问、身份鉴别或/和加密传输。在这种模式下，加密和鉴别发生在逻辑链路控制和适配协议（Logical Link Controller and Adaptation Protocol，L2CAP）信道建立之前。

业务层安全模式中的安全性管理器主要包括存储安全性信息、应答请求、强制鉴别和（或）加密等关键任务。设备的三个信任等级和三种服务级别分别存储在设备数据表和服务数据表中，并且由安全管理器维护。

每一个服务通过服务安全策略库和设备库来确定其安全等级，这两个库规定了：
- A 设备访问 B 服务是否需要授权；
- A 设备访问 B 服务是否需要身份鉴别；
- A 设备访问 B 服务是否需要数据加密传输。

这个安全体系结构描述了何时需要和用户交互（如鉴别的过程），以及为了满足特定的安全需求，协议层次之间必须进行的安全行为。

安全管理器是这个安全体系结构的核心部分，它主要完成以下几项任务：
- 存储和查询有关服务的相关安全信息；
- 存储和查询有关设备的相关安全信息；
- 对应用、复用协议和 L2CAP 协议的访问请求（查询）进行响应；
- 在允许与应用建立连接之前，实施鉴别、加密等安全措施；
- 接收并处理 GME 的输入，以在设备级建立安全关系；
- 通过用户接口请求并处理用户或应用的个人识别码（Personal Identification Number，PIN）输入，以完成鉴别和加密。

业务层安全模式能定义设备和服务的安全等级。蓝牙设备访问服务时分为可信任、不信任和未知三种设备。可信任设备可无限制地访问所有服务，不可信任设备访问服务受限，未知设备也是不可信任设备。对于服务，蓝牙规范定义了三种安全级别：
- 需要授权和鉴别的服务，只有可信任设备可以自动访问服务，其他设备需要授权；
- 对于仅需要鉴别的服务，授权是不必要的；
- 对所有设备开放的服务，授权和鉴别都不需要。

通过鉴别的设备对服务或设备的访问权限取决于对应的注册安全等级，各种服务可以进行服务注册，对这些服务访问的级别取决于服务自身的安全机制。

3. 链路层安全模式

链路层安全模式是指链路级安全机制对所有的应用和服务的访问都需要实行访问授权、身份鉴别和加密传输，这种模式是业务层安全模式的另一个极端，可通过配置安全管理器并清除模块存储器中的链路密钥达到目的，这种模式的鉴别和加密发生在链路配置完成之前。链路层安全模式与业务层安全模式的本质区别在于：业务层安全模式下的蓝牙设备在信道建立以后启动安全性过程，即在较高层协议完成其安全性过程；而链路层安全模式下的蓝牙设备则是在信道建立以前启动安全性过程，即在低层协议完成其安全性过程。通过安全体系结构可以看出，蓝牙的安全体系完全建立在链路层安全之上。蓝牙系统在链路层同时使用四种不同的实体保证链路安全，即蓝牙单元独立的地址（BD_ADDR）、每次业务处理的随机数（RAND）（也称为会话密钥）、验证密钥和加密密钥，如表 5-1 所示。

表 5-1　蓝牙验证和加密过程中的实体

参　　数	长度/bit
BD_ADDR	48
RAND	128
验证密钥	128
加密密钥	8～128

BD_ADDR 是一个 48 bit 的 IEEE 地址，没有安全保护。验证密钥和加密密钥在初始化时得到，它们是不公开的，其中加密密钥的长度可根据需求配置。

蓝牙的链路层安全是通过匹配、鉴权和加密完成的，密钥的建立是通过双向的链接来实现的，鉴权和加密可以在物理链接中实现（如基带级），也可以通过上层的协议来实现。

1) 匹配

两台蓝牙设备试图链接时，个人识别码（PIN）和一个随机数经必要信息交换和计算创建初始密钥 K_{init}，该过程称为匹配，K_{init} 在校验器向申请者发出 LMP-in-rand（随机数）时创建。

2) 鉴权

鉴权是蓝牙设备必须支持的安全特性，它基于挑战-应答的方案。在该方案中，申请者对验证和加密密钥的确认使用会话密钥经 2-MOV 协议进行校验。会话密钥指当前申请者/校验器共享同一密钥，校验器将挑战申请者鉴权随机数输入，该输入以含一鉴权码的 AU_RAND$_A$ 标注，而该鉴权码则以 E1 标注，同时向校验器返回结果 SRES，其过程如图 5-13 所示。

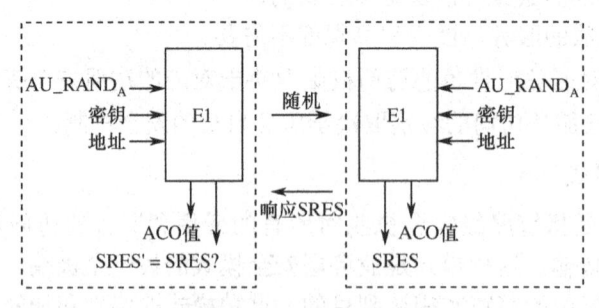

图 5-13　蓝牙的鉴权过程

在蓝牙系统中，校验器可以是主单元，也可以是从单元，既可进行单向鉴权，也可以实施双向鉴权。

3) 加密

蓝牙采用分组方式保护有效载荷。对分组报头和其他控制信息不加密，用序列密码 E_0

对有效载荷加密，并对每一有效载荷重新同步，整个加密过程如图 5-14 所示。加密过程由三部分组成：第一部分设备初始化，同时生成加密密钥 K_C，具体计算由蓝牙 E_3 算法执行；第二部分由 E_0 计算出加密有效载荷的密钥；第三部分用 E_0 生成的比特流对有效载荷进行加密，解密则以同样的方式进行。

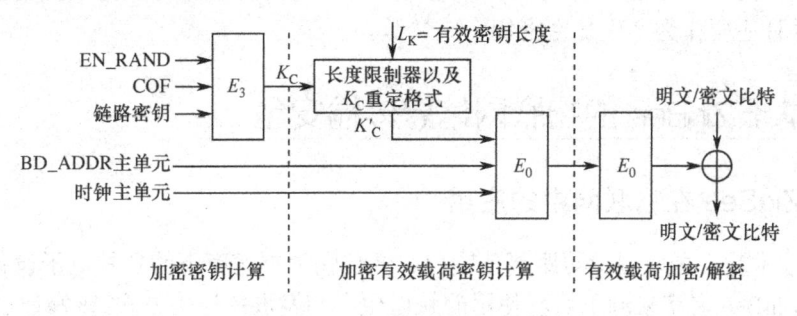

图 5-14 有效载荷的加解密

5.3.3 蓝牙的密钥管理机制

蓝牙安全体系中主要用到了三种密钥：PIN、链路密钥和加密密钥。

1. PIN

PIN（Personal Identification Number）是一个 1～16 B 的字符串。在蓝牙规范中将其缺省长度定义为 4 B，这是一个可以固定或者由用户选择的字符串。一般来讲，这个 PIN 码是随单元一起提供的一个固定数字，但当该单元有人机接口时，用户可以任意选择 PIN 的值，从而进入通信单元。蓝牙基带标准中要求 PIN 的值是可以改变的，在设备注册的过程中，户必须将 PIN 手动地输入到由安全管理器激发的用户接口中。

就 PIN 码的长度来说，短 PIN 码可以满足许多具体应用的安全性要求，但存在不确定非安全因素；过长的 PIN 码不利于交换，需要应用层软件的支持。因而，在实际应用中，采用短的数据串作为 PIN 码，其长度一般不超过 16 B。

2. 链路密钥

链路密钥主要用于验证并生成加密密钥。按生命周期区分，链路密钥分为永久性密钥、半永久性密钥和临时密钥。按应用的运行阶段和应用模式，蓝牙系统定义了四种链路密钥：单元密钥 K_A、组合密钥 K_{AB}、主密钥 $K_{Amaster}$ 和初始密钥 K_{init}，这四个密钥都是 128 位的伪随机数。K_A 由设备 A 生成，用于设备 A 允许大量的其他设备访问，且设备 A 的存储空间小的情形；K_{AB} 由设备 A 和设备 B 协商所得，它用于安全要求高，且有较大的存储空间的设备之间；$K_{Amaster}$ 为主设备临时产生的密钥，它在主设备希望一次性向多个从设备发送信息时使用这时，所有从设备与主设备之间的使用中的链路密钥暂时失效；K_{init} 用于链路的初始化过程用于传输各个初始参数，这个密钥由一个伪随机数、PIN 和 BD_ADDR 构成。

3. 加密密钥

加密密钥通常用 K_C 表示，它是由当前链路密钥导出的。当链路状态变为加密模式时，会通过当前正在使用的链路密钥产生一个加密密钥，其长度为 8～128 bit。当收到结束加密状态的指令后，再写入原链路密钥。设备之间的所有安全问题都要由链路密钥来处理，它用于鉴别，并且还要作为产生加密密钥一个参数。

5.4 基于 ZigBee 的物联网信息传输安全

5.4.1 ZigBee 在物联网中的应用

ZigBee 技术是一种应用于短距离范围内、低传输数据速率下的各种电子设备之间的无线通信技术。ZigBee 名字来源于蜂群使用的赖以生存和发展的通信方式，蜜蜂通过跳 ZigZag 形状的舞蹈来通知发现的新食物源的位置、距离和方向等信息，以此作为新一代无线通信技术的名称。ZigBee 过去又称为"HomeRF Lite"、"RF-EasyLink"或"FireFly"无线电技术，目前统一称为 ZigBee 技术。

1. ZigBee 的应用优势

与其他物联网信息传输技术相比，ZigBee 技术特征鲜明，标准化、产业化进程顺利，具有明显的应用优势。

1) 功耗低

在工作模式时，ZigBee 技术传输速率低，传输数据量很小，因此信号的收发时间很短；在非工作模式时，ZigBee 节点处于休眠模式。设备搜索时延一般为 30 ms，休眠激活时延为 15 ms，活动设备信道接入时延为 15 ms。由于工作时间较短、收发信息功耗较低且采用了休眠模式，使得 ZigBee 节点非常省电，ZigBee 节点的电池工作时间可以长达 6 个月到 2 年左右。同时，由于电池时间取决于很多因素，如电池种类、容量和应用场合，ZigBee 技术在协议上对电池使用也做了优化。对于典型应用，碱性电池可以使用数年；对于某些工作时间和总时间（工作时间+休眠时间）之比小于 1%的情况，电池的寿命甚至可以超过 10 年，可以有效节省物联网的建设运营成本。

2) 数据传输可靠

ZigBee 的媒体接入控制层（MAC 层）采用 talk-when-ready 的碰撞避免机制。在这种完全确认的数据传输机制下，当有数据传输需求时则立刻传输，发送的每个数据包都必须等待接收方的确认信息，并进行确认信息回复，若没有得到确认信息的回复就表示发生了碰撞，将再传一次。采用这种方法可以提高系统信息传输的可靠性，同时为需要固定带宽的通信业务预留了专用时隙，避免了发送数据时的竞争和冲突。另外，ZigBee 针对时延敏感的应用做了优化，通信时延和休眠状态激活的时延都非常短，通常时延都在 15～30 ms 之间。

这种特性使得物联网可以在复杂的工作环境下稳定地运行。

3）网络容量大

ZigBee 的低速率、低功耗和短距离传输特点使它非常适宜支持简单器件。全功能器件（Full Function Device，FFD）和简化功能器件（Reduced Function Device，RFD）是 ZigBee 定义的非常重要的两种器件。对于 FFD 而言，要求它支持所有的 49 个基本参数；而对于 RFD 而言，在最小配置时只要求它支持 38 个基本参数。一个 FFD 可以与 RFD 和其他 FFD 通话，可以按三种方式工作，分别为个域网协调器、协调器或器件。而 RFD 只能与 FFD 通话，仅适用于非常简单的应用。一个 ZigBee 的网络最多包括有 255 个 ZigBee 网路节点，其中一个是主控（Master）设备，其余则是从属（Slave）设备。若通过网络协调器（Network Coordinator），整个网络最多可以支持超过 65 535 个 ZigBee 网路节点，再加上各个网络协调器可互相连接，整个 ZigBee 网络节点的数目将十分可观，可以支撑大规模的物联网应用。

4）兼容性好

ZigBee 技术与现有的控制网络标准无缝集成，通过网络协调器自动建立网络，采用载波侦听/冲突检测（CSMA-CA）方式进行信道接入。此外，为了可靠传输，还提供全握手协议，为 ZigBee 与其他网络构建异构物联网络提供了技术支撑。

5）安全性

ZigBee 为其提供了一套基于 128 位的 AES 算法的安全类和软件，并集成了 IEEE 802.15.4 的安全元素。ZigBee 提供了数据完整性检查和鉴权功能，为了提供灵活性和支持简单器件，IEEE 802.15.4 在数据传输中提供了三级安全性：第一级实际是无安全性方式，对于某种应用，如果安全性并不重要或者上层已经提供足够的安全保护，器件就可选择这种方式来传输数据；对于第二级安全性，器件可使用接入控制清单（Access Control List，ACL）来防止非法器件获取数据，在这一级不采取加密措施；第三级安全性在数据传输中采用属于高级加密标准（Advanced Encrypoltion Standard，AES）的对称密码，如 ZigBee 的 MAC 层使用了一种被称为 AES 的算法进行加密，并且它基于 AES 算法生成一系列的安全机制，用来保证 MAC 层帧的机密性、一致性和真实性，可以用来保护数据净荷和防止攻击者冒充合法器件。选择 AES 的原因主要是考虑到在计算能力不强的平台上实现起来较容易，目前大多数的射频芯片，都会加入 AES 的硬件加速电路，以加快安全机制的处理。

此外，ZigBee 联盟也负责 ZigBee 产品的互通性测试与认证规格的制定。ZigBee 联盟会定期举办 ZigFest 活动，让发展 ZigBee 产品的厂商有一个公开场合，能够互相测试互通性。而在认证部分，ZigBee 联盟共定义了三级的认证：第一级（Level 1）是认证 PHY 与 MAC，与芯片厂有最直接的关系；第二级（Level 2）是认证 ZigBee Stack，所以又称为 ZigBee Compliant Platform Certification；第三级（Level 3）是认证 ZigBee 产品，通过第三级认证的产品才允许贴上 ZigBee 的标志，所以也称为 ZigBce Logo Certification。

2. ZigBee 的协议栈结构

ZigBee 是一组基于 IEEE 组织批准通过的 IEEE 802.15.4 无线标准研制开发的组网、安全和应用软件方面的技术标准,与其他无线标准不同,如 IEEE 802.11 或 IEEE 802.16。ZigBee 的协议栈结构如图 5-15 所示。

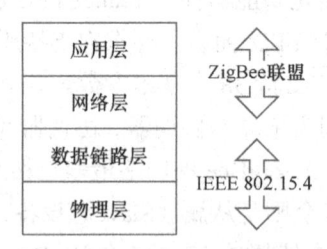

图 5-15 ZigBee 的协议栈结构

在标准规范的制定方面,主要是 IEEE 802.15.4 小组与 ZigBee 联盟两个组织,两者分别制定硬件与软件标准,两者的角色分工就如同 IEEE 802.11 小组与 Wi-Fi 之间的关系。ZigBee 建立在 802.15.4 标准之上,它确定了可以在不同制造商之间共享的应用纲要。IEEE 802.15.4 仅定义了物理层和数据链路层,并不足以保证不同的设备之间可以对话,于是便有了 ZigBee 联盟。

ZigBee 兼容的产品工作在 IEEE 802.15.4 的 PHY 上,其工作频段是免费开放的,分别为 2.4 GHz(全球)、915 MHz(美国)和 868 MHz(欧洲)。采用 ZigBee 技术的产品可以在 2.4 GHz 上提供 250 kbps(16 个信道)、在 915 MHz 提供 40 kbps(10 个信道)和在 868 MHz 上提供 20 kbps(1 个信道)的传输速率。传输范围依赖于输出功率和信道环境,介于 10~100 m 之间,一般是 30 m 左右。由于 ZigBee 使用的是开放频段,已有多种无线通信技术使用,因此为避免被干扰,各个频段均采用直接序列扩频技术。同时,PHY 的直接序列扩频技术允许设备无须闭环同步。

在这三个不同频段,都采用相位调制技术,2.4 GHz 采用较高阶的 QPSK 调制技术以达到 250 kbps 的速率,并降低工作时间,以减少功率消耗;而在 915 MHz 和 868 MHz 频段,则采用 BPSK 的调制技术,相比较 2.4 GHz 频段,900 MHz 频段为低频频段,无线传播的损失较少,传输距离较长;其次该频段过去主要是室内无绳电话使用的频段,现在由于室内无绳电话转到了 2.4 GHz 频段,干扰反而对较少。

ZigBee 协议模块紧凑且简单,对具体实现的硬件要求很低,8 位微处理器 80C51 即可满足要求,全功能协议软件需要 32 KB 的 ROM,最小功能协议软件需求大约 4 KB 的 ROM。此外,网络主节点需要更多的 RAM,以容纳网络内所有节点的设备信息、数据包转发表、设备关联表、与安全有关的密钥存储等。

3. ZigBee 的适用领域

ZigBee 技术在 ZigBee 联盟和 IEEE 802.15.4 的推动下,结合其他无线技术,可以实现无所不在的网络,成为物联网应用中一种非常重要的信息传输技术。由于 ZigBee 目前的研究水平还停留在小范围组网运用中,因此,ZigBee 技术的在物联网领域的大规模商业应用还有待时日,但其优异的技术特性和应用优势已经展示出它在物联网应用中的非凡价值,相信随着相关技术的发展和推进,一定会得到更大的应用。随着 ZigBee 规范的进一步完善,许多公司均在着手开发基于 ZigBee 的产品,ZigBee 可以广泛应用于智能家居、网络监控、工业自动化控制控制、远程医疗护理、环境监测、物流管理等领域。

5.4.2 ZigBee 信息安全服务

在 ZigBee 技术标准中,主要依靠 IEEE 802.15.4 标准体系规范的 MAC 层来提供设备之间基本的安全服务和互操作。

1. ZigBee 安全服务的内容

基本的安全服务包括维护一个访问控制列表(Access Control List,ACL),使用对称加密算法保护传输的数据。但并不要求任何时候任何设备都需要使用这些安全功能,必须由上层协议决定何时使用 MAC 层安全并提供使用这些安全服务必需的密钥资料。密钥管理、设备认证等功能必须由上层提供,并不属于 IEEE 802.15.4 规范的范围,其主要的安全服务如下所述。

1)访问控制

使设备能够选择其愿意与之通信的其他设备,为了实现访问控制服务,设备必须在 ACL 中维护一个设备列表,表明它愿意接收来自这些设备发来的数据。

2)数据加密

数据加密使用的密钥可能是一组设备共享的(通常作为 Default Key 存储)或者两两共享的(通常存于单独的 ACL Entry 中),数据加密服务于 Beacon、Command 以及数据载荷。

3)数据完整性

利用消息完整性校验码(RVNC)保证没有密钥的节点不会修改传输中的消息,进一步确认消息来自一个知道密钥的节点。

4)序列抗重播保护

利用一个序列号来拒绝重播的报文。当收到一个数据包,将其 Freshness 值与上一个已知的 Freshness 值进行比较,来决定这个数据包是否是一个重播的报文。

2. ZigBee 安全服务的模式

MAC 层允许对报文进行安全操作,但并不强制安全的传输,会根据设备当前运行的模式以及所选择的安全模块,对设备提供不同的安全服务,有以下三种安全模式。

1)不安全模式

不提供任何安全服务。

2) ACL 模式

不提供加密保护，必须由上层实现其他机制确认发送消息设备的身份。这种模式仅提供访问控制，作为一个简单的过滤器只允许来自特定节点发来的报文，因此这种模式不能给报文提供任何安全性也不能防止恶意节点的攻击。

3) 安全模式

在此模式下的设备通过选择不同的安全模块来获取不同的安全服务。

5.4.3 ZigBee 信息安全构件

ZigBee 信息安全的功能构件主要分为安全功能模块和信息安全接口两类。

1. 安全功能模块

当一个设备处于安全模式下就会使用特定的安全模块，一个安全模块包括对 MAC 帧提供的一系列操作。安全模块的名字能表明对称密钥算法、模式以及完整性校验码的长度。完整性校验码的长度小于或者等于对称密钥的块大小并且决定了一个随意猜测的完整性校验码被认为是正确的可能性。IEEE 802.15.4 提供了 8 种可选的安全模块，其中无安全功能也是一种安全模块，而 AES-CCM 和 AES-CBC-MAC 模块则根据完整性校验码的长度又各分三种（32 bit、64 bit 和 128 bit）。以下按照功能的不同对这些安全模块进行分析。

1) AES-CTR

这个安全模块利用计数模式的 AES 块密码算法。为了在计数模式下加密数据，发送者将明文数据分为 16 KB 大小的块 $P_i,\cdots,P_n$，并计算 $C_i=P_i\,E_k(X_i)$，每个 16 KB 块使用其独有的计数值 X_i，P_i 计算 $P_i=C_i\,E_k(X_i)$ 恢复原来的明文。显然，接收者为了重构明文 P_i，需要知道计数值 X_i，即 nonce 值或者 IV（初始向量）。X_i 的组成包括一个静态标志域，发送者的地址，3 个独立的计数器，1 个 4 KB 的用以标志报文的帧计数器，1 个 1 字节的密钥计数器和 1 个 2 KB 的用以标志当前这个 16 KB 块在报文中位置的块计数器。帧计数器由硬件维护。发送者每次加密一个报文即将此计数器加 1，当其达到最大值时，硬件就返回一个错误码，此后不再进行加密。密钥计数器是受应用控制的 1 个字节，当帧计数器达到最大值时，整个计数器仍能增加。使用此种加密模式有一个必需的要求，即在一个密钥的生命期内不能重复 nonce 值。以上所描述的帧计数器和密钥计数器就是为了防止 nonce 的重用，而 2 KB 的块计数器就是为了确保不同的块使用不同的 nonce 值。发送者并没有将块计数器包含在发送的报文中，因为接收者可以根据每个块推断出这个值。因而，发送者将帧计数器、密钥计数器和加密载荷包含在数据报文中。

2) AES-CBC-MAC

这个加密模块利用 CBC-MAC 提供完整性保护。发送者可以计算 4 KB、8 KB 或者 16 KB 的消息认证码 MAC。MAC 值只能由持有对称密钥的实体计算出来，MAC 值保护报文的头部和数据部分，发送者将其附加在明文数据之后，接收者通过计算 MAC 值、然后和报文中的 MAC 值进行比较来检验发送方。

3）AES-CCM

这个加密模块使用 CCM 模式进行加密和认证。一般来说，首先利用 CBC-MAC 对报文头部和内容提供完整性保护，然后利用 AES-CTR 模式对数据部分和 MAC 进行加密。因而，此种加密模块下，既包括认证也包括加密操作，即一个 MAC 值、帧和密钥计数器，这些内容与前两个加密模块描述的功能相同。和 AES-CBC-MAC 一样，AES-CCM 也有三种 MAC 值长度之分。

以上各种加密模块对应的数据格式如图 5-16 所示。

4 B	1 B	多种
帧计数器	密钥计数器	加密载荷

(a) AES-CTR

多种	4 B/8 B/16 B
载荷	MAC

(b) AES-CBC-MAC

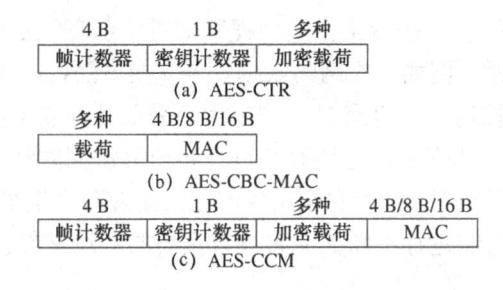

4 B	1 B	多种	4 B/8 B/16 B
帧计数器	密钥计数器	加密载荷	MAC

(c) AES-CCM

图 5-16　各种加密模块的数据格式

2. 信息安全接口

为方便上层协议使用以上分析的 IEEE 802.15.4 MAC 层安全功能，MAC 提供一系列与安全功能相关的 MAC PIB 属性，可通过原语设置等属性来调用 MAC 提供的安全功能。这些属性主要包括：当与特定的通信节点通信时，该节点的地址使用的对称密钥以及初始的计数值等安全资料；使用何种加密模块。其中与特定节点对应的安全资料信息都存放在访问控制列表项（ACL Entry）中。主要的安全相关的 MAC PIB 属性如下所述。

- macAclEntryDescriptorSet：是一系列的 ACL Entry，每个均包括地址信息、安全模块信息以及用于保护与此特定节点 MAC 层通信的数据帧的安全资料；
- macAclEntryDescriptorSetSize：macAclEntryDescriptorSet ACLEntry 的个数，范围为 0～255；
- macDefaultSecurity：用以表明是否允许与一个没有在 ACL 列表中显式列出的节点进行安全通信，这项属性同样可以用于一次与多个节点进行安全通信；
  - ◇ macDefaultSecurityMaterialLength：安全资料的长度，范围为 0～26；
  - ◇ macDefaultSecurityMaterial：缺省的安全资料的内容；
  - ◇ macDefaultsecuritysuite：缺省使用的安全模块；
- macSecurityMode：缺省使用的安全模式，0x00=unsecured mode，0x01=ACL mode，0x02=Secured mode，其中 ACL Entry 的内容通过以下 MAC PIB 属性进行设置：

- ACL ExtendedAddress：节点的 64 bit IEEE 扩展地址；
- ACLShortAddress：节点的 16 bit 短地址，当此值为 0xFFFE 时表明此节点仅使用 64 bit 扩展地址，当此值为 0xFFFF 时表明该节点的短地址不可知；
- ACLPANld：节点所在个域网的标识；
- ACLSecurityMaterialLength：ACL Entry 中安全资料的长度；
- ACLSecurityMaterial：用于保护与此特定节点 MAC 层通信的数据帧的安全资料；
- ACLSecuritySuite：与此节点进行 MAC 层安全通信所使用的安全模块的序号。

3. 其他信息安全措施

在 ZigBee 技术标准体系下还可以采用多种措施来保证传输安全，如 AES-128 加密算法、数据完整性检查和鉴权功能。这些措施在某种程度上对安全有一定保障，但是在实际应用过程中也存在一定的局限性。例如，在网络数据安全交换方面，ZigBee 联盟只是在理论上对网络层安全协议进行了描述，并没有对不同应用应采取具体安全级别进行具体的研究，因此加强针对不同应用的具体安全措施还有待进一步研究；同时针对数据完整性和认证技术研究以及根据不同的应用情况，进行安全属性的灵活配置研究也很重要。因此，对 ZigBee 在物联网领域应用的安全机制进行不断的完善具有重要的实践意义。

5.5 基于 UWB 的物联网信息传输安全

5.5.1 UWB 的技术特点和安全威胁

超宽带（UWB）技术起源于 20 世纪 50 年代末，此前主要作为军事技术在雷达探测和定位等应用领域中使用。美国 FCC（联邦通信委员会）于 2002 年 2 月准许该技术进入民用领域，用户不必进行申请即可使用，FCC 已将 3.1～10.6 GHz 频带向 UWB 通信开放，IEEE 也专门制定了 IEEE 802.15.3 系列标准来规范 UWB 技术的应用。

1. UWB 的技术特点

UWB 作为一种重要的超宽带近距离通信技术，在需要传输宽带感知信息的物联网应用领域具有广阔的应用前景。与现有无线通信技术相比，UWB 通信技术的主要特点如下。

1) 低成本

UWB 产品不再需要复杂的射频转换电路和调制电路，它只需要一种数字方式来产生脉冲，并对脉冲进行数字调制，而这些电路都可以集成到一个芯片上，因此，其收发电路的成本很低，在集成芯片上加上时间基和一个微控制器，就可构成一部超宽带通信设备。

2) 传输速率高

为确保提供高质量的多媒体业务的无线网络，其信息速率不能低于 50 Mbps。在所用商品中，一般要求 UWB 信号的传输范围在 10 m 以内，再根据经过修改的信道容量公式，其传输速率可达 500 Mbps，是实现无线个域网的一种理想调制技术。UWB 以非常宽的频率来换取高速的数据传输，并且不单独占用现在的频率资源，而是共享其他无线技术使用的频带。

3）空间容量大

UWB 无线通信技术的单位区域内通信容量可超过 1 Mbps/m^2，而 IEEE 802.11b 仅为 1 kbps/m^2，蓝牙技术为 30 kbps/m^2，IEEE 802.11a 也只有 83 kbps/m^2，可见，现有的无线技术标准的空间容量都远低于 UWB 技术。随着技术的不断完善，UWB 系统的通信速率、传输距离及空间容量还将不断地提高。

4）低功耗

UWB 使用简单的传输方式发出瞬间尖波形电波，即所谓的脉冲电波——直接发送 0 或 1 脉冲信号出去，脉冲持续时间很短，仅为 0.2～1.5 ns。由于只在需要时发送出脉冲电波，因此 UWB 系统的功耗很低，仅为 1～4 mW，民用的 UWB 设备功率一般是传统移动电话或者无线局域网所需功率的 1/10～1/100，可大大延长电源的供电时间。UWB 设备在电池寿命和电磁辐射上，相对于传统无线设备有着很大的优越性。

2．UWB 面临的信息安全威胁

由于 UWB 独特的网络特征，致使网络非常脆弱，更易受到各种安全威胁和攻击。而传统加密和安全认证机制等安全技术虽能在一定程度上避免 UWB 网络中的入侵，但是其面临的信息安全形势依旧严峻。

1）拒绝服务攻击

拒绝服务攻击是指使节点无法对其他合法节点提供所需正常服务的攻击。在无线通信中，攻击者的攻击目标可以是任意的移动节点，且攻击可以来自于各个方向，拒绝服务攻击可以发生在 UWB 网络的各个层。在物理层和媒体接入层，攻击者通过无线干扰来拥塞通信信道；在网络层，攻击者可以破坏路由信息，使网络无法互连；在更高层，攻击者可以攻击各种高层服务。拒绝服务攻击的后果取决于 UWB 网络的应用环境，在 UWB 网络中，使中心资源溢出的拒绝服务攻击威胁甚小，由于 UWB 网络各个节点相互依赖的特点，使得分布式的拒绝服务攻击威胁更为严重。如果攻击者有足够的计算能力和运行带宽，较小的 UWB 网络可能非常容易阻塞，甚至崩溃。在 UWB 网络中，剥夺睡眠攻击是一种特殊的拒绝服务攻击，攻击者通过合法方式与节点交互，其唯一目的就是消耗节点的有限电池能源，使节点无法正常工作。

2）密钥泄漏

在传统的公钥密码体制中，用户采用加密、数字签名等来实现信息的机密性、完整性等安全服务。但这需要一个信任的认证中心，而 UWB 网络不允许存在单一的认证中心，这是因为单个认证中心一旦崩溃将造成整个网络无法获得认证，而且被攻破认证中心的私钥可能会泄漏给攻击者，致使网络完全失去安全性。

3) 假冒攻击

假冒攻击在 UWB 网络的各个层次都可以进行，它可以威胁到 UWB 网络的所有结构层。如果没有适当的身份认证，恶意节点就可以伪装成其他的信任节点，从而破坏整个网络的正常运行，Sybil 攻击就是这样的一种攻击方式。如果没有适当的用户验证的支持，在网络层，泄密节点就可以冒充其他信任节点来攻击网络（如加入网络或发送虚假的路由信息）而不会暴露；在网络管理范围内，攻击者可作为超级用户获得对配置系统的访问；在服务层次，一个恶意节点甚至不需要适当的证书就可以拥有经过授权的公钥。成功的假冒攻击所造成的结果是非常严重的，一个恶意节点可以假冒任何一个友好节点，向其他节点发布虚假的命令或状态信息，并对其他节点或服务造成永久性的毁坏。同时 UWB 网络这些安全缺陷也导致在传统网络中能够较好工作的安全机制，如加密和认证机制、防火墙以及网络安全方案，不能有效适用于 UWB 网络。

4) 路由攻击

路由攻击包括内部攻击和外部攻击。内部攻击源于网络内部，这种攻击将对路由信息造成很大的威胁。外部攻击中除了常规的路由表溢出攻击等之外，还包括隧道（Tunnel）攻击、剥夺睡眠攻击、节点自私性攻击等针对移动自组网的独特攻击。

5.5.2 UWB 的媒体接入控制安全机制

与传统的有线网络相比，无线网络的安全问题往往是出乎预料的，而分布式无线网络更因为各种各样的应用和使用模式，使安全问题变得更加复杂。针对这些安全问题，国际标准化组织（ISO）接受了由 WiMedia 联盟提出的"高速率超宽带通信的物理层和媒体接入控制标准"，即 ECMA-368（ISO/IEC 26907），规范了相应的安全性要求。

1. 安全性规范

1) 安全级别

ECMA-368（ISO/IEC 26907）标准定义了两种安全级别：无安全保护和强安全保护。强安全保护包括数据加密、消息认证和重播攻击防护；安全帧提供对数据帧、选择帧和控制帧的保护。

2) 安全模式

安全模式是指一个设备是否被允许或者被需要建立与其他设备进行数据通信的安全关系。ECMA-368（ISO/IEC 26907）标准定义了三种安全模式，用于控制设备间的通信。两台设备通过 4 次握手协议来建立安全关系，一旦两台设备建立了安全关系，它们将使用安全帧来作为帧传输，如果接收方需要接收安全帧，而发送方无安全帧，那么接收方将丢弃该帧。

安全模式 0：定义了数据传输时使用无安全帧的通信方式，并且与其他设备建立无安全关系的通信方式。在该模式下，如果接收到安全帧，MAC 层将直接丢弃该帧。

安全模式 1：定义了与安全模式 0 下的设备进行数据通信，或者与未建立安全关系的处于安全模式 1 下的设备进行数据通信，或者在特定帧的控制下与处于安全模式 1 下并建立安全关系的设备进行通信的方式。

安全模式 2：不与在其他安全模式下的设备进行通信，将通过 4 次握手协议建立安全关系。

3）握手协议

4 次握手协议使得两台具有共享主密钥的设备可以进行相互认证，同时产生 PTK（Pair-wise Transient Key，对称临时密钥）来加密特定的帧。

4）密钥传输

在成功地进行 4 次握手并建立安全关系后，两台设备开始分发各自的 GTK（Group Transient Key，组临时密钥）。在组播通信时，GTK 用于对传输数据进行加密。每个 GTK 的分发是通过 4 次握手中产生的 PTK 进行加密后再传输的。

2．信息接收与验证

在信息接收过程中，MAC 子层按以下步骤进行帧的接收。

（1）验证 FCS，如果验证失败，则丢弃该帧；否则，用合适的规则承认接收到的帧，并进行下一步。

（2）验证 MAC 帧的安全位并按照它的安全模式采取适当的操作；如果没有丢帧且帧的安全位为 ONE，进行下一步。

（3）验证 TKID，如果 TKID 不能识别当前的 PTK 或 GTK，则丢帧，MLME 提交 MLME-SECURITY-VIOLATION，将其 ViolationCode 设为 INVALID_TKID；否则，继续下一步。

（4）用已被鉴别的 PTK 或 GTK 验证 MIC，如果验证失败，则丢帧，MLME 提交 MLME-SECURITY-VIOLATION，它的 ViolationCode 设为 INVALID_MIC；否则，继续下一步。

（5）检查帧重发，如果帧重复，则丢帧，MLME 提交 MLME-SECURITY-VIOLATION，将其 ViolationCode 设为 REPLAYED_FRAME；否则，更新为该帧 PTK 或 GTK 设置的重发计数器，继续下一步。

（6）处理此帧，包括两倍帧过滤，如果此帧已接收过，则丢帧；否则，继续下一步。

（7）解密此帧，此步骤可与验证 MIC 同步进行。

帧重发保护在接收拥有有效的 FCS 和 MIC 的安全帧时，信息接收流程如下：从接收帧中提取出 SFN，将其与该帧所用临时密钥的重发计数器的值作比较。如果前者小于等于后者，接收者的 MAC 子层丢弃此帧，MLME 提交 MLME-SECURITY-VIOLATION，将其

ViolationCode 设为 REPLAYED_RAME；否则，接收者将接收到的 SFN 赋给相应的重发计数器。不过，在使用此 SFN 更新重发计数器之前，接收者应确保此帧已通过 FCS 验证、重发预防和 MIC 确认。

3. MAC 层的信息传输功能

在 UWB 系统中，MAC 层的信息传输功能主要包括以下几个方面：
- 通过物理层，在一个无线频道上与对等设备进行通信；
- 采用基于动态配置（Reservation-based）的分布式信道访问方式；
- 基于竞争的信道访问方式；
- 采用同步的方式进行协调应用；
- 提供在设备移动和干扰环境下的有效解决方案；
- 以调度帧传输和接收的方式来控制设备功耗；
- 提供安全的数据认证和加密方式；
- 提供设备间距离计算方案。

UWB 的 MAC 层是一种完全分布式的结构，没有一台设备充当中心控制的角色。同时所有的设备都具有上述八种功能，并且根据应用的不同可以有选择地使用这八种功能。在分布式的环境中，设备间通过信标帧的交换来识别。设备的发现、网络结构的动态重组和设备移动性的支持都是通过进行周期性的信标传输来实现的。

▶ 5.5.3 UWB 网络拒绝服务攻击防御

拒绝服务攻击开始是针对计算机网络系统的，但随着通信技术的发展，现在已经有针对所有通信系统的发展趋势。由于 UWB 是一种开放的分布式网络，没有中央控制，所以基于 UWB 的物联网在运营过程中受到拒绝服务攻击的概率就大大增加了。

1. UWB 拒绝服务攻击原理

拒绝服务是指由于某种原因网络信息系统遭到不同程度的破坏，使得系统资源的可用性降低甚至不可用，导致不能为授权用户提供正常的服务。拒绝服务通常是由配置错误、软件弱点、资源毁坏、资源耗尽和资源过载等因素引起的，其基本原理是利用工具软件，集中在某一时间段内向目标机发送大量的垃圾信息，或是发送超过系统接收范围的信息，使系统出现网络堵塞、负载过重等状况，导致系统拒绝服务。在实际的网络中，由于网络规模和速度的限制，攻击者往往难以在短时间内发送过多的请求，因而多采用分布式拒绝服务攻击的方式。在这种类攻击中，为提高攻击的成功率，攻击者需要控制大量的被入侵主机，为此攻击者一般会采用一些远程控制软件，以便在自己的客户端操纵整个攻击过程。这个过程可分为以下几步：
- 探测扫描大量主机，以寻找可入侵主机；

- 入侵有安全漏洞的主机并获取系统控制权；
- 在每台入侵主机中安装攻击程序，如客户进程或守护进程；
- 利用已入侵主机继续进行扫描和攻击，需要指出的是，采用分布式拒绝服务的客户端通常采用 IP 欺骗技术，以逃避追查。

2．UWB 网络中拒绝服务攻击类型

在 UWB 网络中，拒绝服务攻击主要有两种类型，即 MAC 层攻击和网络层攻击。

在 MAC 层实施的拒绝服务攻击主要有两种方法：一是拥塞 UWB 网络中的目标节点设备使用的无线 UWB 信道，致使 UWB 网络中的目标节点设备不可用；二是将 UWB 网络中的目标节点设备作为网桥，让其不停地中继转发无效的数据帧，以耗尽 UWB 网络中的目标节点设备的可用资源。

在 UWB 的网络层中实施的攻击也称为 UWB 路由攻击，其主要攻击方法措施有：
- 通过与 UWB 网络中的被攻击目标节点设备建立大量的无效 TCP 链接来消耗目标节点设备的 TCP 资源，从而降低甚至耗尽系统的资源，致使正常的链接不能进入；
- UWB 网络的多个节点同时向 UWB 网络中的目标节点设备发送大量伪造的路由更新数据包，致使目标节点设备忙于频繁的无效路由更新，从而恶化系统的性能；
- 通过 IP 地址欺骗技术，攻击节点通过向路由器的广播地址发送虚假信息，使得路由器所在网络上的每台设备向 UWB 网络中的目标节点设备回应该信息，从而降低系统的性能；
- 修改 IP 数据包头部的 TTL 域，使得数据包无法到达 UWB 网络中的目标节点设备。

3．UWB 网络中拒绝服务攻击防御措施

针对 UWB 网络中基于数据报文的拒绝服务攻击，可以采用路由删除措施来防止 UWB 洪水拒绝服务攻击。

当攻击者发动基于数据报文的 UWB 洪水攻击行为时，发送大量攻击数据报文到达所有 UWB 网络中的节点。作为邻居节点和沿途节点是难以判别攻击行为的，因为节点无法判断数据报文的用途。但作为数据报文的目标节点，就比较容易判定了，当目标节点发现收到的报文都是无用信息时，它就可以认定源节点为攻击者。目标节点可通过路由删除的方法来阻止基于数据报文的 UWB 洪水攻击行为。

具体实施步骤是：当 UWB 网络中的目标节点发现源节点是攻击者时，由目标节点生成一个路由请求（RRER）报文，该报文中标明目标节点不可达，目标节点将这个 RRER 报文发送到攻击者。当 RRER 到达攻击者时，它就会认为这条路由已经中断，从而将这条路由从本节点路由表中删除，这样它就无法继续发送攻击报文了；如果它还要发送，就必须重新建立路由。此时，目标节点已经知道该节点是攻击者，对它发送的 RREQ 报文不回答 RREP，这样就无法重新建立路由。通过这种方式，只要被攻击过的节点都会拒绝与攻击者建立路由。如果攻击者不断发动基于数据报文的 UWB 拒绝服务攻击，拒绝与其建立路由的节点就会越来越多，最终所有节点都拒绝与其建立路由，攻击者就会被隔绝于 UWB 网络，从而阻止基于数据报文的 UWB 拒绝服务攻击。

5.6 基于 WMN 的物联网信息传输安全

物联网是一种新兴的网络形式，目前已被应用于许多领域中，鉴于物联网复杂的应用环境，传统的单信道网络形式已经不能满足物联网的发展需要，多信道路由是物联网未来的发展方向。无线网状网作为一种新兴网络形式，具有优良的环境适应性，可满足多信道物联网的应用需求，成为了物联网领域一种重要的网络技术。

5.6.1 WMN 面临的信息安全威胁

在无线网状网（Wireless Mesh Network，WMN）中，由于 Mesh 客户端也具有路由的角色，Mesh 节点可以根据路由信息创建、删除或者更新网络中路由路径。但这也是 WMN 和 Ad Hoc 网路由协议中的一个共同的重要弱点，因为恶意节点可以产生错误的路由信息改变路由的方向或者是简单地截断路由。另外，攻击者可以通过攻击路由协议来误导路由，从而导致网络的崩溃。

攻击路由协议的类型分为路由破坏攻击和资源消耗攻击两类，这两类都属于主动攻击的范畴。路由破坏攻击是指破坏合法路由控制信息的机密性和完整性，或者使得合法路由消息不能在正常的模式下传输，从而破坏网络通信；资源消耗攻击是指恶意节点伪造非法的路由消息，达到消耗网络带宽、电池、节点计算能力等宝贵资源的目的，从而减少节点的寿命和增大节点处理路由消息的延迟。

1. 路由破坏攻击

WMN 路和 Ad Hoc 网络类似，路由破坏攻击包括篡改、删除、伪造等手段，通过阻止路由建立、更改包传输方向、中断路由、破坏路由协议性能达到破坏网络通信的目的。路由破坏攻击可以分为以下几种。

1）篡改攻击

恶意节点对路由控制消息进行非法篡改，使得数据包的完整性遭到破坏，迫使数据包到达不了目的节点或者让目的节点得到错误的路由信息，导致两节点间无法正常通信，这种攻击对 Mesh 路由器和 Mesh 客户端有同样大的威胁。

（1）数据包信息篡改。通过对数据包中有效信息字段的恶意插入、删除、修改，造成目的节点得到错误信息，从而无法与源节点正常通信。

（2）跳数篡改。特别是在按需路由协议中，恶意节点对需要转发的数据包中的跳数进行篡改，使得该数据包中的跳数值与实际传输的跳数不符，从而造成路由性能降低。恶意节点还可以通过减小跳数值将自己插入到两个通信节点之间改变原来的路由路径，这样恶意节点可以对转发的数据包做任何恶意处理。

2）删除攻击

恶意节点声称自己有一条到目的地（如 Mesh 路由器）的路由，诱使源节点将数据发送到恶意节点，然后对需要转发的数据包有选择地删除，造成大量的数据包无法到达目的节点，造成较高的数据包丢失率，增加端到端的时延，对网络的路由协议性能造成巨大的影响。删除攻击包括黑洞攻击和灰洞攻击，前者是攻击者对所有类型的数据包都直接删除，后者有选择地删除数据包。删除攻击一般发生在路径中间的负责转发数据的 Mesh 节点。

3）伪造攻击

伪造攻击是指攻击者向活动路由中的源节点发送路由失效包，使得源节点不断地重新发起路由发现过程，从而增加路由开销，破坏路由协议性能。这种攻击同样经常发生在网络中的 Mesh 客户端上。

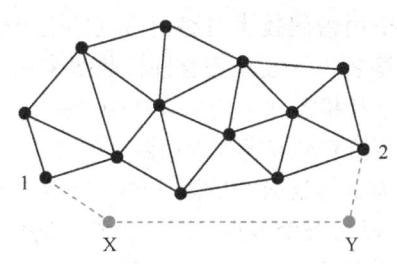

4）Wormhole 攻击

Wormhole 攻击是两个合谋节点采用隧道方式将数据包从一处传输到另外的节点，然后将这些数据包在合法网络中传输，造成路由的跳数不超过 2 跳的假象。图 5-17 所示为针对路由维护的 Hello 消息，攻击者 X、Y 分别将节点 1 和节点 2 的 Hello 消息通过隧道方式传输给对方，这样会让节点 1 和 2 误以为它们是邻居节点，而其实在现实网络中它们根本不是邻居节点。这种攻击需要两个以上节点的合谋，实施的难度较大，但同时造成的破坏也更难以被发现。

图 5-17　Wormhole 攻击

5）Rushing 攻击

Rushing 攻击是指利用按需路由协议中的中间转发节点第二次收到同样的路由请求时会对该路由消息丢弃的特性，恶意节点将接收到的路由请求破坏处理，然后将其广播出去，其他合法节点在没有收到合法的路由请求时先收到 Rushing 攻击发送的路由请求，从而拒绝合法路由消息。如果攻击者采用 Wormhole 的隧道方式直接将破坏处理后的数据包发送到目的节点，将会使得路由无法建立。

2. 资源消耗攻击

在资源消耗攻击下,攻击者通过向网络中注入大量的无用信息,以达到消耗网络资源的目的,如消耗网络带宽或者消耗合法节点的资源,消耗节点的内存和能量,从应用层面上讲,都将会造成 DoS(拒绝服务)攻击。

1) 伪造路由控制消息攻击

恶意节点通过伪造路由信息在网络中传输,让网络中的合法节点频繁地做无用的工作,以消耗网络的带宽、节点计算能力、电池资源等,从而影响整个网络的性能。在 WMN 中这种攻击对 Mesh 路由器的影响较小,因为 Mesh 路由器有充足的计算能力和资源;但是对 Mesh 客户端则会造成较大的影响。

2) 路由表溢出攻击

路由表溢出攻击是指迫使单个合法节点瘫痪的一种攻击方法,恶意节点为了使得某个合法节点不能够正常执行路由协议,给这个节点发送潮水般的伪造路由请求,造成该节点的路由表溢出,即使合法的路由请求包也无法处理。这种攻击方法一般运用于瓶颈节点的攻击。在 WMN 中,这种攻击对 Mesh 路由器的攻击威胁更大,因为 Mesh 路由器就是最大的瓶颈节点。

▶ 5.6.2 基于 WMN 的物联网安全路由策略

针对不同的 WMN 环境,需要有不同的安全策略。当前提出关于 WMN 路由的安全策略可以划分为基于密码和基于检测两类。

1. 基于密码的安全策略

基于密码的安全策略,是采用密码技术对路由协议的控制信息(如路由请求包、路由应答包、路由失效包等)进行签名、认证和完整性校验等来保证路由协议的正常工作的,在这种方法中,密钥和证书的分发和管理是安全策略的前提。

目前密钥的管理一般采用可信 CA 方案或者门限密码方案。在可信 CA 方案中,所有的节点都拥有一个公钥私钥对,为了保证公钥的真实性,需要有一个可信任的证书授权机构(CA)来管理所有节点的公钥,以给每个节点分配一个唯一的标识,并给节点签发一个包含标识和节点公钥的证书,CA 本身拥有一个公钥私钥对,并且所有的节点都知道 CA 的公钥,这样就可以认证 CA 签发的证书,保证通信端公钥的真实性。但是这种方法计算开销大,存在单点失败问题。

门限密码方案通过组共享密钥系统将 CA 的功能扩展到一组节点,解决了单点失败的问题,组共享密钥将系统的密钥 S 分解为 n 个部分密钥 $S_1, S_2, \cdots, S_n$,再将这 n 个部分密钥分配给系统的 n 个成员,使得任意的不少于 $t(t<n)$ 个成员可以用它们的部分密钥共同恢复出系统的密钥 S,而任意少于 t 个的成员则无法恢复出系统的密钥 S,这就是 (t, n) 门限密码方案。

在 WMN 中因为存在无线 Mesh 路由器这样的中心设备，因此可以采用可信 CA 的方案进行密钥的分发和管理。下面介绍几种基于密码的安全策略。

1) SAODV

SAODV 是由 Zapata 提出的一种基于按需路由协议 AODV 的安全路由协议，在路由发现和路由维护过程中对路由控制消息提供完整性、认证、不可否认性安全保障。SAODV 利用签名对路由消息中的多个字段进行验证，并使用 Hash 链对路由信息中的跳数值进行认证。

在 SAODV 路由发现过程中，源节点会产生一个随机值作为 Hash 字段值，同时用该值作为 Hash 函数的输入值，并用 Hash 函数输出值再次作为输入值进行计算，运算 N（N 为网络直径）次，把计算结果记为 Top Hash 字段的值，将源节点的公钥附于路由请求消息中，然后用私钥对路由请求进行签名，最后将此路由请求消息广播出去。中间节点利用路由请求消息中的公钥对该消息的签名进行验证，从而判断该路由消息的完整性；并用消息中 Hash 字段值进行 $N-i$（i 为当前跳数值）次 Hash 计算，与 Top Hash 字段值比较，如果相等，则表示验证成功，中间节点会认为该路由消息中的跳数是正确的。如果上述两个验证都成功则会对跳数验证值进行 Hash 计算并将计算结果替代路由消息中的原 Hash 值，然后将消息再次广播。目的节点处理结果会与中间节点一样，验证成功后会产生 RREP 消息，并沿已经建立的反向路径传播给源节点。

在路由维护中也使用签名对路由失效消息进行保护，产生路由失效消息的节点要对路由失效包签名，中间节点要对此消息的签名进行验证，验证通过后才进行转发。SAODV 为路由消息的完整性提供了保护并对跳数进行了验证，增加了 AODV 路由协议的安全。但 SAODV 协议没有对中间参与转发路由控制消息的节点的身份进行验证，这样就可能造成所建立的路由路径包括恶意节点，这样恶意节点就可能对后续通信中的数据实施任何恶意的破坏。

2) Ariadne

Ariadne 是一个基于 DSR 协议开发的安全路由协议，该协议在 TESLA 广播认证协议的广播认证消息中添加 MAC 保证路由安全。TESLA 协议中节点选择一个随机的初始密钥 K 并利用单向 Hash 函数计算得到一个密钥链（$K_n, K_{n-1}, \cdots, K_0$），节点通过单向 Hash 函数可以利用 K_n 来认证 $K_0, K_1, \ldots, K_{n-1}$，但是 K_n 不可以被其他的任何密钥值认证。Ariadne 协议中源节点 S 和目的节点 D 利用共享密钥进行相互认证，在路由发现过程中，源节点将一个由时间戳和 K_{sd} 计算得到的 MAC 包含到请求包中，目的节点可以根据该 MAC 认证源节点，同样源节点可以根据应答包中 K_{sd} 计算得到的 MAC 认证目的节点。中间节点利用自身的 TESLA 密钥（密钥由请求包中指定的时间间隔决定）和接收到的请求包计算出一个 MAC，并将它添加到路由包的 MAC 表，源节点可以利用路由包中 MAC 表字段来认证中间节点。在中间节点接收到路由包后，用自己的地址和接收到的 Hash 链字段值，通过单向 Hash 函数计算出一个新的 Hash 值代替原来的 Hash 链值，Hash 函数的单向性和逐跳 Hash 保证恶意节点不可以删除路由中间节点。

Ariadne 的缺点是需要节点之间时间同步，不能防止主动攻击对网络传输中包的窃听，不能防止攻击者插入数据包，不能防止在路由发现过程中不转发包或者在路由中断的时候不发送错误信息的攻击。

3) ARAN

ARAN 是一种基于按需安全路由的协议，利用可信任服务中心节点为所有合法节点颁发认证证书，并将合法节点的地址与其公钥绑定。ARAN 由节点从证书服务节点获得证书的初步证明和两节点建立路由的认证过程两部分组成。初步证明使用一个可信的证书服务节点 CA，在节点身份验证成功后为加入网络的节点颁发证书。节点获得证书后即可对各个路由消息进行签名，其他节点通过对路由消息中的签名进行验证来判断该路由消息是否合法。中间节点对需要转发的路由消息认证成功后，用自己的证书对该消息签名代替先前的证书签名，然后再次将数据包转发。在路由维护阶段，对路由错误消息转发的中间节点只是对消息中的签名验证，并不能更改签名。

ARAN 利用数字签名对路由消息进行完整性检测，同时利用包约束机制确保路由消息的及时性，防止延迟攻击。但是 ARAN 并没有对跳数进行验证，并且 ARAN 利用 CA 为合法节点颁发证书，CA 一旦瘫痪将使得整个网络安全体系崩溃。虽然解决了一定的安全隐患，但是也带来了新的安全问题。

2. 基于检测的安全策略

检测策略要求网络中的节点进行分布式协作检测节点的有害行为，然后做出响应并隔离有害节点。在每个节点配置信任组件以便用来检测邻节点的行为，并对邻节点量化一个可信度，可信度可以是对节点转发包、丢弃包和路由发现等行为的综合评价，这种策略存在错误检测的可能性。另外一种检测策略是将安全作为一个附加的服务质量（Quality of Service，QoS），用来检测节点的可信度，大于该可信度的节点才可以参与到路由中。

1) SAR

SAR（Security-Aware Ad Hoc Routing Protocol）协议将网络的节点分成多个信任等级，一旦节点从 CA 获得信任等级，在离开网络前信任等级都是不可以改变的。SAR 的思想是为源节点发现一条有足够安全保障的路由。在路由发现过程中，源节点将要求达到的最低信任级别嵌入到路由请求消息中，中间转发节点接收到该路由请求消息后，SAR 首先要确认该节点是否能够满足请求消息中需要的安全信任等级，如果满足才参与路由发现，并将此消息转发，否则将该数据包丢弃，从而在路由建立后就可以为源节点找到一条有足够安全保障的路由。SAR 建立的是一条有足够安全保障的路由，但却不一定是最短路由；同时尽管源节点与目的节点之间存在一条路由，但也可能源节点无法建立路由，因为可能存在某个中间节点的信任等级满足不了路由消息中的信任等级。

2) MRM

MRM（Mitigating Routing Misbehavior in Mobile Ad Hoc Network）协议要求网络的每个

合法节点都运行 Watchdog（看门狗）和 Path Rater（选路人）。Watchdog 是指数据包的发送者在将包转发给下一跳之后还要监视下一跳节点的行为，如果下一跳节点是非目的节点而且不对该路由消息进行转发，则说明该节点存在问题。同样，看门狗觉察到邻居节点频繁地向网络中发路由请求，但是路由发现很少有成功的情况下则同样认为这个节点存在非法行为。Path Rater 算法作为一种响应办法，它评定每一条路的信任等级，使数据包尽量避免经过那些可能存在恶意节点的路径。另外 Watchdog 判断出某个节点为非法节点后，会立刻将该非法节点的信息广播给网络中的其他节点，让其他节点将该非法节点列入黑名单，将非法节点隔离于网络之外。Watchdog 只能监视下一跳节点是转发还是删除数据包，而对于下一条对数据包的恶意篡改攻击、Wormhole 攻击的行为则无法判别。

在当前 WMN 的应用环境下，基于密码和基于检测的路由安全策略基本可以满足应用需求，但是随着 WMN 技术在信息网络领域的进一步推广应用，尤其是随着异构网络的日益增多，目前的路由安全策略将会暴露出越来越多的局限性。为了满足 WMN 未来应用领域的拓展，尤其是在物联网领域的应用，研究集成基于密码安全策略和基于检测安全策略优点的复合型安全策略将成为重要的研究方向。

思考与练习题

1. 分析 ZigBee 与蓝牙技术的区别，并根据其安全性特点，各描述三个适用场景应用。
2. 蓝牙与红外、Wi-Fi 对比，查找相关资料后列出其各自的安全问题。
3. 若建设一个无线城市建设之医疗服务项目，搭建一套办公通信信息化系统。双方将在远程视频探视、远程专家会诊、电子病历、名医名院展示等内容。根据自己的想象展示其中所采用的物联网技术，并描述其安全问题。

第 6 章

物联网应用层安全

物联网的应用层主要面向物联网系统的具体业务，其安全问题直接面向物联网用户群体，与物联网的其他层次有着明显的区别。此外，物联网应用层的信息安全还涉及知识产权保护、计算机取证、计算机数据销毁等安全需求和相关的信息安全技术。

6.1 应用层安全需求

6.1.1 应用层面临的安全问题

应用层面临的安全问题包括中间件层安全问题和应用服务层安全问题。

1. 中间件层安全问题

中间件层主要完成对海量数据和信息的收集、分析整合、存储、共享、智能处理和管理等功能。该层的重要特征是智能，智能的技术实现少不了自动处理技术，其目的是使处理过程方便迅速，而非智能的处理手段可能无法应对海量数据。但自动过程对恶意数据，特别是恶意指令信息的判断能力是有限的，而智能也仅限于按照一定规则进行过滤和判断，攻击者很容易避开这些规则，正如对垃圾邮件的过滤一样，多年来一直是一个棘手的问题。因此，中间件层的安全问题包括以下几个方面。

1) 垃圾信息、恶意信息、错误指令和恶意指令的干扰

中间件层在从网络中接收信息的过程中，需要判断哪些信息是真正有用的信息，哪些是垃圾信息甚至是恶意信息。在来自网络的信息中，有些属于一般性数据，用于某些应用过程的输入；而有些可能是操作指令，在这些操作指令中，又有一些可能是多种原因造成的错误指令（如指令发出者的操作失误、网络传输错误、得到恶意修改等），或者是攻击者的恶意指令。如何通过密码技术等手段甄别出真正有用的信息，又如何识别并有效防范恶意信息和恶意指令带来的威胁，是物联网中间件层的重大安全挑战之一。

2) 来自超大量终端海量数据的识别和处理

物联网时代需要处理的信息是海量的，需要处理的平台也是分布式的。当不同性质的数据通过一个处理平台处理时，该平台需要多个功能各异的处理平台协同处理。但首先应该知道将哪些数据分配到哪个处理平台，因此数据分类是必需的。同时，安全的要求使得许多信息都是以加密形式存在的，因此如何快速、有效地处理海量加密数据是智能处理阶段遇到的另一个重大的挑战。

3) 攻击者利用智能处理过程躲避识别与过滤

计算技术的智能处理过程相比人类的智力来说，还是有本质区别的，但计算机的智能判断在速度上是人类智力判断所无法比拟的。也就是说，只要智能处理过程存在，就可能让攻击者有机会躲过智能处理过程的识别和过滤，从而达到攻击目的，因此物联网的中间件层需要高智能的处理机制。

4）灾难的控制和恢复

如果智能水平很高，那么可以有效地识别并自动处理恶意数据和指令。但再好的智能也存在失误的情况，特别是在物联网环境中，即使失误概率非常小，因为自动处理过程的数据量非常庞大，因此失误的数量还是很多的。在处理发生失误而使攻击者攻击成功后，如何将攻击所造成的损失降低到最低程度，并尽快从灾难中恢复到正常工作状态，是物联网中间件层的另一个重要问题，同样也是一个重大挑战，因为在技术上没有最好，只有更好。

5）非法的人为干预（内部攻击）

中间件层虽然使用智能的自动处理手段，但还是允许人为干预，而且是必需的。人为干预可能发生在智能处理过程无法做出正确判断时，也可能发生在智能处理过程有关键中间结果或最终结果时，还可能发生在其他任何原因而需要人为干预的时候。人为干预的目的是为了中间件层更好地工作，但也有例外，那就是实施人为干预的人试图实施恶意行为时。来自人的恶意行为具有很大的不可预测性，防范措施除技术辅助手段外，更多地要依靠管理手段。因此，物联网中间件层的信息保障还需要科学的管理手段。

6）设备丢失

中间件层的智能处理平台的大小不同，大的可以是高性能工作站，小的可以是移动设备，如手机等。工作站的威胁是内部人员恶意操作，而移动设备的一个重大威胁是丢失。由于移动设备是信息处理平台，而且其本身通常携带有大量、重要的机密信息，因此，如何降低作为处理平台的移动设备丢失所造成的损失也是重要的安全挑战之一。

2．应用服务层安全问题

应用服务层涉及的是综合的或有个体特性的具体应用业务，它所涉及的某些安全问题通过前面几个逻辑层的安全解决方案可能仍然无法解决，属于应用服务层的特殊安全问题。主要涉及以下几方面。

1）不同访问权限访问同一数据库时的内容筛选决策

由于物联网需要根据不同应用需求对共享数据分配不同的访问权限，而且不同权限访问同一数据可能得到不同的结果。例如，道路交通监控视频数据在用于城市规划时只需要很低的分辨率即可，因为城市规划需要的是交通堵塞的大概情况；当用于交通管制时就需要清晰一些，因为需要知道交通实际情况，以便能及时发现哪里发生了交通事故，以及交通事故的基本情况等；当用于公安侦查时可能需要更清晰的图像，以便能准确识别汽车牌照等信息。因此，如何以安全方式处理信息是应用中的一项挑战。

2）用户隐私信息保护及正确认证

随着个人和商业信息的网络化，特别是在物联网时代，越来越多的信息被认为用户隐私信息。例如，移动用户既需要知道（或被合法知道）其位置信息，又不愿意非法用户获取该信息；用户既需要证明自己可以合法使用某种业务，又不想让他人知道自己正在使用的某种业务，如在线游戏；患者急救时需要及时获得该患者的电子病历信息，但又要保护该病历信息不被非法获取，如病历数据；许多业务需要匿名，如网络投票。在很多情况下，用户信息是认证过程的必需信息，如何对这些信息提供隐私保护，是一个具有挑战性的问题，但又是必须要解决的问题。

3）信息泄漏追踪

在物联网应用中，涉及很多需要被组织或个人获得的信息，如何解决已知人员是否泄漏相关信息的问题是需要解决的另一个问题。例如，医疗病历的管理系统需要患者的相关信息来获取正确的病历数据，但又要避免该病历数据与患者的身份信息相关联。在应用过程中，主治医生知道患者的病历数据，在这种情况下对隐私信息的保护具有一定困难性，但可以通过密码技术手段掌握医生泄漏病人病历信息的证据。

4）计算机取证分析

在使用互联网的商业活动中，特别是在物联网环境的商业活动中，无论采取了什么技术措施，都难免有恶意行为的发生。如果能根据恶意行为所造成后果的严重程度给予相应的惩罚，那么就可以减少恶意行为的发生。在技术上，这需要收集相关证据，因此，计算机取证就显得非常重要，当然这有一定的技术难度，主要是因为计算机平台的种类太多，包括多种计算机操作系统、虚拟操作系统、移动设备操作系统等。

5）剩余信息的保护

与计算机取证相对应的是数据销毁。数据销毁的目的是销毁那些在密码算法或密码协议实施过程中所产生的临时中间变量，一旦密码算法或密码协议实施完毕，这些中间变量将不再有用。但如果这些中间变量落入攻击者手里，很可能为攻击者提供重要的参数，从而增大成功攻击的可能性。因此，这些临时中间变量需要及时、安全地从计算机内存和存储单元中删除。计算机数据销毁技术不可避免地会被计算机罪犯作为证据销毁工具，从而增大计算机取证的难度。如何处理好计算机取证和计算机数据销毁这对矛盾是一项具有挑战性的技术难题，也是物联网应用中需要解决的问题。

6）电子产品和软件的知识产权保护

物联网的主要市场将是商业应用，在商业应用中存在大量需要保护的知识产权产品，包括电子产品和软件等。在物联网的应用中，对电子产品的知识产权保护将会提高到一个新的高度，对应的技术要求也是一项新的挑战。

▶ 6.1.2 面向应用层的恶意攻击方式

1. 应用层面临的安全威胁

应用层面临的安全威胁主要包括以下几类。

1）蠕虫和病毒

蠕虫是指通过计算机网络进行自我复制的恶意程序，泛滥时可以导致网络阻塞和瘫痪。从本质上说，蠕虫和病毒的最大的区别在于蠕虫是通过网络进行主动传播的，而病毒需要人为的手工干预（如各种外部存储介质的读/写）。但是时至今日，蠕虫往往和病毒、木马、DDoS 等各种威胁结合起来，形成混合型蠕虫。蠕虫有多种形式，如系统漏洞型蠕虫、群发邮件型蠕虫、共享型蠕虫等。

（1）系统漏洞型蠕虫：利用客户机或者服务器的操作系统、应用软件的漏洞进行传播，是目前最具有危险性的蠕虫，其特点是传播快、范围广、危害大。著名的例子有利用 Microsoft RPC DCOM 服务漏洞进行传播的"冲击波"、利用微软索引服务器缓冲区溢出漏洞进行传播的"红色代码"、利用 LSASS 本地安全认证子系统服务漏洞进行传播的"震荡波"等。

（2）群发邮件型蠕虫：主要通过 E-mail 进行传播，是最常见、变种最多的蠕虫。著名的例子有"求职信"、"网络天空 NetSky"、"雏鹰 BBeagle"、"Sober"蠕虫等。

（3）共享型蠕虫：主要是将自身隐藏在共享软件的共享目录中，利用社会工程学，依靠其他节点的下载达到传播的目的。这种蠕虫病毒传播速率相对于其他蠕虫较慢，该类蠕虫只有在节点下载蠕虫文件并执行之后才会感染节点，且感染后会将自身的多个副本复制到共享文件夹中，著名的例子有"VB.dg"、"Polipos"、"Natalia"、"BAT.MasterClon.a"等。

2）间谍软件

网络安全界对间谍软件的定义一直在讨论。根据微软的定义，间谍软件是一种泛指执行特定行为，如播放广告、收集个人信息或更改计算机配置的软件，这些行为通常未经用户同意。

严格来说，间谍软件是一种协助收集（追踪、记录与回传）个人或组织信息的程序，通常是在不提示的情况下进行的。广告软件和间谍软件很像，它是一种在用户上网时通过弹出式窗口展示广告的程序。这两种软件手法相当类似，因而通常统称为间谍软件。而有些间谍软件就隐藏在广告软件内，透过弹出式广告窗口入侵到计算机中，使得两者更难以清楚划分。

间谍软件主要通过 Active X 控件下载安装、IE 浏览器漏洞和免费软件绑定安装入用户的计算机中。

间谍软件对企业已形成隐私与安全上的重大威胁，这些入侵性应用程序收集包括信用卡卡号、密码、银行账户信息、健康保险记录、电子邮件和用户存取数据等敏感和机密的公司信息后，将其传给不知名的网站而危及公司形象与资产。

而由间谍软件所产生的大批流量也可能消耗公司网络带宽，导致关键应用系统出现拥塞、延迟及丢包的情况。

3）网络钓鱼

网络钓鱼（Phishing）是攻击者利用欺骗性的电子邮件和伪造的 Web 站点来进行网络诈

骗活动，受骗者往往会泄漏自己的私人资料，如信用卡卡号、银行账户信息、身份证号码等内容。诈骗者通常会将自己伪装成网络银行、在线零售商和信用卡公司等可信的品牌，骗取用户的私人信息。

4) 带宽滥用

带宽滥用是指对于企业网络来说，非业务数据流（如 P2P 文件传输与即时通信等）消耗了大量带宽，轻则影响企业业务无法正常运行，重则使企业 IT 系统瘫痪。带宽滥用给网络带来了新的威胁和问题，甚至影响到企业 IT 系统的正常运作，它使用户的网络不断扩容但是还是不能满足对带宽的渴望，大量的带宽浪费在与工作无关流量上，造成了投资的浪费和效率的降低。

5) 垃圾邮件

目前还没有对垃圾邮件的统一定义，一般将具有以下特征的电子邮件定义为垃圾邮件：

- 收件人事先没有提出要求或者同意接收的广告、电子刊物、各种形式的宣传品等宣传性的电子邮件；
- 收件人无法拒收的电子邮件；
- 隐藏发件人身份、地址、标题等信息的电子邮件；
- 含有虚假的信息源、发件人、路由等信息的电子邮件。

垃圾邮件一般具有批量发送的特征，常采用多台机器同时批量发送的方式攻击邮件服务器，造成邮件服务器大量带宽损失，并严重干扰邮件服务器进行正常的邮件递送工作。垃圾可分为良性和恶性的，良性垃圾邮件对收件人影响不大，恶性垃圾邮件具有破坏性。

6) DoS/DDoS

DoS 攻击是一种基于网络的、阻止用户正常访问网络服务的攻击。DoS 攻击采用发起大量网络链接，使服务器或运行在服务器上的程序崩溃、耗尽服务器资源或以其他方式阻止客户访问网络服务，从而使网络服务无法正常运行甚至关闭。

DoS 攻击可以是小至对服务器的单一数据包攻击，也可以是利用多台主机联合对被攻击服务器发起洪水般的数据包攻击。在单一数据包攻击中，攻击者精心构建一个利用操作系统或应用程序漏洞的攻击包，通过网络把攻击性数据包送入被攻击服务器，以实现关闭服务器或者关闭服务器上的一些服务的目的。

DDoS 攻击是黑客利用在已经侵入并已控制的机器（傀儡计算机 Zombie）上安装 DoS 服务程序，通过中央攻击控制中心向这些机器发送攻击命令，让它们对一个特定目标发送尽可能多的网络访问请求，形成一股 DoS 洪流冲击目标系统。

DoS 攻击原理大致分为以下三种：

- 通过发送大的数据包阻塞服务器带宽，造成服务器线路瘫痪；

- 通过发送特殊的数据包造成服务器 TCP/IP 模块耗费 CPU 内存资源,最终导致瘫痪;
- 通过标准的链接建立起连接后,发送特殊的数据包造成服务器运行的网络服务软件耗费 CPU 内存,最终导致瘫痪。

2. 针对应用层的攻击行为

针对应用层的攻击行为大致可以分为以下几种类型。

- 缓冲区溢出攻击:攻击者利用超出缓冲区大小的请求和构造的二进制代码让服务器执行溢出堆栈中的恶意指令;
- Cookie 假冒攻击:精心修改 Cookie 数据进行用户假冒认证逃避,攻击者利用不安全的证书和身份管理;
- 非法输入:在动态网页的输入中使用各种非法数据,获取服务器敏感数据;
- 强制访问:访问未授权的信息或系统隐藏变量篡改:对系统中的隐藏变量进行修改,欺骗服务器程序;
- 跨站脚本攻击(XSS):提交非法脚本,其他用户浏览时盗取用户账号等信息;
- SQL 注入攻击:构造 SQL 代码让服务器执行,获取敏感数据。

▶ 6.1.3 应用层安全技术需求

1) 中间件层的安全需求

根据物联网中间件层面临的安全问题和挑战,该层的基本安全需求如下:

- 需要可靠的认证机制和密钥管理方案;
- 需要高强度数据机密性和完整性服务;
- 可靠的密钥管理机制,包括 PKI 和对称密钥的有机结合机制;
- 需要可靠的高智能处理手段;
- 需要具有入侵检测和病毒检测能力;
- 需要具有恶意指令分析和预防机制;
- 需要具有访问控制及灾难恢复机制;
- 需要建立保密日志跟踪和行为分析及恶意行为模型;
- 需要密文查询、秘密数据挖掘、安全多方计算、安全云计算技术等;
- 移动设备文件(包括秘密文件)的可备份和恢复;
- 移动设备识别、定位和追踪机制。

2) 应用服务层安全需求

根据物联网业务应用层的安全问题和安全挑战,该层的基本安全需求如下:

- 需要有效的数据库访问控制和内容筛选机制;

- 需要有不同场景的隐私信息保护技术；
- 需要具有叛逆追踪和其他信息泄漏追踪机制；
- 需要有效的计算机取证技术；
- 需要具有安全的计算机数据销毁技术；
- 需要安全的电子产品和软件的知识产权保护技术。

针对这些安全需求，需要发展相关的密码技术，包括访问控制、匿名签名、匿名认证、密文验证（包括同态加密）、门限密码、叛逆追踪、数字水印和指纹技术等。

6.2 处理安全

6.2.1 RFID 安全中间件

RFID 中间件主要存在数据传输、身份认证、授权管理三方面的安全需求。

（1）数据传输。RFID 的数据通过网络在各层次间传输时，容易造成安全隐患，如非法入侵者对 RFID 标签信息进行截获、破解和篡改，以及业务拒绝式攻击，即非法用户通过发射干扰信号来堵塞通信链路，使得阅读器过载，导致中间件无法正常接收标签数据。

（2）身份认证。当非法用户（如同行业竞争者或黑客等）使用中间件获取保密数据和商业机密时，这将对合法用户造成很大的伤害。同时攻击者可利用冒名顶替的标签来向阅读器发送数据，使得阅读器处理的都是虚假的数据，而真实的数据则被隐藏，因此有必要对标签也进行认证。

（3）授权管理。没有授权的用户可能尝试使用受保护的 RFID 中间件服务，必须对用户进行安全控制。根据用户的不同需求，把用户的使用权限制在合法的范围内。例如，不同行业用户的业务需求是不同的，两者使用中间件的功能也是不同的，它们彼此没有权利去使用对方的业务功能。

1. 安全中间件

根据面向领域的特点，结合 RFID 中间件的安全需求，可采用如图 6-1 所示的安全工具箱来保障中间件安全和提供安全方案。

安全工具箱是加载在 RFID 中间件上的相对独立的模块，为整个 RFID 中间件提供安全服务并负责提供给上层不同领域的用户相应的 RFID 安全解决方案。安全工具箱由两部分组成，分别是安全构件库及建立在安全构件库之上的安全方案生成器，连接这两部分的是安全结构体系语言。

安全结构体系语言能够使用户更清楚地向系统表明安全需求，同时系统也能够更好地理解并满足用户的需求。中间件的用户对当前的商业应用安全需求比较了解，但对 RFID 中间件内部并不了解，通用的安全保障方案不能够满足用户的特定需求，这时就需要一种表

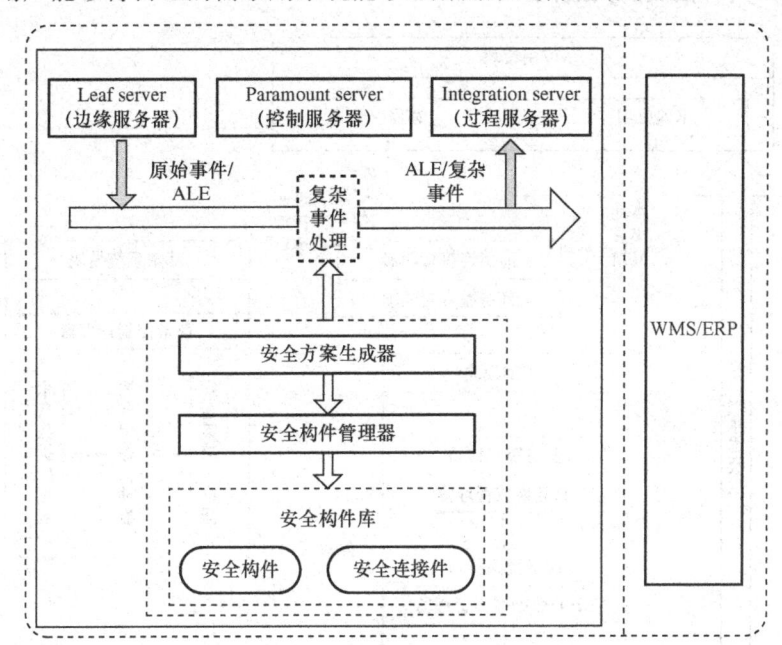

达方式，让用户能够将自己的需求用系统能够理解的形式传达给系统。

图 6-1　RFID 安全中间件

安全等级评估用于提高 RFID 中间件所提供的安全解决方案的质量。RFID 中间件对安全构件组合而成的面向领域的安全解决方案进行评估，判断其是否满足用户需求，如果不满足则反馈给用户并要求进行调整，这样能确保方案的安全性。

2．安全加强的 RFID 中间件架构设计

图 6-2 所示是安全加强的 RFID 服务框架的体系架构，将整个 RFID 服务框架划分为 3 个主要模块和 9 个管理器，每一部分都是由一系列可插入服务来整合的。

与安全相关的模块分别是数据保护管理器、商务整合管理器、RFID 数据逻辑管理器、RF 功能管理器、登录控制管理器、安全策略管理器。登录控制管理器、安全策略管理器和数据保护管理器是完全用来提供安全功能的。

登录控制管理器提供登录和验证功能，安全策略管理器负责权限分配及安全配置文件管理，数据保护管理器保障传输数据的安全性，提供加密和解密功能。登录控制管理器、安全策略管理器和数据保护管理器将作用于 RFID 模块中的 RF 功能管理器，为其提供安全功能。

每个管理器都是集中管理的，提供给其他管理器简单的接口，让管理器之间可以互相调用，每个管理器被设置在相关服务入口点的定义处，同时也方便了安全漏洞的检测，在

提升安全机制时具有很大的灵活性。

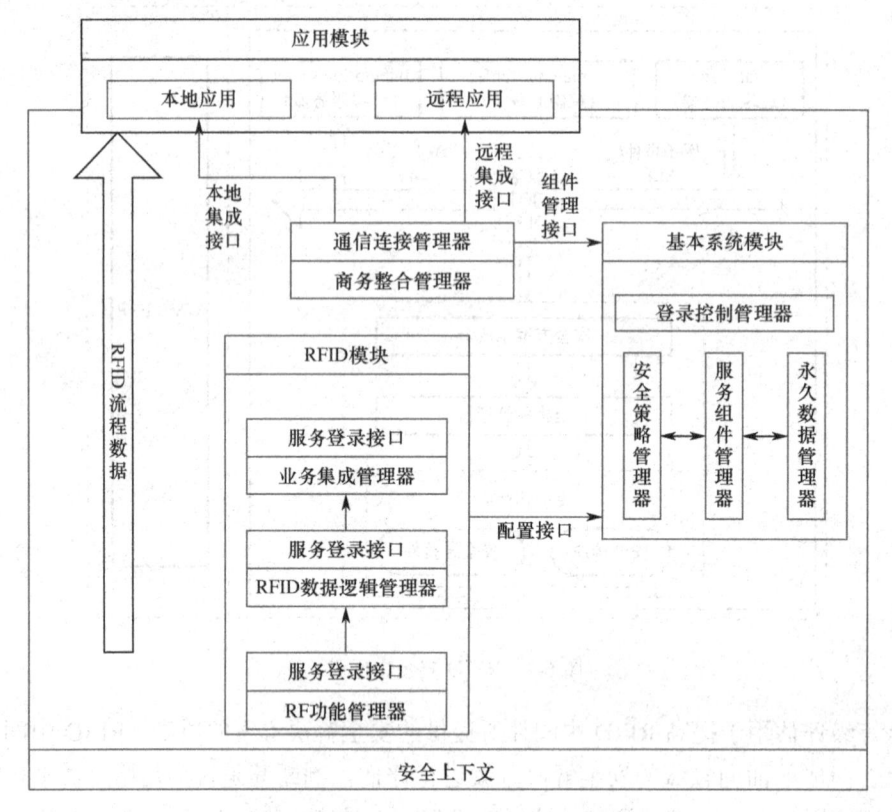

图 6-2　安全加强的 RFID 服务框架的体系架构

1) 安全上下文

安全框架实现的基础是所有服务模块都处于安全上下文之上。安全上下文增强了系统的安全性，它能被有效地用于系统的各个层面上，为系统提供自我保护。在侵入检测系统中，安全上下文能被用于安全策略分析。安全上下文由安全用户分组标志、角色标志和 Subject 三者来确定。

由分组标志和角色标志确定用户的权限，在 Subject 中存放通过验证的用户信息。当需要调用中间件的服务功能时，首先找到用户的 Subject，这是用户的合法身份的证明，如果存在一个经过验证的用户 Subject，则通过分组标志和角色标志来判断其权限，并调用 Subject 中的方法来实现方法的调用。由此可以看出安全上下文与系统中的模块交互，为底层提供基本的安全保障。

2) 数据保护管理器

数据保护管理器配合通信连接管理器保证数据传输时的隐秘性和完整性。数据保护管理器主要有两个模块，分别是数据加密模块和数据解密模块，其功能是将通信连接管理器发送来的未加密数据及安全上下文授予的密钥作为输入，经过数据加密模块的处理后产生加密的 RFID 数据；或者将通信连接管理器发送来的加密数据经过解密模块后产生解密的 RFID 数据，以此来保护 RFID 数据，即使信息被窃取，窃听者也很难知道真正的 RFID 数据内容。

通信连接管理器通过过滤连接请求来保证远程数据的安全。在通信连接管理器中定义了一些规则，用以判断接受还是拒绝远程连接。这些规则基于几个参数，这些参数通常包括远程 IP 地址和接口，用于建立连接的协议，以及服务器的监听地址和接口。通过在通信连接管理器中使用过滤器，可以确保连接来源，SSL 是另一种可在套接字层上使用的安全机制。

3) 登录控制管理器

登录控制管理器主要用于将签名用户的身份标志放入系统安全上下文，通过这种管理器，我们能够根据需求在系统中实现各种形式的登录服务。系统登录服务主要是针对需要注册到安全上下文的用户，为这些用户提供登录接口。用户想要使用系统时必须使用身份进行登录，让系统验证用户是否合法，并分配相应的角色权限，然后将登录后的信息放入安全上下文。用户在安全上下文上签名后，将被赋予一些权限来使用 RFID 服务系统。当在系统中需要再次认证时，可以查看系统安全上下文中的内容来判断用户是否合法，而不需要重新进行系统登录认证。

添加登录服务是针对系统中的服务模块的，由于安全框架强调的是双向认证，因此服务模块也需要进行认证，即在当前用户的权限下判断其是否为合法模块，以及与系统安全上下文中的信息是否匹配等。

实际上，系统将整合基本的登录实现组件，管理员有权限指定使用哪一个登录实现组件，进行灵活的配置，而用户并不需要了解具体的实现，屏蔽了底层的复杂性。

4) 安全策略管理器

安全策略管理器包括安全策略模块和安全登录配置模块，负责配置整个系统的安全属性。

安全策略文件为用户分配权限，由安全策略模块来进行配置；登录配置文件配置登录时的属性，由安全登录配置模块来实现管理。安全策略模块和安全登录配置模块都是提供给管理员来对安全策略及配置文件进行配置和修改的，只有管理员拥有这一权限。

5) RFID 数据逻辑管理器

RFID 数据逻辑模块作为一个重要的模块，主要处理从底层到商务整合层的 RFID 数据流。它提供一个原子的 RFID 功能管理模块，包括对从读写器读到的 RFID 标签数据进行收集、过滤、形成 RFID 事件等。要完成这些处理，需要的辅助服务包括触发整个流程、发命令至流程的各服务模块进行配置管理等。模块中的 RFID 数据流在 Stream-Line 模式中处理，没有在网络中传输，因此没必要在插件实现中应用数据加密。

6) RF 功能管理器

这个模块被分为两层（RF 驱动层、RF 桥接层），主要关注 RFID 组件的硬件功能，它也是运行在安全上下文之上的。RF 驱动层主要关注与 RFID 读/写设备的通信接口，通过串口和蓝牙技术将 RFID 读/写设备连接到中间件上。各种 RFID 驱动在系统中暴露它们的服务接口，将 RFID 读/写设备接入中间件都需要调用相应的驱动模块，而模块的加载涉及双向验证，例如用户是否有权限使用这些驱动模块，以及这些模块能否被合法地加载。只有通过相应的接口在系统中登录和验证之后，这些模块才能够被启动加载。登录和验证的方法通过一个统一模块实现，这个统一模块功能由另一个安全服务提供。

7) 商务整合管理器

商务整合是一个较新的概念，在中间件提供了基本的共性模块，在这个模块中包含了用户可能用到的最基本的商务逻辑。用户根据自己的领域特性，加上需求配置文件，并选取相应领域中特定的商务逻辑模块，共同组合成 RFID 解决方案。这样有利于模块的重用性，而且能够让客户低成本高效率地找到解决方案。

3. RFID 中间件安全工具箱设计

RFID 中间件中的安全工具箱（见图 6-3）是加载在 RFID 中间件上的相对独立的模块，为整个 RFID 中间件提供安全服务并负责给上层不同领域的用户提供相应的 RFID 安全解决方案。安全工具箱由两部分组成，分别是安全构件库及建立在安全构件库之上的安全方案生成器，连接这两部分的是安全结构体系语言。

1) 安全构件库

安全构件库中存放了所能够提供的所有的安全构件，由一个安全构件管理器来进行管理和维护。安全构件是指系统中较为独立的安全功能实体，是软件系统中安全需求的结构块单元，是软件安全功能设计和实现的承载体。构件由接口和实现两部分组成，连接件通过对构件间的交互规则的建模来实现构件间的连接。

通过连接件，能够构造出更加复杂、功能更加强大的安全构件。构件库中的安全构件包括读写器验证安全构件、模块验证安全构件、用户验证安全构件、用户授权安全构件、数据传输安全构件、数据存储安全构件等一些公共基础的安全构件，还有一些用户指定的面向领域的特殊构件，这些安全构件能够给业务模块提供所需要的安全服务。

构件的一大特色是可定制，即可以重用当前所存在的构件并灵活地根据用户的需求来构造出一套针对某一领域某种情况下的安全解决方案，具有很大的灵活性。例如，根据不同的行业、不同的安全级别要求、不同的性能需求来动态选取所需要的构件。灵活的安全解决方案的形成要靠安全构件管理器来实现。安全构件管理器作为构件的容器，负责构件的管理，如添加、删除、选取、组合等。安全构件管理器根据从上层传输来的安全需求，选取所需的安全构件，并组合成安全解决方案，再传输给安全等级评估模块进行评估。

第 6 章 物联网应用层安全

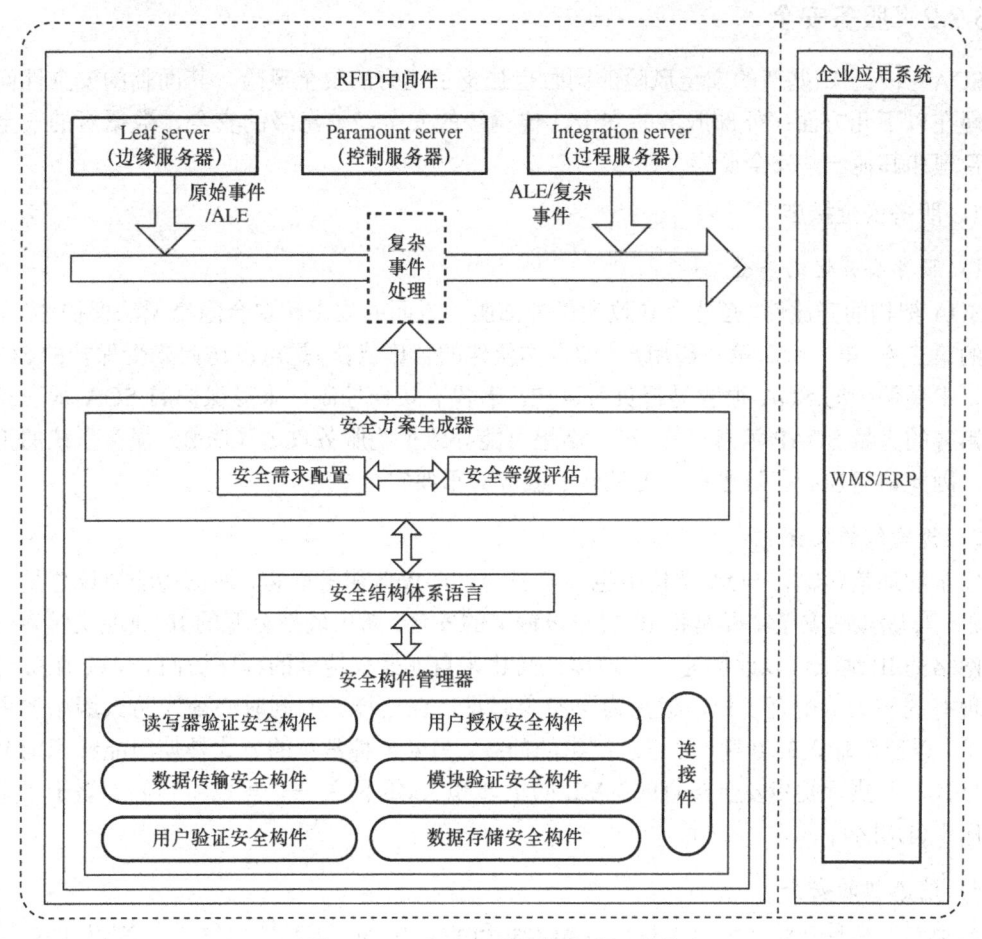

图 6-3 RFID 中间件中的安全工具箱

2) 安全方案生成器

安全方案生成器主要由两大模块组成，即安全需求配置和安全等级评估。安全需求配置是安全工具箱的入口，它给用户提供一个可视化的界面，用户可以根据自己的需求首先选择希望的安全等级和性能要求，然后选择安全构件和安全连接件，并设计这些构件之间的相关性和连接方式来定制安全需求，即将安全需求转化为安全结构体系语言传输给安全构件库，安全构件库会根据安全需求生成相应的安全解决方案。所生成的安全解决方案又反馈回安全方案生成器中的安全等级评估模块，评估生成的安全解决方案。如果不符合安全标准，或达不到客户希望的安全等级，则它将修改安全需求配置，重新进行循环，直到安全等级达标为止。这样做既体现了按照用户需求制定方案的灵活性，又能检查安全级别，防止用户出现错误并保障安全性能。

6.2.2 服务安全

SOA 引入了一些新的安全风险的同时也加重了已有的安全风险，其面临的安全性问题还体现在以下几方面：外部服务的安全、传输级的安全、消息级的安全、数据级的安全、身份管理和其他一些安全要素。

1. 服务安全措施

1）服务公开化的安全

SOA 架构的开放性，必然会导致大量外部服务方面的攻击和安全隐患无法保护 SOA 中未知的第三方，第二级和第三级用户（如合作伙伴的合作伙伴）是可以访问未受保护的 SOA。因此，未受保护的 SOA 很容易超负荷运转。若没有访问控制，未受保护的 SOA 很容易被来自黑客的大量 SOAP 消息"淹没"，结果可能导致拒绝服务攻击（DoS）损害系统的正常运行，因此访问控制和防恶意攻击是外部服务的重要安全要素。

2）传输级的安全

安全的通信传输在 SOA 架构中也不容忽视。就 Web 服务而言，通信传输协议总是基于 TCP 的，传输级的安全主要是指 IP 层和传输层的安全。防火墙把公开的 IP 地址映射为一个内部网络的 IP 地址，以此创建一个通道，防止来自非授权地址的程序访问。Web 服务可以通过现有的防火墙配置工作，但是为了安全起见，在这样做的同时必须为防火墙添加更强的保护，以监测输入的流量，并记录产生的问题。另外一种常见的方式是使用能够识别 Web 服务格式，并执行初步安全检查的 XML 防火墙和 XML 网关——可以将它们部署于"军事隔离区"（DMZ）。

3）消息级的安全

简单对象访问协议（Simple Object Aeeess Protocol，SOAP）是一个基于 XML 的、用于在分布式环境下交换信息的轻量级协议。SOAP 在请求者和提供者之间定义了一个通信协议，因为 SOAP 是与平台无关和厂商无关的标准，因此尽管 SOA 并不必须使用 SOAP，但在带有单独 IT 基础架构的合作伙伴之间的松耦合互操作中，SOA 仍然是支持服务调用的最好方法。大多数 SOA 架构中服务之间的交互还是以支持 SOAP 消息的传输为基础的，因此必须在保证应用层 SOAP 消息安全的同时满足 SOA 架构中的服务提出的一些特殊要求，如对消息进行局部加密和解密。然而常用的通信安全机制（如 SSL、TLS、IPSec 等）无法满足这些要求，如何保证这种 SOAP 消息的安全进而提供安全可靠的 Web 服务，已成为 SOA 进一步推广和应用必须解决的关键问题。

4）数据级的安全

数据级的安全主要指保护存储着的或传输中的数据免遭篡改的加密与数字签名机制，此处的数据大部分是以 XML 形式表现出来的。XML 架构代表了 SOA 的基础层，在其内部，XML 建立了流动的消息格式与结构。XSDschemas 保证消息数据的完整与有效性，而且 XSLT 使得不同的数据间通过 Schema 映射而能够互相通信。换句话说，如果没有 XML，那么 SOA 就会寸步难行。由于服务间传输的 SOAP 消息表现为 XML 文件的形式，保证 XML 文件的安全是保证 SOAP 消息安全的基础。

因此保证 SOA 架构的数据级安全在某种意义上主要是指保证 XML 文件的安全。XML 文件可以包含任何类型的数据或可执行程序，其中也包含那些故意搞破坏的恶意代码。大多数企业已经在使用大量的 XML 编码文件，由于 XML 文件是基于文本的，这些文件绝大多数处于无保护的状态下，未经保护的 XML 文件在互联网传输过程中很容易被监听和窃取。

5）身份管理的安全

目前企业身份管理的会话模式不能满足 SOA 的这种更复杂的要求。用户可能最初经过身份验证后发出一个服务请求，该身份验证会一直应用在整个会话中，而服务请求可能会经过一组后端服务，因此用户与最终的服务结果没有直接的联系。系统不仅要识别是谁发起的服务请求，还要识别是谁批准和处理了这个服务。需要对所有这些单个的进程在这个服务中使用的信息进行认证，而不是在一个交互的会话中询问它们的信息。此外，很难将授权从技术中分离出来，进而影响了 SOA 架构的安全实施。因此，在 Internet 上跨越多个企业对身份进行唯一的管理和授权，随着信任的复杂度增加，管理的难度也随之大大增加。

2. 网络防火墙服务

（1）如果企业与相对固定的合作伙伴之间使用少量的、有限的 SOAP/XML，可以通过传统的防火墙得到安全性保证。然而防火墙厂商必须增强其产品以便它至少能够识别出 HTTP 和其他协议内的 SOAP，然后就可以在企业与合作伙伴之间只允许 SOAP 和 XMI 内容通过，阻止其他一切内容。例如，以色列 CheckPoint 软件公司的 FireWall-I 就能够识别 SOAP 消息和 XML 的内容，能够基于源和目标等特性来阻止 SOAP 消息，使企业能够基于指定的架构对每个 Web 服务检验 XML 的内容。

（2）第二个可选方案是构建自己的防火墙，目前可以借助一些工具完成这项工作。例如，微软公司的互联网安全和加速（ISA）服务器 2000 允许通过写互联网服务器 API（ISAPI）在 ISA 服务器上进行过滤，微软为验证 ISA 服务器上的 SOAP/XML 消息提供了一个 ISAPI 过滤器模型。

（3）通常被认为最好的可选方案是，采用一个应用程序层面的防火墙，在传统的防火墙后面运行，它只负责验证 SOAP/XML 流量。与代理相似，这种类型的产品接收那些穿过应用层防火墙的消息，并验证发送它的人、程序或组织的相关操作是否经过授权。

3. SOAP 消息监控网关服务

以上的这些功能都是由 SOAP 消息监控的内部组成部分协作实现的，SOAP 消息监控网关由 SOAP 消息拦截器、SOAP 消息检查器和 SOAP 消息路由器三部分组成。SOAP 消息拦截器是对接收和发送的消息集中实施安全措施的节点，其主要任务是创建、修改和管理用于接收和发送 SOAP 消息的安全策略，实施消息级和传输级的安全机制。通过对接收和发送的 XML 数据流实施安全机制，检查消息是否符合标准的 XML 模式、消息的唯一性和源主机的真实性，通过 SSL 连接的建立、IP 检查和一些 URL 访问控制来实现通道传输级的安全。

SOAP 消息检查器用于检查和验证 XML 消息级安全机制的质量，该机制包括认证、授权、XML 签名、XML 加密及识别内容级安全；检查消息是否符合标准以及是否存在其他内容级威胁并实施数据验证。其实现的关键技术是 WS-Security、XMLSignature、XMLEneryption、XKMS、SAML 和 SAAJ 等。

SOAP 消息路由器通过对 SOAP 消息进行加密和数字签名，提供消息级机密性和完整性功能，同时采用单点登录（SSO）令牌，安全地处理前往多个端点的消息，确保将消息安全地发送到服务提供者。

4. XML 文件安全服务

为了满足上述安全要求，要实现可扩展标记语言（eXtensible Markup Language，XML）文件的安全可以应用以下 3 种 XML 安全技术：

- 用于完整性和签名的 XML 数字签名（XMLSignature）；
- 用于机密性的 XML 加密（XMLEncryption）；
- 用于密钥管理的 XML 密钥管理（XKM）。

XMLSignature 用于声明消息发送方或数据拥有者的身份，它可对整个文件、文件的部分或者多个文件进行签名，还可以对其他用户已签名的文件进行再次签名；XMLEncryption 提供了加密 XML 内容的词库和规则，加密后的 XML 文件在传输和存储过程中都处于加密状态，这和传统的传输层加密机制（如 SSL）是不同的。任何使用非对称加密算法的加密系统都需要公钥基础设施这一类的密钥管理机制，XKM 提供了密钥管理服务的协议，如密钥对的生成、公钥的共享等，主要对 XMLSignature 和 XMLEncryption 中用到的密钥进行管理；XACML 则是为了解决分布式系统中策略交互过程中的策略描述问题而提出的一种能够相互理解的策略描述语言。这里主要介绍如何使用这几种技术保证 XML 文件的安全。

5. 身份管理服务

从 SOA 安全服务共享模型中可以看到，企业 SOA 架构中的身份认证和授权过程均可以由外部共享的身份管理服务完成，以减少其影响范围，提高其灵活性。身份管理服务实现的功能包括身份识别认证、身份授权和联合身份管理与单点登录（Single Sign-On，SSO），其组成模块包括单点登录代理、凭证令牌和声明服务。单点登录代理、凭证令牌、声明服务子模块都支持基于安全声明标记语言（SAML）及 SUN 和其他联盟公司完成的 Liberty Alliance Project 规范的协议。

这些标准和规范满足了交换安全声明信息及单点访问多项资源方面的重要业务需求，如图 6-4 所示。

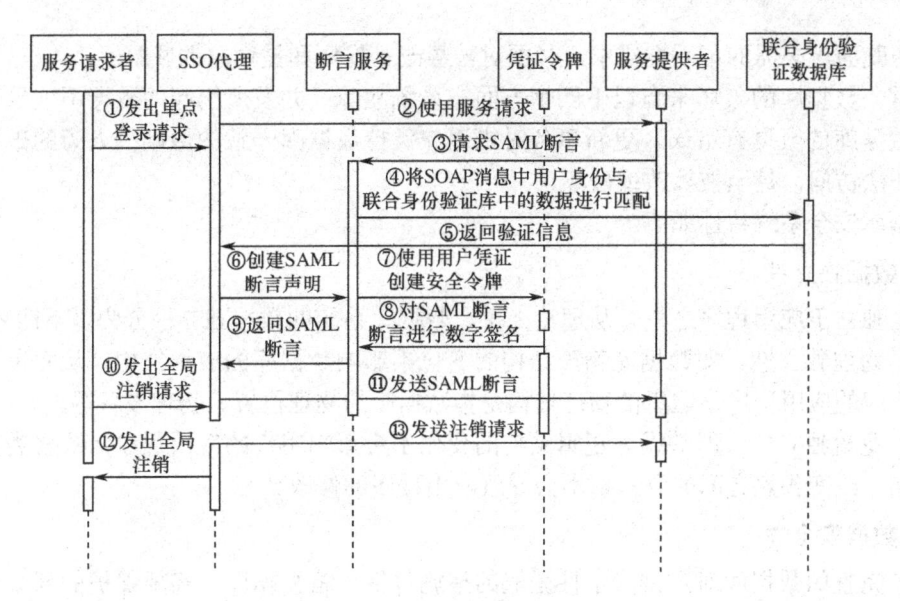

图 6-4 身份管理服务时序

（1）单点登录代理。设置在客户端与身份管理服务组件之间，主要负责完成单点登录的准备工作、配置安全会话、查询安全服务接口、调用合适的安全服务接口并执行全局退出。

（2）声明服务。主要用来创建 SAML 认证声明、SAML 授权决策声明和属性声明，它是解决异构应用、不同认证方案、授权策略和其他相关属性的单点登录需求的一种通用机制。

（3）凭证令牌。用于根据用户凭证（如 CA 颁发的数字证书）、认证需求、协议绑定和应用提供者来创建和检索用户的安全令牌（如公钥 509 证书）。

（4）联合身份验证数据库。它存放的是合法的用户名密码、角色、权限及与身份验证相关的信息。

6. 其他安全服务

除了提到的以上几个安全服务，系统还必须提供完善的日志机制，用于记录所有的事件及相关身份，以便作为审计线索。定期的安全审计有助于发现安全漏洞、违反安全的行为、欺骗及有试图绕过安全措施的行为。此外，其他安全服务还包括系统要采取的负载均衡、病毒检测、分组过滤、故障切换或备份、入侵检测系统等预防性措施，以防范其他潜在的危害系统安全的攻击。

6.3 数据安全

6.3.1 数据库的安全特性

数据库安全性是指数据库的任何部分都不允许受到恶意侵害，或未经授权的存取与修改。数据库是物联网应用系统的核心部分，有价值的数据资源都存放在其中，这些共享的数据资源既面对必需的可用性需求，又面对被篡改、损坏和被窃取的威胁。

通常，数据库的破坏来自以下四个方面：系统故障；并发所引起的数据不一致；转入或更新数据库的数据有错误，更新事务时未遵守保持数据库一致的原则；人为的破坏，如数据被非法访问，甚至被篡改或破坏。

数据库安全系统特性如下。

1. 数据独立性

数据独立于应用程序之外，从理论上讲，数据库系统的数据独立性分为以下两种。

（1）物理独立性。即数据库物理结构的变化不影响数据库的应用结构，从而也就不能影响其相应的应用程序，这里的物理结构是指数据库的物理位置、物理设备等。

（2）逻辑独立性。即数据库逻辑结构的变化不会影响用户的应用程序，数据类型的修改、增加，改变各表之间的联系都不会导致应用程序的修改。

2. 数据安全性

比较完整的数据库对数据安全性采取的措施包括：将数据库中需要保护的部分与其他部分相隔离；使用授权规则；将数据加密，以密码的形式存储于数据库内。

3. 数据的完整性

通常表明数据在可靠性与准确性上是可信赖的，同时也意味着数据可能是无效的或不完整的。数据完整性包括数据的正确性、有效性和一致性。

4. 并发控制

如果数据库应用要实现多用户共享数据，就可能在同一时刻多个用户要存取数据，这种事件叫做并发事件。当一个用户对提取出数据进行修改，在修改存入数据库之前如有其他用户再提取此数据，那么读出的数据就是不正确的。这时就需要对这种并发操作施行控制，排除和避免这种错误的发生，以保证数据的正确性。

5. 故障恢复

当数据库系统运行时出现物理或逻辑上的错误时，系统能尽快恢复正常，这就是数据库系统的故障恢复功能。

在物联网系统中，敏感数据都是存储于各类数据库之中，对于敏感数据的保护主要是基于对数据库数据的保护，其主要技术有物联网容灾备份、归档、分级存储管理、容错和网络冗余技术以及灾难恢复技术等。

6.3.2 数据库安全策略

物联网数据库的安全策略是涉及物联网信息访问的最高指导，这些策略是根据用户需求、安装环境、建立规则和法律等方面的限制来制定的，用于描述访问规则和访问特征的关系，主要包括安全管理策略、最小特权策略、访问控制分类策略和访问控制策略等。

安全管理策略可分为集中式控制和分布式控制。在集中式控制策略中，一个授权管理员或组，控制着系统的所有安全；在分布式控制策略中，不同的授权管理员或组，控制着数据库安全的不同部分。

最小特权策略是指系统主体执行授权任务时，应该授予它完成任务所需要的最小特权。

访问控制分类策略是指限制主体访问客体使做到"知必所需"（Need-to-Know）。需要对主体、客体和访问权限进行分类，分类策略包括分类的粒度、分类的方法和授权的方法等。

访问控制策略与访问控制分类策略密切相关，访问控制策略定义主体对客体访问规则的集合。因此，为了灵活地控制数据库数据的安全性，数据库管理系统应该提供动态的安全机制，如动态授权方式。

从现有的安全技术手段来看，基于这些策略实现数据库安全的基本方法有身份认证、访问控制、敏感数据加密、审计跟踪与攻击检测等。

1. 身份认证

在开放共享的物联网环境下，数据库系统必须要求对用户进行身份认证，这是一个访问数据库的第一道防线，其目的是防止非法用户访问数据库。

身份认证是安全系统防止非法用户侵入的第一道安全防线，其目的是识别系统授权的合法用户、防止非法用户访问数据库系统。在用户登录系统时，必须向系统提供用户标识（User Identification）和鉴别信息（Authentication），以供安全系统识别认证。

在当前流行的这几种 RDBMS（Relationship DataBase Nanagement System，关系型数据库管理系统）中，身份认证一般有三级，如图 6-5 所示。

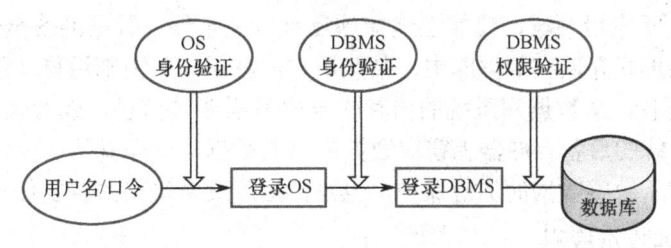

图 6-5 RDBMS 中的身份认证

系统登录一般由操作系统提供检查，要求用户输入用户名和口令加以验证。通过系统安全检查后可以处理业务流程，当要求访问数据库时，就要数据库管理系统验证当前用户身份是否可以进行数据库访问。在取得数据库登录身份后，对数据库中对象进行操作之前，数据库管理系统要再次检验用户对数据库对象的访问权限，核实该用户是否具有权对该数据库对象进行指定的操作。

2. 访问控制

访问控制是指系统内部的访问控制，或者是系统内部主体对客体访问所受到的控制，实施访问控制是维护系统安全、保护系统资源的重要技术手段，也是物联网系统中数据库安全机制的核心，保护的主要目标是被访问的客体，其主要任务是对存取访问权限的确定、授予和实施，其目的就是在保证系统安全的前提下，最大限度地给予资源共享。

访问控制的基础是主体和客体的安全属性，实施访问控制，侧重保护的是客体。每个需要加以保护的客体，都得按安全要求，预先标识一组相应的安全属性，并以此鉴别、确定对客体访问的允许与否，这个标识安全属性称为访问控制表。同样地，每个主体也应当设有相应的访问控制表，用以标明它访问客体的能力，此处标识的作用就是"授权"，用以标明哪些主体有权访问，所确定的访问权限实际是允许的访问方式，即读、写、查询、增加、删除、修改等操作的组合，还有安全的访问过程等。

访问控制机制的建立，应当遵循如下的安全原则：
- 物联网数据库系统中用户或者为其代表的用户进程实施存取控制时，只能拥有最小的必须特权；
- 实施必要的严格的验证，验证的主要内容是主体的身份、权限和访问方式是否合法，以及客体的操作允许性；
- 确保访问控制的可靠性，防止主体能够经由被允许的其他访问路径，迂回地实现某些越级的非法访问，此外，还应该经得起可能出现的恶意攻击；
- 实体拥有的权限不能永远不变，应当及时修改或为权限设置最短的时限；
- 在应有的权限范围内，不使用户感到运用的诸多限制和不便。

3. 敏感数据加密

一般而言，上述提供的安全技术已能够基本满足一般物联网系统的数据库应用，但对于一些重要的物联网应用领域，仅靠上述措施还难以完全保证数据的安全性，因为所有数据均以可读的原始形式存储在数据库中，某些用户尤其是一些内部用户（包括DBA）仍可能成为高明的入侵者，从数据库系统的内存中导出所需要的信息，或者采用其他方式越权打入数据库，从系统的后备存储器上窃取数据或篡改数据，这样就无法保护数据的真实性、可靠性。因此，对于敏感数据的加密保护，也是数据库安全策略的重要任务之一。

4. 审计追踪和攻击检测

虽然存取控制在经典和现代安全理论中都是实施安全策略的最重要手段，但目前还没有有效的证明手段来验证一个系统/安全体系的安全程度。因此，不可能保证任何一个系统完全不存在安全漏洞。也没有一种可行的方法可以彻底地解决合法用户在通过身份认证后滥用特权的问题。因此，审计追踪和攻击检测便成了一个十分重要的安全措施，也是任何一个安全系统中不可缺少的最后一道防线。

审计功能在系统运行时，可以自动将数据库的所有操作记录在审计日志中，用来监视各用户对数据库施加的动作。攻击检测系统则是指根据审计数据分析检测内部和外部攻击者的攻击企图，再现导致系统现状的事件，分析发现系统安全的弱点，追查相关责任者，其主要采用两种方式的审计,即用户审计和系统审计。用户审计是指数据库的审计系统记下所有对自己的或者视图进行访问的企图(包括成功的和不成功的),以及每次操作的用户名、时间、操作类型、操作代码等信息,审计的结果存储在数据库的审计表中,用户可以利用这些信息进行审计分析;系统审计由系统管理员进行,其审计的内容主要是系统级命令和数据库对象的使用情况等信息。

5. 数据库备份与恢复

数据备份与恢复是实现信息安全运行的重要技术之一,能保证信息系统在因各种原因遭到破坏时,能尽快地恢复正常并投入使用。任何一个数据库在使用过程中,都可能因各种原因而使数据库受到破坏,从而导致系统崩溃,这时就需要对数据库进行相应的安全恢复。一般来说,数据库的恢复可以通过磁盘镜像、数据库备份文件和数据库在线日志三种方式来完成。在数据库优化设计中,应该同时考虑数据库的恢复能力和性能,找到二者的平衡点。

6. 分布式事务管理

在物联网工程应用中,各应用节点采用分布式结构有机关联,因此,其数据库安全策略应该重视分布式事务管理技术。分布式事务管理的目的在于保证事务的正确执行以及执行结果的有效性,主要解决系统可靠性、事务并发控制及系统资源的有效利用等问题。分布式事务管理首先要分解为多个子事务到各个站点上去执行,各个服务器之间还必须采取合理的算法进行分布式并发控制和提交,以保证事务的完整性,确保整个物联网数据库系统的安全稳定。

6.4 云安全技术

6.4.1 云安全概述

1. 物联网中的云计算

云计算为众多用户提供了一种新的高效率计算模式,兼有互联网服务的便利、廉价和大型机动能力。云计算的出现不仅仅改变了计算机的使用方法,它也将影响人们的日常生活,在云计算时代也许我们所有家电控制也将由云端完成,而不用在每个系统中植入计算机芯片,系统功能的升级和定制将通过云端的服务器完成,因此家电的智能将得到进一步的提高。我们认为浏览器并不是云计算所必需的,许多非浏览器设备同样可以享受云计算系统的服务。云计算架构如图6-6所示,云计算安全是建立在传统的云计算架构之上,要用传统的安全技术手段来保障云服务的运行。

云计算具备以下几个特征。

(1)软件及硬件都是资源。软件和硬件资源都可以通过互联网以服务的形式提供给用户。在云计算模式中,不需要关心数据中心的构建,也不需要关心如何对这些数据中心进行维护和管理,我们只需要使用云计算中的硬件与软件资源即可。

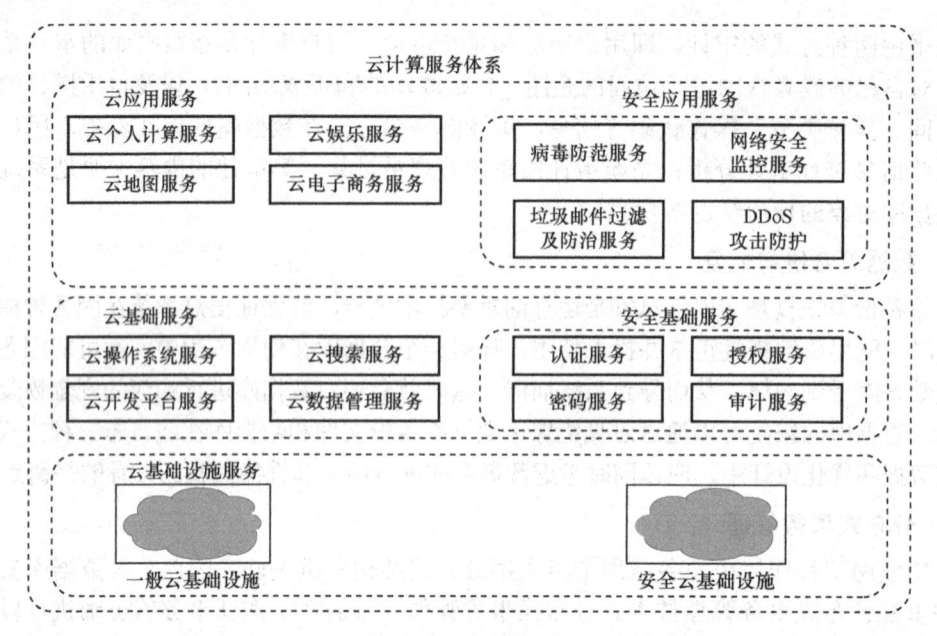

图 6-6　云计算架构

(2) 这些资源都可以根据需要动态配置和扩展。云计算中的硬件与软件资源都可以通过按需配置来满足客户的业务需求，云计算资源都可以动态配置及动态分配，并且这些资源支持动态的扩展。

(3) 物理上以分布的共享方式存在，逻辑上以单一整体形式呈现。资源在物理上都是通过分布式的共享方式存在的，一般分为两种形式，一种形式是计算密集型的应用，另一种形式是地域上的分布式。

(4) 按需使用资源，按用量付费。用户通过互联网使用云计算提供商提供的服务时，用户只需要为其使用的那部分资源进行付费，使用了多少，就付多少费，而不需要为不使用的资源付费。

云计算出现的初衷是解决特定大规模数据处理问题，因此它被业界认为是支撑物联网"后端"的最佳选择，云计算为物联网提供后端处理能力与应用平台。笔者认为物联网"后端"建设应从互连和行业云做起，在研究全面和理想化战略体系的同时，应充分利用良好的前期基础，重视价值牵引作用，在特定领域的典型应用和行业云上有所突破。物联网与云计算的结合，势必是一种趋势，它们之间的关系，如果把物联网看做人的五官和四肢，那么云计算就可以看做人的大脑。

物联网与云计算各自具备很多优势，结合方式可以分为以下几种。

- 一对多方式，即单一云计算中心，多业务终端；
- 多对多，即多个云计算中心，大量业务终端；
- 信息和应用的处理分层化，海量业务终端。

云计算和物联网都是新兴事物，但是两者结合的案例目前还是比较少的。IBM 公司发布的蓝云（Blue Cloud）计划，微软的 Dynamics CRM Online、Exchange Online、OfficeCommunications Online 等面对企业的计算服务，亚马逊网络云计算服务，谷歌的 GAE、Google Docs 等云计算服务，均未见与物联网结合。但是，物联网与云计算的潜力正日益浮现，3G 视频通话就是一个典型例子。有了云计算中心的廉价、超大量的处理能力和存储能力，加上物联网无处不在的信息采集，这两者优势互为补充，相得益彰，将共同谱写未来信息技术革命的新篇章。

目前云计算发展迅速，业界还提出了"海计算"概念。海计算通过在物理世界的物体中融入计算与通信设备及智能算法，让物物之间能够互连，在事先无法预知的场景中进行判断，实现物物之间的交互作用。海计算一方面通过强化融入各物体中的信息装置，实现物体与信息装置的紧密融合，有效地获取物质世界信息；另一方面通过强化海量的独立个体之间的局部即时交互和分布式智能，使物体具备自组织、自计算、自反馈的海计算功能。海计算的本质是物物之间的智能交流，实现物物之间的交互。云计算是服务器端的计算模式，而海计算代表终端的大千世界，海计算是物理世界各物体之间的计算模式。简而言之，海计算模式倡导由多个融入了的信息装置、具有一定自主性的物体，通过局部交互而形成具有群体智能的物联网系统。该系统具有以下优点：

- 节能、高效、充分利用局部性原理，可以有效地缩短物联网的业务直径，即覆盖从感知、传输、处理与智能决策，到控制的路径，从而降低能耗，提高效率；
- 通用结构通过引入融入信息装置的"自主物体"，有利于产生通用的、可批量重用的物联网部件和技术，这是信息产业主流产品的必备特征；
- 分散式结构海计算物联网强调分散式结构，较易消除单一控制点、单一瓶颈和单一故障点，扩展更加灵活，群体智能使得海计算物联网更能适应需求和环境变化。

海计算（Sea Computing）是通用汽车金融服务公司董事长兼首席执行官 Molina 在 2009 年 8 月 18 日技术创新大会上所提出的全新技术概念。海计算为用户提供基于互联网的一站式服务，是一种最简单可依赖的互联网需求交互模式。用户只要在海计算输入服务需求，系统就能明确识别这种需求，并将该需求分配给最优的应用或内容资源提供商处理，最终返回给用户相匹配的结果。与云计算的后端处理相比，海计算指的是智能设备的前端处理。

2. 云安全框架

目前，关于云计算与安全之间的关系一直存在两种对立的说法。持有乐观看法的人认为，采用云计算会增强安全性，通过部署集中的云计算中心，可以组织安全专家及专业化安全服务队伍实现整个系统的安全管理，避免现在由个人维护安全，由于不专业导致安全漏洞频出而被黑客利用的情况。然而，更接近现实的一种观点是，集中管理的云计算中心将成为黑客攻击的重点目标。由于系统的规模巨大及前所未有的开放性与复杂性，其安全性面临着比以往更为严峻的考验。对于普通用户来说，其安全风险不是减少而是增大了。

云计算以动态的服务计算为主要技术特征，以灵活的"服务合约"为核心商业特征，是信息技术领域正在发生的重大变革，这种变革将为信息安全领域带来巨大的冲击。

- 在云平台中运行的各类云应用没有固定不变的基础设施，没有固定不变的安全边界，难以实现用户数据安全与隐私保护；
- 云服务所涉及的资源由多个管理者所有，存在利益冲突，无法统一规划部署安全防护措施；
- 云平台中数据与计算高度集中，安全措施必须满足海量信息处理需求。

云安全技术研究云计算的特有安全需求，包含为降低云计算安全风险所采用的技术。云的信息系统本质特征使得在云计算环境安全的考虑因素不仅包含继承自信息系统的共性安全问题，也包括在云环境下出现的新问题。云计算研究人员提出云安全需要防护的内容主要包括应用、信息、管理、网络、可信计算、计算和存储、物理等方面，如图6-7所示。

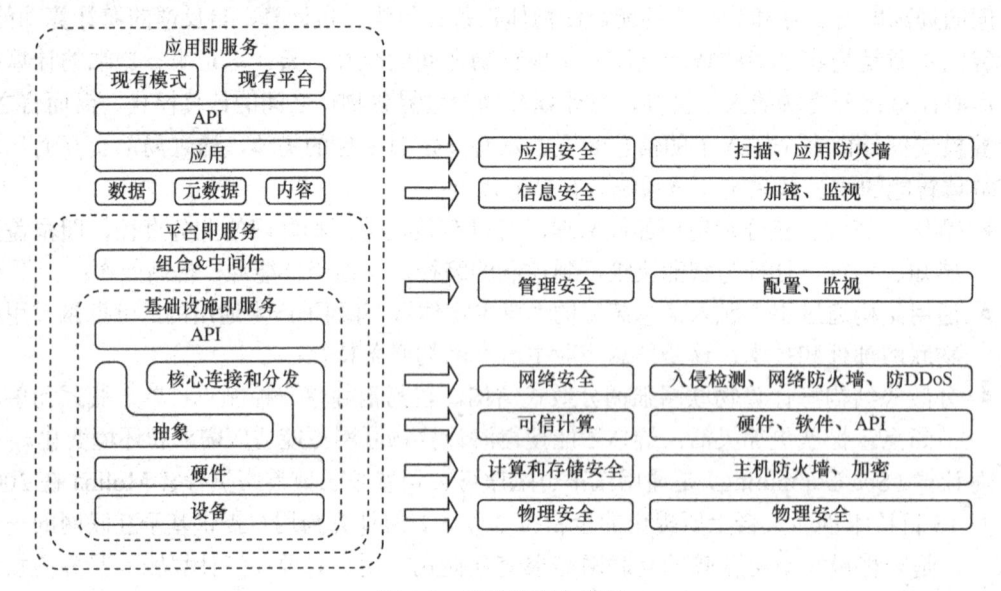

图6-7 云计算安全模型

- 应用安全：关注开发中、移植状态已经处于云中的应用程序运行安全，可以使用软件开发生命周期管理、二进制分析、恶意代码扫描来对应用程序进行加固，同时可采取Web应用防火墙（WAF）、事务安全等技术实现应用程序层安全；
- 信息安全：用于保证用户业务数据信息不被泄漏、更改或丢失，使用数据泄漏防护技术、能力成熟度框架、数据库行为监控、密码技术等保证信息的机密性、完整性等安全属性；
- 管理安全：通过公司治理、风险管理及合规审查，使用身份识别与访问控制、漏洞分析与管理、补丁管理、配置管理、监控技术等实现手段实现管理安全；

- 网络安全：部署基于网络的入侵检测、防火墙、深度数据包检测、安全 DNS、抗 DDoS 攻击机制、QoS 技术及开放 Web 服务认证协议实现网络层面安全；
- 可信计算：使用软/硬件可信根、可信软件栈、可信 API 和接口保证云计算的可信度；
- 计算和存储安全：使用基于主机的防火墙/入侵检测、完整性、审计/日志管理、加密和数据隐蔽技术实现计算/存储安全；
- 物理安全：以物理位置安全、闭路电视、守卫等在硬件层面上确保安全。

从上述安全模型中可以看出，云计算安全涉及多个方面，但是从物联网的角度来看，云计算是物联网应用层的一种应用模式，模型中提到的安全防护内容将由物联网整体统一考虑。

值得注意的是，业界对云安全的理解还有另外一层意思："云计算"的理念在安全领域的应用，即云安全服务，也就是将各种安全功能以云计算的方式提供给用户使用。下面将针对云安全服务展开说明。

3. 云安全服务

云计算能够提供多样化的服务能力，安全也是云能够提供服务的其中一种，从本质上而言与其他计算或存储类服务差别不大。安全云服务使用集中化的计算能力来交付安全，能够突破传统安全设备或安全软件的固有性能限制，通过更充分的资源供给实现安全水平的巨大提升，这也催生了一些全新层面的安全应用，改变了用户部署安全、使用安全的方式。

根据我国云计算未来的发展，国内云计算安全的专家提出了云安全服务系统技术框架，如图 6-8 所示，该框架从云的各个层次给出了详细的云安全服务系统部署，可以这样说，该框架是未来云安全服务的路线图。

目前，业界比较热门的云安全服务是云病毒防范。使用云进行病毒查杀的"安全云"技术是 P2P 技术、网格技术、云计算技术等分布式计算技术混合发展、自然演化的结果，是网络时代信息安全的最新体现，它融合了并行处理、网格计算、未知病毒行为判断等新兴技术和概念，通过网状的大量客户端对网络中软件行为的异常监测，获取互联网中木马、恶意程序的最新信息，传输到云服务器端进行自动分析和处理，完成后再将病毒和木马的解决方案分发到每个客户端，从而使这些客户端和服务器群构成一个庞大的病毒防御体系，能够快速检测新病毒并在最短时间内实现体系内计算机的免疫。

"安全云"的杀毒模式是网络化的主动防毒，杀毒软件利用互联网强大的网络支持，通过互联网实时监控网络及用户主机，在用户即将访问有害网页或病毒程序前提醒用户，防止大部分终端受病毒感染。与传统模式相比，使用"云"进行病毒查杀具有防病毒网络化、检测效率高、反病毒能力更强等优点。正是看到反病毒的互联网化模式给安全厂商带来的全新思路和给用户全新的应用体验，安全云模式一经推出，就得到了包括瑞星、趋势科技、Symantec 等国内外诸多反病毒厂商的关注，并根据自身的理解，推出了相应的"云安全"解决方案。

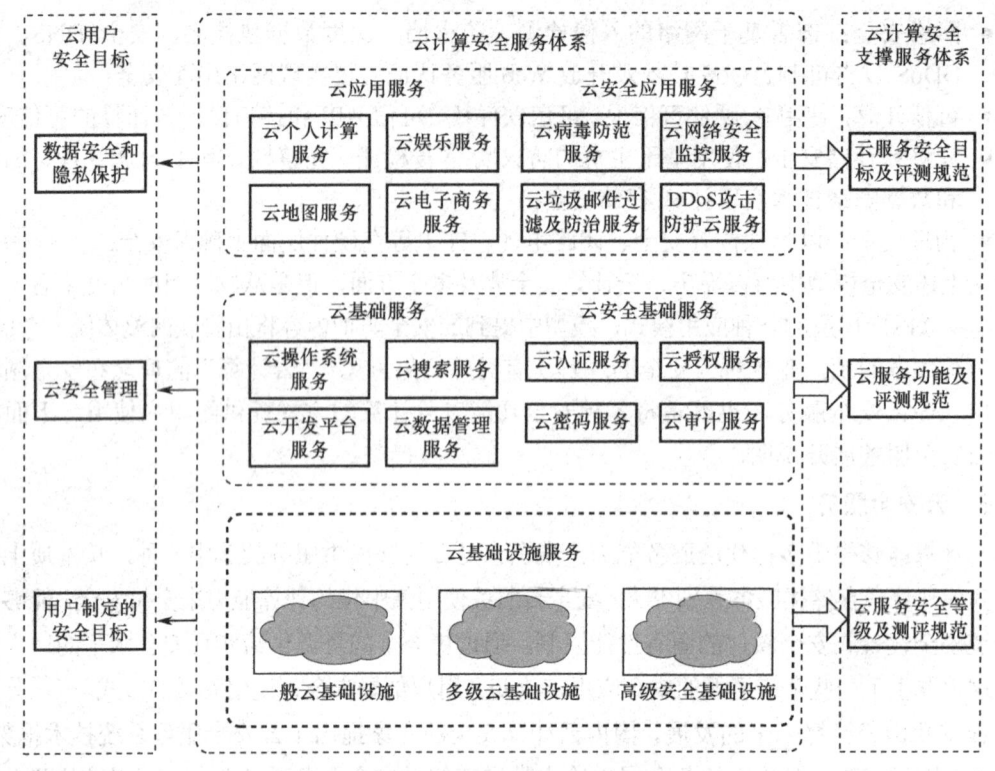

图 6-8 云安全服务技术框架

但是，这种由用户参与的安全云服务也存在用户隐私泄漏的问题，随着物联网应用的普及，用户的隐私变得越来越重要，用户很可能不会允许任何一种软件随意将客户端的信息上报给服务器。云安全服务厂商怎么保证客户端程序只收集病毒方面的信息而不收集用户的信息，让用户相信厂商是非恶意的，能够说服用户参与将是一个巨大的难题，这很可能还会因此面临众多的法律问题。

6.4.2 云应用安全

由于云环境具有灵活性、开放性以及公众可用性等特性，这给应用安全带来了很多挑战，在云主机部署的 Web 应用程序应当充分考虑来自互联网的威胁。

1. 终端用户安全

对于使用云服务的物联网用户，应该保证自己主机的安全。在用户的终端上部署安全软件，包括反恶意软件、防病毒、个人防火墙以及 IPS 类型的软件。目前，浏览器已经普遍成云服务应用的客户端，但不幸的是所有的网络浏览器毫无例外地存在软件漏洞，这些软件漏洞加大了终端用户被攻击的风险，从而影响云计算应用的安全。因此云用户应该采取必要措施保护浏览器免受攻击，在云环境中实现端到端的安全。云用户应使用自动更新功能，定期完成浏览器打补丁和更新工作。

随着虚拟化技术的广泛应用，许多用户现在喜欢在物联网用户终端上使用虚拟机来区分工作（公事与私事）。有人使用 VMwarePlayer 来运行多重系统（如使用 Linux 作为基本系统），通常这些虚拟机甚至都没有达到补丁级别。这些系统被暴露在网络上，更容易被黑客利用成为流氓虚拟机。对于企业客户，应该从制度上规定连接云计算应用的物联网主机禁止安装虚拟机，并且对物联网主机进行定期检查。

2. SaaS 应用安全

SaaS 应用提供给用户的能力是使用服务商运行在云基础设施之上的应用，用户使用各种客户端设备通过浏览器来访问应用。用户并不管理或控制底层的云基础设施，例如网络、服务器、操作系统、存储甚至其中单个的应用能力，除非是某些有限用户的特殊应用配置项。SaaS 模式决定了提供商管理和维护整套应用，因此 SaaS 提供商应最大限度地确保提供给客户的应用程序和组件的安全，客户通常只需负责操作层安全功能包括用户和访问管理，所以选择 SaaS 提供商时需要特别慎重。目前对于提供商评估通常的做法是根据保密协议，要求提供商提供有关安全实践的信息，该信息应包括设计、架构、开发、黑盒与白盒应用程序安全测试和发布管理。有些客户甚至请第三方安全厂商进行渗透测试（黑盒安全测试），以获得更为详实的安全信息，不过渗透测试通常费用很高而且也不是所有提供商都同意进行这种测试。

还有一点需要特别注意的是，SaaS 提供商提供的身份验证和访问控制功能，通常情况下这是客户管理信息风险唯一的安全控制措施。大多数服务，包括谷歌都会提供基于 Web 的管理用户界面，最终用户可以分派读取和写入权限给其他用户，然而这个特权管理功能可能不先进，细粒度访问可能会有弱点，也可能不符合访问控制标准。用户应该尽量了解云特定访问控制机制，并采取必要步骤，保护在云中的数据；应实施最小化特权访问管理，以消除威胁云应用安全的内部因素。

所有有安全需求的云应用都需要用户登录，有许多安全机制可提高访问安全性，例如通行证或智能卡，而最为常用的方法是可重用的用户名和密码。如果使用强度最小的密码（例如需要的长度和字符集过短）和不做密码管理，则很容易导致密码失效，从而容易猜到密码，而这恰恰是攻击者获得信息的首选方法。因此，云服务提供商应能够提供高强度密码，定期修改密码，时间长度必须基于数据的敏感程度，不能使用旧密码等可选功能。

在目前的 SaaS 应用中，提供商将客户数据（结构化和非结构化数据）混合存储是普遍的做法，通过唯一的客户标识符，在应用中的逻辑执行层可以实现客户数据逻辑上的隔离，但是当云服务提供商的应用升级时，可能会造成这种隔离在应用层执行过程中变得脆弱。因此，客户应了解 SaaS 提供商使用的虚拟数据存储架构和预防机制，以保证多租户在一个虚拟环境所需要的隔离。SaaS 提供商应在整个软件生命开发周期加强在软件安全性上的措施。

3. PaaS 应用安全

PaaS 云提供给用户的能力是在云基础设施之上部署用户创建或采购的应用，这些应用使用服务商支持的编程语言或工具开发，用户并不管理或控制底层的云基础设施，包括网络、服务器、操作系统或存储等，但是可以控制部署的应用以及应用主机的某个环境配置。PaaS 应用安全包含两个层次：PaaS 平台自身的安全以及客户部署在 PaaS 平台上应用的安全。

SSL 是大多数云计算安全应用的基础，目前众多黑客社区都在研究 SSL，相信 SSL 在不久的将来将成为一个主要的病毒传播媒介。PaaS 提供商必须明白当前的形势，并采取可能的办法来缓解 SSL 攻击，避免应用被暴露在默认攻击之下。用户必须要确保自己有一个变更管理项目，在应用提供商指导下进行正确的应用配置或打配置补丁，及时确保 SSL 补丁和变更程序能够迅速发挥作用。

PaaS 提供商通常都会负责平台软件，包括运行引擎的安全，如果 PaaS 应用使用了第三方应用、组件或 Web 服务，那么第三方应用提供商则需要负责这些服务的安全。因此，用户需要了解自己的应用到底依赖于哪个服务，在采用第三方应用、组件或 Web 服务的情况下用户应对第三方应用提供商做风险评估。目前，云服务提供商借口平台的安全使用信息会被黑客利用而拒绝共享，尽管如此，客户应尽可能地要求云服务提供商增加信息透明度，以利于风险评估和安全管理。

在多租户 PaaS 的服务模式中，最核心的安全原则就是多租户应用隔离。云用户应确保自己的数据只能被自己的企业用户和应用程序访问。提供商维护 PaaS 的平台运行引擎的安全，在多租户模式下必须提供"沙盒"架构，平台运行引擎的"沙盒"特性可以集中维护客户部署在 PaaS 平台上应用的保密性和完整性。云服务提供商负责监控新的程序缺陷和漏洞，以避免这些缺陷和漏洞被用来攻击 PaaS 平台和打破"沙盒"架构。

云用户部署的应用安全需要 PaaS 应用开发商配合，开发人员需要熟悉平台的 API、部署和管理执行的安全控制软件模块。开发人员必须熟悉平台特定的安全特性，这些特性被封装成安全对象和 Web 服务，开发人员通过调用这些安全对象和 Web 服务可实现在应用的内配置认证和授权管理。

对于 PaaS 的 API 设计，目前没有标准可用，这对云计算的安全管理和云计算应用可移植性带来了难以估量的后果。PaaS 应用还面临着配置不当的威胁，在云基础架构中运行应用时，应用在默认配置下安全运行的概率几乎为零。因此，用户最需要做的事就是改变应用的默认安装配置，需要熟悉应用的安全配置流程。

4. IaaS 应用安全

IaaS 云提供商（如亚马逊 EC2、GoGrid 等）将客户在虚拟机上部署的应用看成一个黑盒子，IaaS 提供商完全不知道客户应用的管理和运维。客户的应用程序和运行引擎，无论运行在何种平台上，都由客户部署和管理，因此客户负有云主机之上应用安全的全部责任，客户不应期望 IaaS 提供商的应用安全帮助。

6.4.3 云计算中的访问控制与认证

1. 云计算中身份管理面临的挑战

网络应用通常都部署在企业内部,企业内部的计算机及网络相关设备和设施会形成"可信边界",这种"可信边界"一般都是静态的。企业内部的信息技术部门负责"边界"的监控,一个企业的网络、系统和应用都工作在该企业的"可信边界"之内。通过网络安全设施或系统(如虚拟专用网、入侵检测系统、入侵保护系统和多因认证方式),可以实现对网络、系统和应用的安全访问。

引入云服务后,企业的可信边界延伸到云中且动态可变,企业无法再对边界实施监控。对于业已建立的可信管理和控制模型而言,边界控制权的丧失是一个非常棘手的问题。如果该问题得不到有效的解决,云服务将很难为企业所采用。

企业为解决边界控制权丧失带来的问题并加强风险控制,不得不使用软件来进行安全控制(如应用安全与用户访问控制)。在边界延伸到云中以后,安全控制同样包括认证、基于角色(或声明)的授权、可信资源的使用、身份联合、单点登录、用户行为监视、审计等。鉴于身份联合是建立企业和云信任关系的重要手段,对它应给予特别关注。

作为一种还处于发展和完善中的应用技术,身份联合特别适合用来在异构的、动态的、松散的环境中构建信任关系。信任关系反映了企业内部事务和外部事务的关系及其合作模式。身份联合使边界内外的系统和应用能进行交互。身份联合加上有效的身份访问管理就能基于委托、单点登录和集中式授权管理几种方式实现身份的强认证,可见身份联合在云的推广上将起到十分关键的作用。

一些企业没有采用集中式的身份管理体系,这使得企业的身份与访问管理变得困难重重。很多时候,身份数据由若干系统管理员采用人工方式进行管理,用户身份信息的使用不够规范。这种身份访问管理方式不仅效率低下,而且还会影响云服务。当这种低效的身份访问管理方式应用于云中时,用户可能在未授权的情况下访问云服务。

身份与访问管理需要云服务供需双方共同的参与和支持。为了让企业能在使用和扩充身份与管理功能时遵守企业内部的策略和标准,云服务提供商必须支持身份访问管理标准和诸如身份联合这样的身份与访问管理功能。通过支持身份与访问管理,云服务能加速传统 IT 应用从企业可信网络到云中的转移。对于企业而言,强大的身份与访问管理功能有助于保护数据的机密性和完整性,有助于让用户严格按照规定访问云中的信息。支持身份与访问管理标准的云服务会加速云服务的推广和应用向云的转移。

对于企业级应用而言,身份管理与访问控制一直都是最难解决的信息技术问题之一。尽管在没有合适身份与访问管理机制的情况下,企业也能获得云服务,但从长远来看,提前做好按需使用云服务的策略准备对于延伸企业身份服务到云中是很必要的。公正地评估企业为云身份与访问管理所做的准备,清楚云服务提供商的服务能力,对于准备引入云服务的企业是必需的,毕竟,云计算在很多方面都还不成熟。

SPI（SaaS，PaaS，IaaS）云服务模型要求信息技术部门和云服务商共同努力将企业的身份与访问管理系统、程序和功能扩充到云中，扩充的方式对服务提供商和消费者都应该是可伸缩、有效且高效的。要在云中成功且有效地进行身份管理，应该提供下述功能。

（1）身份供应。企业采用云服务面临的主要挑战之一就是云用户身份的供应和撤销；另外，已具备用户管理能力的企业要将自己的身份管理功能延伸到云中，困难也不小。

（2）认证。在企业使用云服务时，以可信和可管的方式认证用户身份是至关重要的需求。信任管理、强认证、委托认证和服务间的信任管理，都是企业必须解决的认证难题。

（3）身份联合。在云环境下，联合身份管理在企业利用身份供应机构认证云服务用户上起着重要的作用。当然，服务提供商和身份供应机构之间安全地进行身份属性交换也是必须的。拟在云中采用身份联合的企业应该清楚面临的各种困难及相应的解决方案，主要困难包括身份生命周期的管理和能保证机密性、完整性和不可否认性的认证方法的提供。

（4）授权与用户基本信息管理。对用户基本信息管理与访问控制策略的需求往往是不同的，这由用户扮演的角色决定，即用户是代表个人（如消费者），还是作为企业（如大学、医院等）的雇员。SPI模型中的访问控制需求包括信任用户基本信息与策略信息的建立、云服务访问控制、审计追踪等。

（5）规则遵从。对于云服务用户而言，清楚身份管理，如何让操作符合规定是十分重要的。设计很好的身份管理能确保身份供应、访问授权和责任分割在云中得以实现，能进行审计追踪和报告操作。

2. 云身份供应

云身份供应负责云用户账户（终端用户、应用管理员、IT管理员、超级用户、开发者、账单管理员）的建立和撤销。通常，云服务会要求用户先注册身份信息，每条身份信息代表一个人或一个组织。云服务提供商通过维护身份信息来支持记账、认证、授权、身份联合和审计。

企业要引入云服务，身份供应仍然是其面临的主要挑战和障碍，云服务提供商当前提供的身份供应功能还不足以满足企业的需要。鉴于专门解决方案会大大增加管理的复杂性，用户不应采用专门解决方案。云服务企业用户应修改或扩充自己的身份数据库以满足云应用和处理的需要。

下面分别给出三种云服务模型（SaaS、PaaS和IaaS）身份供应的解决方案。

1）软件即服务/平台即服务（SaaS/PaaS）
- 使用云服务提供商提供的SPML适配器或连接器；
- 如果云服务提供商不支持SPML，就使用SPML网关来实现身份供应；
- 在得到支持的情况下，利用SAML认证声明和属性动态地供应账户；
- 定期审计用户及其权限；删除未授权用户，通过用户基本信息实现权限的最小化；
- 自动实现跨云身份供应。

2) 基础设施即服务（IaaS）
- 利用云服务提供商所支持的 API 实现云用户身份供应；
- 配置标准的虚拟机映像，预先创建访问虚拟机的用户及其基本信息；
- 用户及其基本信息应与企业的 LDAP 和活动目录状态进行关联；
- 当身份供应有权访问操作系统和应用服务时，应支持最小权限规则；
- 在预先配置的虚拟机映像中存储信任信息一定要小心翼翼，如果可能，信任信息的设置或修改应成为身份供应的组成部分；
- 定期审计虚拟机映像和删除无效用户。

3．云认证

当一个企业开始利用云中的应用时，实现可信可管的用户身份认证就成为企业面临的又一难题。企业务必解决与认证相关的难题，包括信任信息管理、强认证、委托认证和跨云信任。

信任信息管理包括信息的分发和管理。如果身份供应解决了用户账户创建和身份信息生命周期管理问题，信任信息管理就成为认证面临的难题，信任信息的管理包括口令管理、数字证书管理和动态信任信息管理。

某些高风险或高价值的应用可能会要求采用强认证技术（如一次口令或数字证书）。虽然大企业普遍都采用强认证和多认证，但这些认证方法可能与某个云服务或云应用并不兼容。成本、管理负荷过大和用户接受问题可能促使强认证方法的采用，一些认证内部应用访问，另一些认证外部应用访问。云服务商也面临同样的问题，因为兼容客户端认证方式而支持强认证机制可能并不划算。

SaaS 和 PaaS 云服务提供商应向用户提供以下支持：
- 利用用户名和口令并伴之以强认证方式认证用户身份，强认证的力度应与服务的风险级别相当；
- 企业用户管理能力包括特权用户的管理，这种能力使企业能支持各种认证方法；
- 口令复位自服务功能，它使身份一开始就有效；
- 定义和执行强口令策略的能力；
- 联合认证，将认证委托给使用 SaaS 服务的企业。

以用户为中心的认证（如 OpenID）——特别是在应用能为个人所访问的情况下，以用户为中心的认证机制使用户使用现有的信任信息就能实现登录，用户信任信息不必存放在用户站点上。信任信息管理在任何环境中都是一个难题。SaaS 云和 PaaS 云提供了多种基于云服务类型的信任信息管理方法。

SaaS 和 PaaS 云服务提供商一般都在他们的应用和平台中提供了内置的认证服务。除此之外，还支持将认证委托给企业。用户有以下选项。
- 企业用户：利用企业身份供应机构认证用户身份，利用身份联合构建企业与云服务提供商之间的信任关系；

- 个人用户：利用以用户为中心的认证方法能实现在多个站点上仅用一个信任信息。

IaaS 云中有两类用户需要被认证：一类是企业的 IT 职员，负责应用的部署和管理；另一类是应用用户，应用用户可能是雇员、消费者或合作企业。对于 IT 职员而言，建立专门的 VPN 通常更合适，因为可以利用现有的系统和程序。

IaaS 云服务提供商很少说明应用是如何认证用户的，怎样执行认证由将应用部署在云中的企业决定。可能的解决方案是建立通往企业网络的虚拟专用网隧道或采用身份联合方式。当应用利用像单点登录或基于 LDAP 的认证服务这样的现有的身份管理系统时，虚拟专用网能收到更好的效果。

在无法部署虚拟专用网隧道的情况下，应用应支持接受采用各种形式的认证声明，这些声明采用像 SSL 这样的 Web 加密标准加密。这种方式使企业能在外部实现身份联合和单点登录，因而在云应用中也可以采用这种认证方式。当应用面向的是外部用户时，OpenID 是一个选择。由于对 OpenID 信任信息的控制位于企业之外，所以应对用户的访问权限做适当限制。应用可能还有能力基于自己的数据库进行认证。选择这种方式认证用户需要解决信任信息的管理和单点登录问题。

4. 云访问控制与用户基本信息管理

用户基本信息是用户属性的集合，云服务使用用户基本信息来定制服务和限制对服务的访问。访问控制根据准确的用户基本信息做出适当决策。

不同的用户类型有着不同的用户基本信息和访问控制需求。用户一般可分为两种类型：个人用户和企业用户。对于个人用户而言，用户自身就是基本信息的唯一来源，策略由云服务提供商制定。然而，对于企业用户而言，企业是用户基本信息和访问控制的权威主体。

在云环境中，用户基本信息管理与访问控制更麻烦，因为实现相关功能的位置可能是不同的，使用的处理方法、命名习惯和技术也可能是不同的，可能还要在不安全的 Internet 上实现企业间的安全通信。

1) 访问控制模型

通常，在非云环境表现良好的访问控制模型也适用于云环境。事务处理服务最好采用基于角色的访问控制模型（RBAC），如果需要，还可以辅之以以数据为中心的策略，该策略已为底层数据库所采用。在多数情况下，非结构化内容应采用 ACL 模型。如果必须基于资产或信息的种类来实现访问控制，那么最好采用 MAC/MLS 模型，访问云 Web 服务最好采用 ACL 模型。除了提供基本的访问控制外，云环境还增加了基于配额的限制，用户应确信已充分理解访问控制模型的能力和局限。大企业用户需要设计一个角色模型，为方便管理，该模型将用户角色映射成企业内部事务功能。

2) 权威信息来源

用户应明确策略和用户基本信息的权威来源，保证云只会使用可信的信息来源。信息源的选择与用户类型相关，如果用户是个人，用户自己就是基本信息的主要来源而云服务是策略的主要来源，像 OpenID 这样支持个人用户选择身份供应商的自证实身份方案适用于没有敏感信息的服务；对于企业用户，策略信息必须源自企业和云，而用户基本信息必须源自企业和用户，正如前面认证部分所讨论的那样，像 SAML 这样的支持企业选择身份供应商并对认证强度有特别要求的身份方案在这样的情况下就是必须的。如果云服务仅仅提供本地身份服务，用户应该决定怎样在云中实现身份信息的供应、撤销和审计。总之，用户应确保云服务使用合适的策略和用户基本信息来源。

3) 隐私策略

尽管不同国家、不同数据对隐私保护的要求有很大的不同，但合作站点间交换信息和执行隐私保护却始终是重要的。对于企业用户而言，基于 XACML 的安全隐私授权方案（XSPA）有助于不同企业实体间交换隐私需求信息，企业云用户应该理解该方案，明确它提供了什么隐私保护措施。云服务提供商应在云中设计和实现用户隐私保护功能。

4) 访问控制策略格式

对于个人用户而言，访问控制在其所访问云服务所在的位置实施；对于企业用户，访问控制可能被指定由企业的某个部门来实施，也可能由云服务提供商来实施。如果每个云服务提供商和用户都自己设计格式表示策略信息，就会出现相互不支持的情形。工业标准 XACML 提供了访问控制策略标准的表示方式。如果 Web 服务采用了 WS-Federation，那么访问控制策略的表示还可以基于 WS-Policy。

即使采用了工业标准，发送方和接收方仍然需要在请求信息中所使用的名称和语义上达成一致。例如，云服务商可能提供了"manager"或"admin"角色，这些角色详细且清晰地赋予用户服务访问能力。企业用户可能还会有自己的角色划分，这些角色和云中的角色名称可能大不相同。如果访问控制在企业内部采用集中方式实施（为了透明和易于管理），那么就需要制定转换方案，将企业角色/策略转换为云角色/策略，排除名字冲突造成的混淆。目前还没有这样的转换标准被制定出来。

5) 策略传输

对企业用户而言，在企业和云之间传输访问控制策略是必须的。策略传输可以采用两种方式：定期批量传输和实时传输。如果云服务提供商和每个企业用户都自己设计策略信息的加密与传输机制，相互不支持的混乱情形就会再次出现，如果采用定期批量传输方式，就应该使用 SPML。尽管该标准尚未广泛部署，但随着云服务为越来越多的企业所使用，它被采纳的可能性也正逐渐增大。如果基于 SAML 的单点登录模型被采用，云服务能从 SAML 声明中提取出策略信息，那么策略信息就可以同被签名的 SAML 声明一起被传输。在这种情况下，应该选择 SAML2.0。同样，如果企业采用的是 WS-Federation，那么就应该使用 WS-Policy 及其附件、WS-Federation 和 WS-Trust 规范，不过，这些规范在实践中很少被采用。对于个人用户而言，没有必要进行策略传输。

6）用户基本信息传输

获取用户基本信息的方法很多，选择什么样的方法在某种程度上是由选择什么样的单点登录方案决定的。如果自证实用户基本信息能够被接收，那么任何用户都能自己在云中去注册，手工填写自己的基本信息。如果云服务支持像 OpenID、Google 账户和 Yahoo 账户这样的自证实单点登录方案，那么就能从供应商那里提取用户基本信息。另外，还可以选择 Windows CardSpace，它支持用户信息卡的自助发行，不过该方案并没有被广泛采用。这些机制都不可能提供云服务商所需的所有基本信息，所以还需要用户自己来提供部分信息。这些机制对于企业用户也不适用，对于企业用户或其他的不能采用自证实方式的地方，用户基本信息来源必须可信。如果 SPML 被用来传输策略信息，那么它也可被用来传输用户基本信息；如果使用基于 SAML 的单点登录方式，那么服务需要的用户基本信息能被植入 SAML 声明中与 SAML 声明一起传输；如果使用的是基于 WS-Federation 的单点登录方式，WS-Policy 声明能将用户基本信息纳入其中一起传输；如果使用包含管理信息卡的 CardSpace，那么不管用户基本信息多么容易被改变、多么频繁地被改变，都能方便地从卡中获取。

云服务还可以使用 OAuth 来支持用户将自己的内容放在一个云服务提供商，而将账户放在另一个云服务提供商。OAuth 要求确定使用服务和供应服务的先后关系，它既适用于个人用户也适用于企业用户。OAuth 尚未广泛应用，但作为一种独立的单点登录方案，已证明它是受欢迎的，特别是在非敏感自证实领域中。

属性证书也是一种选择，特别适用于属性不经常发生变化的环境，但它需要基本的设备和程序来维持信息的完整性。在实际中它并没有得到广泛应用，这里就不对它展开深入讨论。

总之，从远程设备上获取用户基本信息的方法有很多。以用户为中心的访问控制需求和单点登录机制缩小了选择空间。尽管 SAML 可能现在已应用得十分广泛，但云服务提供商和用户应支持多种选择而不是一种选择，因为任何一种机制都不能很好地应对所有的情况。

7）策略决定请求

如果授权决定在云服务之外做出，则可以使用 XACML 来表示策略请求和响应，并由 SAML 声明来传输策略信息。WS 规范集也是一种选择。实际上，到目前为止，几乎没有哪个应用将授权提取出来。在未来，如果企业用户想要利用云服务而又要进行访问控制，情况就会发生变化，当然，这种变化并不会马上到来。

8）策略决定执行

访问控制策略主要在应用和云服务内执行。在 Web 服务中，访问控制策略是由 Web 服务网关执行的，Web 服务网关承担了 Web 服务大部分的访问控制职责。

9）审计日志

访问控制活动应生成包含足够信息的日志，以满足审计需要和支持使用管理。当前还缺少相关的应用标准,所以云服务提供商、用户,特别是企业用户应一起确定日志中应包含的信息,确定如何保护信息的机密性、完整性和可用性。云服务提供商应能保证,当一个用户访问其日志信息时不会将其他用户的日志信息传给他。

企业用户可能经常会关注这样一些信息:企业内谁建立了账户?账户有什么权限?谁为账户授予了权限?企业用户还需要责任分离的证据,需要知道账户和权限被撤销的相关信息。另外,如果采用了身份联合,日志包含的信息应足以保证企业用户做到云中信息和企业内部信息的关联和同步。

云服务的使用给企业用户在审计追踪上带来新挑战,因为在云环境中,策略是分散的,日志信息也分散在不同的域中,云是虚拟的、动态的,其上的服务是短暂的。企业应对云服务在满足审计、管理和规则遵从上的需求的程度进行评价。

10) 软件即服务

软件即服务供应已走在云服务供应的前列。在三类服务中,软件即服务最有可能提供除本地注册、认证和规则遵从以外的选择,前面讨论的内容多数都和软件即服务相关。

11) 平台即服务

前面所提出的建议和方案至少在理论上可以应用于 PaaS 云服务。不过,PaaS 云服务还较新,除本地注册、认证和访问控制外,尚不能提供其他选择。

PaaS 云用户应了解云服务提供商具有的为用户提供身份管理服务的能力。PaaS 用户能采用上述建议创建自己的身份管理服务。另外,用户还可以利用底层云服务提供商所提供的身份服务,不过这要求底层服务支持策略域分割和确保委托管理的安全。PaaS 云用户会需要访问特定的应用策略,但在这一过程中不应影响其他的由云身份服务负责管理的策略域。分割对于规则遵从、SPML 服务和 SAML 服务是必要的,这些服务使云能够接收 PaaS 用户的请求并能够转发它们。PaaS 云用户应明确自己的身份服务需要,应咨询 PaaS 云提供商如何满足这些需要。

12) 基础设施即服务

前述访问控制建议和方法对于 IaaS 云服务而言,只具有理论意义,因为 IaaS 云服务不大可能基于 Web,而前述方法基本都是基于 Web 的。在多数情况下,IaaS 用户有权使用虚拟机并负责虚拟机的配置。对于 IaaS 用户在云中建立的应用而言,采用前述建议是合适的。

为了提高效率,云服务提供商宁愿采用自动化的操作系统预制映像和虚拟机上高级服务(如数据库和 Web 服务)供应方法。然而,用户应确保提供商会基于用户建立账户和访问管理,这样,给予用户的口令和权限就能防止用户访问其他用户环境。

5. 云身份即服务

作为基本的身份管理服务,云身份即服务(Identity as a Service,IDaaS)位于应用之外却处于云中。身份访问控制包括身份生命周期管理和单点登录,由第三方以服务的形式进行管理。云身份即服务的含义很广，既包含软件即服务、平台即服务、基础设施即服务，还涵盖公有云和私有云。采用混合方法也是可能的，在企业内部实施身份管理，而其他部分（如认证）则由外部基于 SOA 方式实现。这会导致平台即服务层的产生，该层使基于云服务的身份访问管理变得方便容易。

云身份即服务管理的用户既可能属于某个企业，也可能不属于该企业，甚至不属于任何企业而仅仅是一个服务的消费者。每种方案面临的挑战是不同的，给企业内部带来的影响也是不同的，因为对于内部和外部实体而言，信息所有者常常是不同的，外部用户甚至可能同时属于几个不同的企业。在云中，用户在身份服务上面临的挑战有很大不同，云服务提供商和用户都必须考虑信誉问题。如果需要，应考虑支持 Web 服务交互的 IDaaS 服务需求。用户需要考虑 IDaaS 服务提供商怎样基于适宜的工业标准支持身份与访问管理需求。

6. 云身份联合

在云计算环境中，身份联合在企业联盟身份认证上作用巨大，它提供了单点登录功能，使服务提供商和身份提供商能进行身份属性交换。除此之外，身份联合还有助于降低企业的安全风险，因为它支持单点登录，用户无须多次登录，也不必记住每个云的用户认证信息。

身份联合模型的构建使企业支持单点登录（使用已有的目录服务和 IDaaS）。在这种体系下，企业能够和云服务提供商共享用户身份信息，但不会共享用户的信任信息或私有用户属性信息。身份属性管理在身份联合中具有重要作用。要进行身份联合，对强制属性、非强制属性和关键属性进行定义、描述和管理是必要的。身份联合能帮助企业扩充身份访问管理功能，帮助企业构建一个支持多域身份联合以及通过单点登录就能访问云服务的标准身份联合模型。

身份联合一般建立在集中式身份管理结构之上，集中式身份管理结构采用的工业标准管理协议有 SAML、WS 联盟或自由联盟，在这三个协议中，SAML 是事实上的商业身份联合标准。

身份联合标准组织对 SAML1.0 进行改进后建立了 SAML2.0。在 SAML2.0 建立的过程中，结构化信息标准发展组织 OASIS、自由联盟和 Shibboleth 项目功不可没。2005 年 3 月，SAML2.0 被批准为 OASIS 官方工业标准，现在，SAML2.0 已经成为部署和管理基于身份的开放式应用事实上的工作标准，得到世界各地商家和企业的支持。已经采用 SAML 的组织包括美国联邦电子认证联盟、自由电子政务联盟、高等教育联盟，以及许多别的工业联盟。在专用社区云中，社区成员的身份联合对于信息的安全共享是很必要的，而身份联合就可以采用 SAML。2007 年，工业分析公司 Gartner 通过分析发现："SAML2.0 已经成为事实上的跨域身份联合标准。"

构建身份联合模型应遵循以下步骤：

- 建立一个身份管理权威机构；
- 确定必要的用户基本属性。

设立一个身份供应机构，该机构支持单点登录服务且能被云服务提供商所访问；换言之，设立一个面向 Internet 的身份供应机构，该机构可以采用能和企业目录进行交互的身份联合组件进行部署。

在企业的身份管理体系结构中，核心管理模块是围绕着目录（如 LDAP 和活动目录）构建的。如果一个企业通过 DMZ 网络来访问目录，那么该企业的身份联合部署将得以更快实现。同理，如果一个企业支持核准第三方通过访问控制或代理访问目录，该企业就能以较小代价实现身份联合。企业通常是为实现委托认证或单点登录（如 Sun 公司的 OpenSSO、Oracle 的 Federation Manager、CA 的 Federation Manager）而部署身份联合产品的，这些产品会和目录服务无缝地集成在一起。

通过身份联合实现用户单点登录的企业可以通过下面两条途径之一达到目标：
- 在企业内部建立企业身份供应机构（LDP）；
- 集成云中的可信身份管理服务提供商提供的身份管理功能。

6.4.4 云安全关键技术

1. 可信访问控制

在云计算环境中，各个云应用属于不同的安全管理域，每个安全域都管理着本地的资源和用户。各虚拟系统在逻辑上互相独立，可以构成不同的虚拟安全域和虚拟网关设备。当用户跨域访问资源时，需在域边界设置认证服务，对访问共享资源的用户进行统一的身份认证管理。在跨多个域的资源访问中各域有自己的访问控制策略，在进行资源共享和保护时必须对共享资源制定一个公共的、双方都认同的访问控制策略，因此，需要支持策略的合成。

由于无法确信服务商是否忠实地实施用户定义的访问控制策略，所以在云计算模式下，研究者关心的是如何通过非传统访问控制类手段实施数据对象的访问控制，其中得到关注最多的是基于密码学方法实现访问控制，包括基于层次密钥生成与分配策略实施访问控制的方法，以及利用基于属性的加密算法。例如，密钥规则的基于属性加密方案（KP-ABE），或密文规则的基于属性加密方案（CP-ABE），基于代理重加密的方法，以及在用户密钥或密文中嵌入访问控制树的方法等。但目前看，上述方法在带有时间或约束的授权、权限受限委托等方面仍存在许多有待解决的问题。

2. 云环境的漏洞扫描技术

漏洞扫描服务器是对指定目标网络或者目标数据库服务器的脆弱性进行分析、审计和评估的专用设备。漏洞扫描服务器采用模拟黑客攻击的方式对目标网络或者目标数据库服务器进行测试，从而全面地发现目标网络或者目标数据库服务器存在的易受到攻击的潜在的安全漏洞。

云环境下从基础设施、操作系统到应用软件，系统和网络安全隐患显著增加，各种漏洞层出不穷，需要不断更新漏洞数据库，还得定期或不定期地进行扫描，这样才能确保及时、准确地检测出系统存在的各种漏洞。另外，不当的安全配置也会引起系统的漏洞。

3．云环境下安全配置管理技术

安全配置管理平台实现对存储设备的统一逻辑虚拟化管理、多链路冗余管理、硬件设备的状态监控、故障维护和统一配置、提高系统的易管理性，提供对节点关键信息进行状态的监控并实现统一密码管理服务，为安全存储系统提供互连互通密码配置、公钥证书和传统的对称密钥的管理；云计算安全管理还包含对接入者的身份管理及访问控制策略管理，并提供安全审计功能。

通过安全配置管理对云环境中的安全设备进行集中管理和配置，通过对数据库入侵检测系统、数据库漏洞扫描系统和终端安全监控系统等数据库安全防护设备产生的安全态势数据进行汇聚、过滤、标准化、优先级排序和关联分析处理，提高安全事件的可靠性，减少需要处理的安全态势数据的数量，让管理员集中精力处理高威胁事件，并能够对确切的安全事件自动生成安全响应策略，及时降低或阻断安全威胁。

4．安全分布式文件系统与密态检索技术

安全分布式系统利用集群功能，共同为客户机提供网络资源的一组计算机系统。当一个节点不可用或者不能处理客户的请求时，该请求将会转到另外的可用节点来处理，而这些对于客户端来说，它根本不必关心这些要使用的资源的具体位置，集群系统会自动完成。集群中节点可以以不同的方式来运行，多个服务器都同时处于活动状态，也就是在多个节点上同时运行应用程序。当一个节点出现故障时，运行在出故障的节点上的应用程序就会转移到其他没有出现故障的服务器上。

数据变成密文时丧失了许多其他特性，导致大多数数据分析方法失效。密文检索有两种典型的方法：

- 基于安全索引的方法，通过为密文关键词建立安全索引，检索索引查询关键词是否存在；
- 基于密文扫描的方法，通过对密文中每个单词进行比对，确认关键词是否存在并统计其出现的次数。

密文处理研究主要集中在秘密同态加密算法设计上。早在 20 世纪 80 年代就有人提出多种加法同态或乘法同态算法，但是由于被证明安全性存在缺陷，后续工作基本处于停顿状态。而近期，IBM 研究员 Gentry 利用"理想格（Ideal Laffice）"的数学对象构造隐私同态（Privacy Homomorphism）算法，或称为全同态加密，使人们可以充分地操作加密状态的数据，在理论上取得了一定突破，使相关研究重新得到研究者的关注，但目前与实用化仍有很长的距离。

5．虚拟化安全技术

虚拟技术是实现云计算的关键核心技术，使用虚拟技术的云计算平台上的云架构提供者必须向其客户提供安全性和隔离保证，利用虚拟化技术对安全资源层的设备进行虚拟化，如计算设备、网络设备、存储设备等。计算设备可能是功能较大的小型服务器，也可以是普通 X86 PC；存储设备可以是 FC 光纤通道存储设备，可以是 NAS 和 iSCSI 等 IP 存储设备，还可以是 SCSI 或 SAS 等 DAS 存储设备，这些设备往往数量庞大且分布在不同地域，彼此之间通过广域网、互联网或者 FC 光纤通道网络连接在一起，再通过虚拟化技术屏蔽底层的逻辑细节，呈现在用户面前的都是逻辑设备。这些安全虚拟化的设备都统一通过虚拟化的操作系统进行有效的管理。

服务器虚拟化是云计算的重点，服务器虚拟化系统由 SVS（Server Virtualization System）Server 和 SVS Console 两大部分组成，可以添加 SVS Center 组件实现服务器之间的负载均衡。服务器虚拟化系统的主要功能是虚拟化物理服务器的计算、存储、网络资源，可以在一台服务器上部署多个操作系统和应用系统，安装多个虚拟机，可以将虚拟机从一台物理服务器动态迁移到另一台物理服务器运行，迁移过程中保证操作系统和业务系统的持续运行；可以创建多个系统的模板，完成系统的快速部署。

保证服务器虚拟化安全的基本手段是虚拟机隔离，使每个虚拟机都拥有各自的虚拟软/硬件环境，并且互不干扰。隔离的程度依赖于底层的虚拟化技术和虚拟化管理器的配置，但是在通常情况下，虚拟机之间并不允许相互通信。这种环境的隔离还包括了额外的好处，如当某个虚拟机崩溃时，也不会影响其他虚拟机的运行。

尽管当前对服务器虚拟化技术的安全弱点尚未完全掌握，但已经暴露出来的安全问题足以引起关注，主要包括以下几种。

（1）虚拟机间的通信：虚拟机的一般运行模式包括多个组织共享一个虚拟机，在一台计算机上的高保密要求业务和低保密要求业务并存，在物理机上的服务合并，在一个硬件平台上承载多个操作系统等。在这几种运行模式中均存在着隔离的要求，如果处理不当就会产生数据泄漏或系统全面瘫痪的严重后果。

（2）虚拟机逃逸：设计虚拟机的目的是能够分享主机的资源并提供隔离，但由于技术的限制和虚拟化软件的漏洞，在某些情况下虚拟机里运行的程序会绕过底层，从而取得宿主机的控制权。由于宿主机的特权地位，则整个安全模型会全面崩溃。

（3）宿主机对虚拟机的控制：宿主机对运行其上的虚拟机应当具有完全的控制权，对虚拟机的检测、改变、通信都在宿主机上完成，因此对于宿主机的安全要进行特别严格的管理。由于所有网络数据都会通过宿主机发往虚拟机，那么宿主机能够监控所有虚拟机的网络数据。

（4）虚拟机对虚拟机的控制：隔离是虚拟机技术的主要特点，如果尝试使用一个虚拟机去控制另一个虚拟机，这种行为具有相当的危险性。现代的 CPU 可以通过强制执行管理程序来实现内存保护。

（5）拒绝服务：由于虚拟机和宿主机共享资源，虚拟机会强制占用一些资源从而使得其他虚拟机拒绝服务。现在通常的做法是限制单一虚拟机的可用资源。虚拟化技术提供了很多机制来保证这一点，正确的配置可以防止虚拟机无节制地滥用资源，从而避免拒绝服务攻击。

（6）外部修改虚拟机：信任关系对于虚拟机而言非常重要，能够访问虚拟机的账户与虚拟机间的对应关系非常重要。对信任关系的保护可以通过数字签名和验证来实现，签名的密钥应当放在安全的位置。

解决服务器虚拟化安全问题的关键在于虚拟机管理器的设计和配置，因为所有虚拟机的 I/O 操作、地址空间、磁盘存储和其他资源等都由虚拟机管理器统一管理分配，通过良好的接口定义、资源分配策略和严格的访问策略等能够显著提升服务器虚拟化环境的安全。下面是一些增强服务器虚拟化环境的建议。

（1）掌控所有到资源池的访问以确保只有被信任的个体才具备访问权限。每个访问资源池的个体应该具备一个命名账户，而该账户和普通用户用来访问 VSO 的账户命名应该是有所区别的。

（2）掌控所有到资源池管理工具的访问。只要被信任的个体拥有访问资源池组件（如物理服务器、虚拟化管理程序、虚拟网络、共享存储及其他内容相关的管理工具的权限），向未被认证的用户开放管理工具的访问权限，就等同于向那些恶意操作开放了 IT 系统架构。

（3）管理虚拟化引擎或管理程序的访问及其上运行的虚拟机。所有的虚拟机都应该是首先通过系统管理员来创建和保护的。如果某些最终用户，如开发人员、测试人员或培训者，需要和网络环境中的虚拟机交互，那么这些虚拟机应该是通过资源池的管理员来创建和管理的。

（4）控制虚拟机文件的访问。通过合理的访问权限来实现所有包含虚拟机的文件夹及虚拟机所在压缩文件的安全。无论是在线的还是离线的虚拟机文件都必须获得严格的管理和控制。理论上讲，需要同时对虚拟机文件的访问进行监管。

（5）通过在宿主机上尽可能实现最小化安装来减少主机可能被攻击的接口，确保虚拟化管理程序的安装尽可能可靠。

（6）部署适合的安全工具。为了支持合理的安全策略，系统架构应该包含各种必要的工具，如系统管理工具、管理清单、监管和监视工具等，包括一些常用的安全设备。

（7）分离网络流量。在一个正确设置的资源池系统中，应该包含有几个不同的私有网络用于管理数据流量、在线迁移流量及存储系统流量，所有的这些网络都应该和系统架构中的公网流量相分离。

6. 可生存性技术

由于大规模数据所导致的巨大通信代价，用户不可能将数据下载后再验证其正确性。因此，云用户需在取回很少数据的情况下，通过某种知识证明协议或概率分析手段，以高置信概率判断远端数据是否完整。典型的工作包括面向用户单独验证的数据可检索性证明（POR）方法和公开可验证的数据持有证明（PDP）方法。NEC 实验室提出的 PDI（Provable Data Integrity）方法改进并提高了 POR 方法的处理速度及验证对象规模，且能够支持公开验证。其他典型的验证技术包括 Yun 等人提出的基于新的树形结构 MAC Tree 的方案；Schwarz 等人提出的基于代数签名的方法；Wang 等人提出的基于 BLS 同态签名和 RS 纠错码的方法等。

7．隐私保护技术与可信计算技术

云中数据隐私保护涉及数据生命周期的每一个阶段。Roy 等人将集中信息流控制（DIFC）和差分隐私保护技术融入云中的数据生成与计算阶段，提出了一种隐私保护系统 Airavat，防止 Map-Reduce 计算过程中非授权的隐私数据泄漏出去，并支持对计算结果的自动除密。在数据存储和使用阶段，Mowbray 等人提出了一种基于客户端的隐私管理工具，提供以用户为中心的信任模型，帮助用户控制自己的敏感信息在云端的存储和使用。Munts-Mulero 等人讨论了现有的隐私处理技术，包括 K 匿名、图匿名及数据预处理等，作用于大规模待发布数据时所面临的问题和现有的一些解决方案。Rankova 等人则提出一种匿名数据搜索引擎，可以使得交互双方搜索对方的数据，获取自己所需要的部分，同时保证搜索询问的内容不被对方所知，搜索时与请求不相关的内容不会被获取。

将可信计算技术融入云计算环境，以可信赖方式提供云服务已成为云安全研究领域的一大热点。Santos 等人提出了一种可信云计算平台 TCCP，基于此平台，IaaS 服务商可以向其用户提供一个密闭的箱式执行环境，保证客户虚拟机运行的机密性。另外，它允许用户在启动虚拟机前检验 IaaS 服务商的服务是否安全。Sadeghi 等人认为，可信计算技术提供了可信的软件和硬件及证明自身行为可信的机制，可以被用来解决外包数据的机密性和完整性问题。同时设计了一种可信软件令牌，将其与一个安全功能验证模块相互绑定，以求在不泄漏任何信息的前提条件下，对外包的敏感（加密）数据执行各种功能操作。

8．安全瘦客户端

任何一个授权用户都可以用传统 PC、手机终端、瘦客户端等客户端通过标准的公用应用接口来登录云系统，享受云计算、存储服务。云计算、存储运营企业不同，系统提供的访问类型和访问手段也不同。

在安全云平台体系结构中，传统安全技术的应用到云环境中会产生很多新问题，有必要一一解决，如可信访问控制、数据隐私保护、密文检索、漏洞扫描、安全配置管理、虚拟化综合安全网关、安全瘦客户端、分布式文件系统、分布式锁服务、防毒系统和可信计算等。

▶ 6.4.5 云安全的研究现状

目前，对云计算进行研究和部署的组织，据 ITU-T 的云计算焦点组（FG-Cloud）所给出的一个数据有 27 家之多，主要包括云计算安全联盟（CSA）、分布式管理工作组（DMTF）、存储网络行业协会（SNIA）、开放网格计算论坛（OGF）、开放云计算联盟（OCC）、结构信息标准化促进组织（OASIS）、TM论坛（TM Forum）、互联网工程任务组（IETF）、国际电信联盟（ITU）、欧洲电信标准化协会（ETSI）、OMG（对象管理组织）、欧洲网络和信息安全研究所（ENISA）、国际信息系统审计协会（ISACA）以及微软、IBM等。具体到云计算安全方面问题的研究，则主要是CSA和ENISA以及微软等几个组织和公司积极进行研究和云计算安全方面的部署。

这里主要从云计算安全的角度出发，介绍云计算安全联盟（CSA）、欧洲网络和信息安全研究所（ENISA）以及以微软为代表的国际研究组织和ICT巨头公司在云计算安全的研究进展以及相应的一些研究成果。

1. 云计算安全联盟

云计算安全联盟（Cloud Security Alliance，CSA）在2009年成立后，迅速获得了业界的广泛认可，和ISACA、OWASP等业界组织建立了合作关系，很多国际知名公司成为其企业成员。

目前，CSA在云计算安全方面列举并分析了所面临的7个最大的安全威胁。尽管只是7个问题，但是其中任何一个都可能导致安全风险、法律通知和诉讼问题的出现。以下是CSA所研究得出的云计算面临的7个安全问题以及可能的解决办法。

1) 对云的不良使用

IaaS（基础设施即服务）供应商对登记程序管理不严。任何一个持有有效信用卡的人都可以注册并立即使用云服务。通过这种不良的滥用，网络犯罪分子可以进行攻击或发送恶意软件。云供应商需要有严格的首次注册制度和验证过程，并监督公共黑名单和客户网络活动。

2) 不安全的API

通常，云服务的安全性和能力取决于API的安全性，用户用这些API管理和交互相关服务。这些API接口的设计必须能够防御意外和恶意企图的政策规避行为，以确保用户认证、加密和访问控制的有效。

3) 恶意的内部人员

当缺乏对云供应商程序和流程认识时，恶意内部人员的风险就会加剧。企业应该了解供应商的信息安全和管理政策，强迫其使用严格的供应链管理以及加强与供应商的紧密合作。同时，还应在法律合同中对工作要求有明确的指定说明，以规范云计算运营商处理用户数据等这些隐蔽的过程。

4) 共享技术的问题

IaaS厂商用在基础设施中并不能安全地在多用户架构中提供强有力的隔离能力。云计算供应商使用虚拟化技术来缩小这一差距，但是由于安全漏洞存在的可能性，企业应该监督那些未经授权的改动和行为，促进补丁管理和强用户认证的实行。

5) 数据丢失或泄漏

降低数据泄漏的风险，意味着实施强有力的 API 访问控制以及对传输过程的数据进行加密。

6) 账户或服务劫持

如果攻击者控制了用户账户的证书，那么攻击者就可以为所欲为地窃听用户的活动、交易，将数据变为伪造的信息，将账户引到非法的网站。企业应该屏蔽用户和服务商之间对账户证书的共享，在需要的时候使用强大的双因素认证技术。

7) 未知的风险

了解用户所使用的安全配置，无论是软件的版本、代码更新、安全做法、漏洞简介、入侵企图，还是安全设计，查清楚谁在共享用户的基础设施，尽快获取网络入侵日志和重定向企图中的相关信息。

2. 欧洲网络和信息安全研究所

欧洲网络和信息安全研究所（European Network and Information Security Agency，ENISA）是负责欧盟内部各个国家网络与信息安全的一个研究机构，负责为欧盟内各个国家在网络与信息安全的问题提出建议和指导安全方面的实践活动等。

在 ENISA 关于云计算安全的研究中，主要的研究成果是从企业的角度出发，对云计算可能带来的好处以及安全方面的风险。

ENISA 建议当企业要把数据交给云计算服务商托管时，该如何做才能把风险降到最低呢？EMSA 在报告中指出，云计算的好处很明显，就是内容和服务随时都可存取，而企业也可降低成本，因为不必再花费过多资金管理超过需求的数据中心容量，而可以根据具体的需求调整用量，并依照实际用量付费。通过使用云计算提供商提供的云计算服务，企业不必维护某些硬件或软件，同时也可以"解放"企业内部的 IT 资源。但是目前，企业仍对云计算望而却步，首要的问题是安全性。企业质疑，是否能够放心地把企业的数据、甚至整个商业架构交给云计算服务供货商。

云计算虽然号称 24 小时全天候提供服务，但其数据中心也可能因故障停机。这将导致他们只依赖一家服务供货商，万一数据与服务必须移交给另一家服务供货商，可能遭遇问题。再者，把数据搬上云，企业可能面临主管当局审查方面的挑战。有些云服务供应商还可能确实没有依照顾客的吩咐，把数据完全、妥善地删除干净。

因此，ENISA 在报告中建议，企业必须做风险评估，比较数据存在云中和存储在自己内部数据中心的潜在风险，比较各家云服务供应商，把选择缩减到几家，并取得优选者的服务水平保证。应该清楚指定哪些服务和任务由公司内部的 IT 人员负责、哪些服务和任务交由云服务供应商负责。ENISA 的报告指出，如果选对云计算供应商，数据存在云中是非常安全的,甚至更有弹性,更能快速执行,也可以更有效地部署新的安全更新,并维持更广泛的安全诊断。

3. 微软

相对于 Google、Amazon 以及 IBM 等推动云计算发展的先驱者,微软在云计算安全的研究方面走在了前面。微软分析了云计算所面临的安全方面的挑战,并基于微软所提供的云计算架构给出了相应的安全方面的防护建议。微软所分析的云计算所主要面临的安全挑战,主要包括以下几个方面。

1) 服务提供商与云计算用户之间的依赖关系

用户与云计算提供商之间的依赖关系,是以云计算业务提供商所提供业务的安全性和可用性为前提的。为了保证所提供业务的安全性和可用性,云计算业务提供商必须能够提供一种可信任的云计算架构来承载云计算运营商所提供给用户的诸多云计算业务。

2) 应用模式的多样化和用户规模的不断增长

在云计算模式下,由于技术的创新和用户需求的变化,使得运营在互联网上的业务和应用模式变得更加多样化,数量会呈爆炸式的增长。因此,在这样一种业务和应用提供模式下,整个互联网环境无论内部还是外部都面临着巨大的扩展压力。如何应对云计算时代业务和应用急速增长环境下的安全问题,是未来云计算时代互联网需要考虑和解决的一个重要问题。

3) 云计算系统攻击和云中信息的非法获取或使用

在云计算环境下,由于数据的集中存储,一旦云计算系统被攻击,那么产生的数据丢失和隐私信息泄漏将会更为严重。云计算运营商所享有的超级用户角色如果监管不严或者被滥用,也会对用户数据的安全造成威胁,如可能造成用户数据和隐私信息的非法获取等。

4) 复杂的合法规则性需求

由于每个国家都有权利制定相应的法律来规定和限制互联网领域云计算业务的提供和使用,而不同国家所制定和执行的法律之间,在规定的条款以及执行的力度上差别很大,这就对跨国运营的云计算提供商提出了比较大的挑战。

思考与练习题

1. 对于物联网应用层进行攻击,有哪些攻击方法?
2. 对于数字家庭中,用户使用手持控制终端进行控制,设计一套攻击方案以获取用户信息,并思考如何抵抗攻击。
3. 查阅相关论文,思考企业将安全相关的数据库与商业数据库结合起来,试分析企业如何通过这个大数据以便抓住设法窃取敏感信息的入侵者。

4. 云存储安全中的研究对象都是加密后的对象，因此这与一般密码学研究的对象是不同的。于是刺激了诸如密文策略基于属性的加密、可搜索加密、代理重加密、完全同态加密等新的加密方式的研究。思考一下在非可信环境下针对密文操作的特殊加密技术。

5. 基于云平台的安全工具可能是一个市场需求量很大的产品，你认为什么产品有前途？如何开发？

第 7 章

物联网安全技术的发展趋势

本章对物联网安全技术未来发展趋势进行了简单的介绍。从目前来看，物联网技术本身还处于起步阶段，对于物联网的应用和发展前景，人们能够描绘其蓝图，但是并不能确切地把握它的发展脉络。对于物联网安全技术来说，更是如此，人们只能直观地觉得物联网安全十分重要，但是并不能清楚地规划其发展路线。安全技术的跨学科研究进展、安全技术的智能化发展及安全技术的融合化发展等新兴安全技术思路将在物联网安全技术发展和应用中发挥出一定的作用，本章从这些安全技术的发展趋势方面探讨物联网安全技术的发展趋势，同时还提出了从技术视点描述物联网安全的另一种思路。

未来，物联网的发展及应用，取决于众多关键技术的研究与进展，其中物联网的信息安全保护技术的不断成熟及各种信息安全应用解决方案的不断完善是关键因素。安全问题如果得不到有效解决，物联网的应用将受到严重阻碍，必将承担巨大的风险。由于物联网是运行在互联网之上的，它在互联网的基础上进一步发展了人与物、物与物之间的交互，它是互联网功能的扩展，因此物联网将面临更加复杂的信息安全局面。如果未来社会生活依赖于物联网，那么物联网安全将对国家信息安全战略产生深远影响。

今天，面对新一轮的物联网技术应用，面对政府、社会和民众的安全关切，信息安全界如何以职业的警觉洞察风险，以专业的手段分析隐患，以创新的精神迎接挑战，以可靠的产品提供保障，无疑是一个既现实而又紧迫的课题。

本书的前面各章对物联网安全技术进行了具体且深入的探讨，本章将从物联网安全技术未来可能具有的发展趋势及物联网安全观念的突破两个方面来展望物联网安全技术的发展，抛砖引玉，以期能够引起相关专家、学者及企业界人士对此进行深入的研究。

7.1 物联网安全技术的未来发展

一直以来，信息安全技术总是在不断地发展与创新之中，随着物联网技术的不断成熟、物联网应用领域的不断扩大和渗透，为了适应其发展，物联网安全技术必将在传统技术和手段及理论的基础上有所突破。目前，由于能够满足物联网安全新挑战及体现物联网安全特点的物联网安全技术还不够成熟，因而物联网安全技术还将经过一段时间的发展才能发展完备，并且在其发展过程中，将呈现以下发展趋势：

- 物联网安全技术将呈现跨学科研究的态势；
- 物联网安全技术将呈现智能化发展的趋势；
- 物联网安全技术将呈现融合化发展的趋势；
- 新兴技术在物联网安全中将具有广阔的应用前景；
- 物联网安全技术标准将日趋成熟。

7.1.1 物联网安全技术的跨学科研究

近年来，行为学、心理学、经济学等学科在信息安全领域的应用研究日益引起重视，如信息（或网络）安全行为学、信息安全经济学、网络心理学等均处于探索阶段。

1. 信息安全行为学

行为科学是采用自然科学的实验和观察的方法，研究自然和社会环境中人和低级动物行为的科学。行为科学理论的研究对象是人和动物的行为，研究在特定的环境中的行为特征和行为规律，从不同的层次上分析产生行为的原因、影响行为的因素和行为规律。行为科学理论的研究目的是解释、预测和控制人们的行为。

信息（或网络）安全行为学的研究对象主要是网络安全领域中的人和网络系统的行为。网络或信息安全是攻击者和防卫者之间的较量，主要是通过攻防过程中的软件行为体现出来的。也就是说，在网络里，人类的行为是通过软件的行为来实现的，因此，也有专家称之为"软件行为学"。信息（或网络）安全行为学的研究内容是这类特征和模式，分析行为的产生原因、行为的影响及影响行为的因素，总结行为的规律，从而遏制恶意行为对网络安全的危害与破坏。

目前，我国在信息安全行为科学领域的研究已取得突破，已有一些重要的研究成果面世，这些成果被有关专家称为是中国信息安全研究领域的"突围"之举。

2. 信息安全经济学

信息安全经济学研究和解决的是信息安全活动的经济问题，所以它首先是一门经济学，信息安全经济学的应用领域又特指信息安全活动，所以它又不是一般意义上的经济学，信息安全经济学可以说是一门经济科学、安全科学与信息科学相交叉的综合性科学。信息安全经济学以经济科学理论为基础，从经济活动的视角考察信息安全，以信息安全活动的经济规律为研究对象，为有效地实现信息安全活动的经济效益提供理论指导和实践依据。

从学科性质和任务的角度而言，信息安全经济学可定义为：信息安全经济学是研究信息安全活动的经济规律，通过对信息安全活动的合理组织、控制和调整，实现信息安全活动的最佳安全效益的科学。

信息安全经济学的研究对象是信息安全活动的经济规律。目前，信息安全经济学至少应当研究以下的信息安全活动的经济规律：

- 信息安全事故的损失规律；
- 信息安全活动的效果规律；
- 信息安全活动的效益规律；
- 信息安全活动的管理规律。

3. 网络心理学

狭义的网络心理学是研究以信息交流观点为核心的心理学，而从广义上来看，网络心理学是研究一切与网络有关的人的心理现象的科学，它包括网络空间的个人心理学研究、网络人际关系心理学、网络群体活动心理学。网络心理学的这几个研究领域各自构成一套独立的研究体系，但它们之间又相互依存，共同构成了网络心理学的研究对象。

作为一个新的边缘学科,它的研究目标就是用心理学这一传统学科的独特视角和观点来分析网络这一新生事物,从而来指导网络用户正确使用网络,正确利用网上资源和进行有效的网络管理。

目前网络心理学的研究才刚刚起步,国内这方面的论著还很少。

上述信息安全领域的跨学科研究,其中很多概念、术语还有待于定义和明确,很多规律还有待于研究和探讨,很多理论还有待于创立和发展,很多技术方法还有待于探索和实验,但是,随着越来越多的专家、学者、工程技术人员和管理人员投入其中,相信不久的将来会有很大的发展,并逐步应用于物联网安全领域。

▶ 7.1.2 物联网安全技术的智能化发展

人工智能技术是一种模仿高级智能的推理和运算技术,研究的就是怎样利用机器模仿人脑从事推理规划、设计、思考、学习等思维活动,解决迄今认为需要由专家才能处理好的复杂问题。由于物联网是人与物、物与物之间的交互,人工智能技术应该特别适合物联网的应用环境,人工智能技术所具有的许多特殊能力可以使其成为物联网安全管理最强有力的支持工具,如果能把人工智能科学中的一些算法与思想应用到物联网的安全管理,将会大大提高物联网的安全性能。

未来,人工智能技术在物联网安全管理中的应用,从用户角度而言,可以支持物联网监视和控制两方面的能力。网络监视功能是为了掌握网络的当前状态,而网络控制功能是采取措施影响网络的运行状态。在物联网这样一个大网中,网络状态监视需要同时处理大量的网络数据,而且往往数据是不完善的、不连续的或无规则的,神经元网络的并行处理能力正好适应于这种工作。由于神经元网络不需要事先知道输入与输出数据间的逻辑或数字关系,这些知识可从实例学习中自动获得。因此,神经元网络更加适应于处理那些合理的路由选择和业务量控制,以减轻由网络异常造成的性能下降。用经验知识(启发式)并结合程序性算法、带有实时计算能力的专家系统比常规程序更适应于这种应用。因此,可以设计基于规则的人工智能专家系统来执行网络管理的功能,也可以设计专门的神经网络来承担这一工作。

根据目前的研究,未来人工智能技术在物联网安全管理中的主要应用有智能防火墙、入侵检测系统等。智能防火墙从技术特征上,是利用统计、记忆、概率和决策的智能方法来对数据进行识别,并达到访问控制的目的。新的数学方法,消除了匹配检查所需要的海量计算,高效地发现网络行为特征值,可直接进行访问控制。由于这些方法多是人工智能学科采用的方法,因此又称为智能防火墙。智能防火墙可以识别进入网络的恶意数据流量,并有效地阻断恶意数据攻击及病毒的恶意传播;可以有效监控和管理网络内部局域网,并提供强大的身份认证授权和审计管理。在入侵检测系统中应用的主要的人工智能技术有以下几种:

- 规则产生式专家系统;

- 人工神经网络；
- 数据挖掘技术；
- 人工免疫技术；
- 自治代理技术；
- 数据融合技术。

7.1.3 物联网安全技术的融合化趋势

未来，物联网安全技术将呈现融合化趋势，安全技术的融合，简单来说主要包括两方面的内容，即不同安全技术的融合及安全技术与物联网设备的融合。

1. 不同安全技术的融合

从物联网信息系统整体安全的需求来看，不同安全技术的融合能够为用户提供较为完善的安全解决方案，而不同安全技术融合的源动力是来自于网络攻击手段的融合，而融合的方向是以不同安全技术的融合对抗不同攻击手段的融合。也可以说物联网安全技术的融合是越演越烈的网络攻击的产物。

安全技术的融合并不是不同技术之间的简单堆砌，一个网络的信息安全不但依赖单一安全技术自身的性能，也同样依赖于各种安全技术之间的协作所发挥的功效。通过相互之间的协作，充分发挥不同安全技术的协作优势，从而达到"1+1>2"的效果。将不同安全防范领域的安全技术融合成一个无缝的安全体系，这样才能满足预期的安全设想和目标。

未来的物联网信息安全融合趋势不仅涉及安全技术，也将会涉及整个的安全体系和架构。同时，物联网安全产品也将成为安全技术的支撑和依托。

2. 安全技术与物联网设备的融合

安全技术与物联网设备的融合是把安全技术的因素融合到路由器、交换机、终端等网络设备中，并采用集成化管理软件。从终端方面的网络访问控制到交换机上的防火墙、入侵检测、流量分析与监控、内容过滤，形成全面的网络安全体系，这种网络设备从简单的连接产品向整体安全系统进行转变，不仅可以减少传统的安全设备与网络设备的不协调，而且还能降低设备应用的成本。这种融合意味着网络技术与安全技术乃至应用的融合，是今后物联网安全技术发展的一个重要方向。

7.1.4 新兴技术在物联网安全中的应用

物联网是人与人、人与物、物与物连接的一种网络，而且物联网的发展和应用必须首先解决其隐私和数据保护问题。因此，未来的数字水印、生物识别、计算机犯罪取证及可信计算等新兴技术在物联网安全技术中将具有非常广阔的应用背景。

1. 数字水印

数字水印技术是目前信息安全技术领域的一个新的研究应用方向。数字水印技术是指信号处理的方法在数字化的多媒体数据中嵌入隐藏的标记。这种标记通常是不可见的，只有通过专用的检测器或阅读器才能提取。与加密技术不同，数字水印技术并不能阻止盗版活动的发生，但它可以判别对象是否受到保护，监视被保护数据的传播、真伪鉴别和非法复制，解决版权纠纷并为法庭提供证据。

数字水印开辟了一条崭新的信息安全通道，其不可感知的隐蔽性和抵抗各种攻击的能力，可以实现数字产品的完整性保护和篡改鉴定，还可用于数字防伪。物联网中有海量关于各种"物品"的数据信息，其中会涉及各种物品的印刷包装，商标、发票、支票、证券的防/伪造，数字媒体的版权保护和跟踪，电子商务中的机要通信和防篡改、防抵赖等方面，因此数字水印技术在物联网安全中具有极为广泛的用途。

2. 生物识别

物联网的隐私保护是必须首先解决的问题，否则物联网的发展将受阻。在物联网这样一个大网中，计算机终端的进入控制、远程登录、金融转账、消费者或商家之间的买卖交易及其他多种应用将离不开而且必须大量采用可靠的身份识别技术，而生物识别技术所具有的几种核心社会功能。例如，可以为被密码、口令困扰的人提供安全和便利；可以扩展成为信息安全领域的认证系统平台；可以为重要身份或重要信息提供安全的强认证；可以提供给行政部门或其他机构平台精确、快捷地确认他人身份的技术手段；可以提供精确、快速、安全的人与设备的匹配，使其在物联网安全中具有不可估量的市场空间。

3. 计算机犯罪取证

随着物联网应用在社会生活各方面的渗透，它将会面临各种各样的问题，如何有效地解决这类问题，计算机犯罪取证无疑是个发展趋势。计算机犯罪取证在网络安全中属于主动防御技术，它是应用计算机辨析方法，对计算机犯罪的行为进行分析，以确定罪犯与犯罪的电子证据，并以此为重要依据提起诉讼。针对网络入侵与犯罪，计算机犯罪取证技术是一个对受侵犯的计算机、网络设备、系统进行扫描与破解，对入侵的过程进行重构，完成有法律效力的电子证据的获取、保存、分析、出示的全过程，是保护网络系统的重要的技术手段。

随着计算机犯罪取证越来越成为国内外技术领域关注的焦点，近年来，计算机犯罪取证及相关产品也在相关企业中迅速发展。未来，随着计算机犯罪取证相关法律、法规的完善，相信它在物联网安全应用中会具有可期待的应用前景。

▶ 7.1.5 物联网安全技术标准

未来，物联网的安全保障在很大程度上取决于标准体系的成熟。标准是对于任何技术的统一规范，如果没有统一的标准，就会使整个产业混乱、市场混乱，更多的时候会让用户不知如何去选择应用。物联网在我国的发展还处于初级阶段，即使在全世界范围，都没有统一的标准体系出台。标准的缺失将大大制约技术的发展和产品的规模化应用。标准化体系的建立将成为发展物联网产业的首要先决条件。

物联网安全技术标准的制定首先应该坚持"自主"的原则，这具有重大的现实意义。在标准的制定过程中，"国家信息安全高于一切"是必须牢牢把握的核心。同时，标准的自主建立是突破长期以来国外对我们形成的技术壁垒的需要，也是相关产业长远发展的需要。尽管当前可能面临众多的困境，但是，我们必须最大可能地坚持自主知识产权，通过向国际标准借鉴、与国际标准兼容的方式，建立我国的物联网安全技术标准体系。

7.2 物联网安全新观念

纵观全书，基本是从纯技术的观点来阐述物联网的安全。但是，物联网与互联网一样，它不是一个纯技术的系统，光靠技术来解决物联网安全问题是不可能的。当前，信息安全正处在一个调整和转折期，世界各国都在认真反思前一阶段信息安全发展中遇到的问题和下一步的发展方向，并谋求积极的应对之策，由此形成了信息安全新一轮的反思热。物联网概念的提出和发展，将从更广泛、更复杂的层面影响到信息网络环境，面对非传统安全日益常态化的情况，我们应该认真思考信息安全的本质到底发生了哪些变化，呈现出什么样的特点，力求在信息安全认识论和方法论进行总结和突破。

为此，我们需要转换角度，认真思考以下物联网安全认识观：
- 从复杂巨系统的角度来认识物联网安全；
- 着眼于物联网整体的强健性和可生存能力来解决物联网安全问题；
- 转变安全应对方式，力求建立一个有韧性的物联网安全系统。

7.2.1 从复杂巨系统的角度来认识物联网安全

物联网与互联网相同，它不是一个纯技术的系统，也不是技术系统和社会系统互为外在环境的简单结合，它本身就包括了技术子系统和社会子系统，是一个开放的、与社会系统紧密耦合的、人技结合环境的复杂巨系统，一个一体化的社会技术系统。它的非指数型的拓扑结构具有高度非线性、强耦合、多变量的特点，它的开放体系完全符合复杂巨系统的主要特征。复杂性导致物联网因果关系残缺，呈现急剧变化的非对称性。这样，对物联网信息安全的认识，就不能单从技术层面考虑，也不能仅仅停留在技术加管理的层次上去分析，而是要从社会发展、技术进步、经济状况，包括人与物本身等诸多方面综合考虑。观察和思考物联网上的网络安全行为，就绝不能单纯靠还原论的方法把组件分解、分别分析，也不能用简单的办法来调控，必须用集成的方法把专家智慧、国内外安全经验与我国已具备的高性能计算机、海量存储器、宽带网络和数据融合、挖掘、过滤等处理技术结合起来，逐步探索形成物联网安全治理新的范式。

7.2.2 着眼于物联网整体的强健性和可生存能力

信息安全的重中之重是基础信息网络本身的安全。它的安全性（脆弱性）又来源于基础信息网络的开放性和复杂性，特别是软件的复杂性。由于软件的复杂性，要求全世界上亿用户都能及时打补丁是不现实的，因此网络的脆弱性将长期存在，并会随着物联网应用的快速发展与日俱增。既然网络被攻击乃至被入侵是不可避免的，那么，我们与其站在系统之内，还不如站在系统之上来观察网络安全问题——着眼于网络整体的强健性（鲁棒性）和可生存能力。要知道，基础网络安全问题在某种程度上还与结构完善有关，因此要进行信息安全的结构调整，包括对网络协议结构、系统单元结构、网站流程结构和系统防御结构的调整，使网络可以被入侵，可以部分组件受损，乃至某些部件并不完全可靠，但只要系统能在结构上合理配置资源，能在攻击下资源重组，具有自优化、自维护、自身调节和功能语义冗余等自我保护能力，就仍可完成关键任务。

7.2.3 转变安全应对方式

影响网络自身安全的另一个因素是人们对信息安全威胁的感知还不太强。信息资源不同于物质、能量，网络有其虚拟性，看不见摸不到，虽然它的扩散性、可复制性很强，但容易被人们忽视。因此，信息安全保障体系的防范之道，就是要力求建立一个有韧性的系统，在与攻击的博弈过程中，建立一个有韧性的并可自行修复的信息系统。也就是说，必须转变安全应对的方式，超越传统的安全防范模式，改变传统的出现某种威胁即寻找一种对策的"挑战加应对"模式。要树立起风险管理的观念，威胁不可能完全消除，但风险必须得到有效控制，而建立一个有韧性的系统，正是有效控制信息化发展风险的有效手段。

思考与练习题

1. 移动通信网络的语音服务在将来是否会被数据业务替代？若会被替代，试分析其安全问题，并设计应对方式。

2. 给出一个你所想象的未来年物联网的应用场景，并思考这一场景中将会涉及哪些安全问题。

参 考 文 献

[1] 周洪波．物联网：技术、应用、标准和商业模式（第 2 版）[M]．北京：电子工业出版社，2011．

[2] Jean-Philippe Vasseur, Adam Dunkels．基于 IP 的物联网架构、技术与应用[M]．田辉，等译．北京：人民邮电出版社，2011．

[3] 郑和喜．WSN RFID 物联网原理与应用[M]．北京：电子工业出版社，2011．

[4] 朱近之主编．智慧的云计算——物联网的平台（第 2 版）[M]．北京：电子工业出版社，2011．

[5] 杨义先，钮心忻．无线通信安全技术[M]．北京：北京邮电大学出版社，2005．

[6] 中国密码学会．无线网络安全[M]．北京：电子工业出版社，2011．

[7] 覃伯平，徐福华．无线传感器网络与安全[M]．北京：国防工业出版社，2007．

[8] Yan Zhang, Laurence T. Yang, Jiming Chen．RFID 与传感器网络、架构、协议、安全与集成[M]．谢志军，等译．北京：机械工业出版社，2012．

[9] 胡向东．物联网安全[M]．北京：科学出版社，2012．

[10] 雷吉成．物联网安全技术[M]．北京：电子工业出版社，2012．

[11] 徐小涛，杨志红．物联网信息安全[M]．北京：人民邮电出版社，2012．

[12] 沈玉龙，裴庆祺，等．无线传感器网络安全技术概论[M]．北京：人民邮电出版社，2010．

[13] 沈苏彬，范曲立，宗平，等．物联网的体系结构与相关技术研究[J]．南京邮电大学学报（自然科学版），2009（06）．

[14] 郎为民，杨宗凯，吴世忠，等．无线传感器网络安全研究[J]．计算机科学，2005，32（5）：54-58．

[15] 武传坤．物联网安全架构初探[J]．战略与决策研究，2010（4）：411-419．

[16] 刘宴兵，胡文平．物联网安全模型及关键技术[J]．数字通信，2010（8）：28-33．

[17] 吴同．浅析物联网的安全问题[J]．网络安全技术与应用，2010（8）：7-8，27．

[18] 臧劲松．物联网安全性能分析[J]．计算机安全，2010（6）：51-52，55．

[19] 李振汕．物联网安全问题研究[J]．物联网安全研究，2010（12）：1-3．

[20] 聂学武，等．物联网安全问题及其对策研究[J]．计算机安全，2010（11）：4-6．

[21] 杨庚等．物联网安全特征与关键技术[J]．南京邮电大学学报（自然科学版），2010（8）：20-29．

[22] 吴同．浅析物联网的安全问题[J]．网络安全技术与应用，2010（8）：7-8，27．

[23] 上官晓丽，许玉娜．国内外信息安全管理标准研究[J]．信息技术与标准化，2008（5）：12-16．

[24] Garfinkel S L, Juels A, Pappu R. RFID Privacy: an Overview of Problems and Proposed Solutions. IEEE Security &Privacy Magazine，2005．

[25] Heiko Knospe, Hartmut Pobl. RFID Security. IEEE Security & Privacy Magazine, November- December 2005，2．

[26] Ted Philiphs, Tom Karygiannis and Rick Kuhn, Security Standards for the RFID Market [J], Emerging Standards，pp.85-89．

[27] International Telecommunication Union. The Internet of Things[R].ITU Report，2005．

[28] Christoph P. Mayer. Security and Privacy Challenges in the Internet of Things[J]. Electronic Communications of the EASST，2009．9．

[29] Axel Poschmann, Gregor Leander, Kai Schramm , Christof Paar, New Light-Weight Crypto Algorithms for RFID[J], IEEE, 1-4244-0921-7/07，pp. 1843-1846．

[30] Z. Benenson. F. C. Gartner, D. Kesdogan，User authentication in sensor networks[R]. Informatik 2004, Workshop on Sensor Networks，September，2004．

[31] Tanveer Ahmad Zia, A Security Framework For Wireless Sensor Networks[D], The University of Sydney, 2008．

[32] 马建庆．无线传感器网络安全的关键技术研究[D]．复旦大学，2007．

[33] 宋飞．无线传感器网络安全路由机制的研究[D]．中国科学技术大学，2009．

[34] 冯凯．基于信任管理的无线传感器网络可信模型研究[D]．武汉理工大学，2009．

[35] 张聚伟．无线传感器网络安全体系研究[D]．复旦大学，2008．

[36] 沈玉龙．无线传感器网络数据传输及安全技术研究[D]．西安电子科技大学，2007．

[37] 温蜜．无线传感器网络安全的关键技术研究[D]．复旦大学，2007

[38] 李睿阳．物联网中间件系统的研究与设计[D]．上海大学，2007．

[39] 张烨．RFID 中间件安全解决方案研究与开发[D]．上海交通大学，2007．

[40] 杨孝锋．RFID 中间件平台关键技术研究[D]．吉林大学，2009．

[41] 殷菲．无线传感器网络安全 S_MAC 协议研究[D]．武汉理工大学，2008．